KB119879

THANK YOU

《나는야 계산왕》을 함께 만들어 준 체험단 여러분,
진심으로 고맙습니다.

고준휘 곽민경 권도율 권승윤 권하경 김규민 김나은
김나은 김나현 김도윤 김도현 김민혁 김서윤 김서현
김수인 김슬아 김시원 김준형 김지오 김은우 김채율
김태훈 김하율 노연서 류소율 민아름 박가은 박민지
박재현 박주현 박태성 박하람 박하린 박현서 백민재
변서아 서유열 손민기 손예빈 송채현 신재현 신정원
엄상준 우연주 유다연 유수정 윤서나 이건우 이다혜
이재인 이지섭 이채이 전우주 전유찬 정고운 정라예
정석현 정태은 주하연 최서윤 편도훈 하재희 허승준
허준서 석준 태윤 요한 하랑 현블리

우리 아이들에겐
더 재미있는 수학 학습서가 필요합니다!

수학 시간이 되면 고개를 푹 숙이고 한숨짓는 아이들의 모습을 보며,
'좀 더 신나고 즐겁게 수학을 공부할 수는 없는 것일까?'
고민하던 선생님들이 뭉쳤습니다.

이제 곧 자녀를 초등학교에 보내야 하는
대한민국 최장수 웹툰 〈마음의 소리〉의 조석 작가도
기꺼이 《나는야 계산왕》 출간 프로젝트에 함께했습니다.

《나는야 계산왕》은
수학이라는 거대한 여정을 떠나야 하는 우리 아이들에게
수학은 즐겁고 재미있는 공부라는 것을 알려줍니다.
즐겁게 만화를 읽고
다양한 문제를 입체적으로 학습하면서,
수학이 얼마나 우리의 사고력과 상상력을 높고 넓게 키워주는지 확인하게 됩니다.

우리 아이의 수학 첫걸음을 《나는야 계산왕》과 함께하도록 해주세요.
"엄마, 수학은 정말 재밌어!"
기뻐하는 아이의 모습을 확인하실 수 있을 거예요.

도와줘!
마음의소리
나는야
계산왕
2학년
1권

나는야 계산왕 2학년 1권

초판 1쇄 인쇄 2019년 11월 27일
초판 1쇄 발행 2019년 12월 4일

원작 조석 글·구성 김차명 좌승협 구성 도움 이효연 정소연
펴낸이 연준혁

출판 1본부 이사 배민수
출판 2분사 분사장 박경순
책임편집 박지혜
디자인 함지현

펴낸곳 (주)위즈덤하우스 미디어그룹 출판등록 2000년 5월 23일 제13-1071호
주소 경기도 고양시 일산동구 정발산로 43-20 센트럴프라자 6층
전화 031)936-4000 팩스 031)903-3893 홈페이지 www.wisdomhouse.co.kr

값 9,800원
ISBN 979-11-90427-27-2 64410
ISBN 979-11-90427-34-0 64410(세트)

원작 조석

글·구성

김차명 교사
좌승협 교사

감수

감경준 교사 송다솜 교사
양현모 교사 최유라 교사

위즈덤하우스

초등수학의 정석, 친절하고 유쾌한 길잡이!
《나는야 계산왕》이 있어 수학이 즐겁습니다!

★★★★★ 연산 문제집 한 페이지 풀기도 싫어하는 아이에게 혹시나 하는 마음에 보여줬어요. 만화만 볼 줄 알았는데 만화를 보고 난 뒤 옆에 있는 문제를 풀었더라고요. 하라고 하지도 않았는데 스스로 하는 게 신기했어요.

- 윤공 님

★★★★★ 집에 연산 문제집이 있었는데 아이가 너무 지루해했어요. 그래서 스스로 필요하다고 생각하기 전에 문제집은 사주지 않을 생각이었는데, 《나는야 계산왕》은 체험판이 도착하자마자, 그 자리에 앉아서 한 번도 안 움직이고 다 풀었어요. 열심히 하는 사람을 뛰어넘을 수 있는 사람은 즐기는 사람밖에 없다는 말이 있지요? 즐거워하며 풀 수 있는 문제집인 만큼 주변 엄마들에게도 권해주고 싶습니다.

- 하얀토끼 님

★★★★★ 내가 조석이 된 것처럼 느껴졌다. 조석이 되어서 만화 속에서 문제를 푸는 느낌이 들었다. 엄마가 시간도 얼마 안 걸렸다고 칭찬해주셨다. 만화를 읽고 문제를 푸니 재미있었다.

- 체험단 박재현 군

★★★★★ 아이가 평소 접했던 만화 〈마음의 소리〉를 통해 이해하기 쉽게 설명되어 있어서 좋았습니다. 문제의 양도 적당해서 아이가 풀면서 성취감도 큰 것 같아요. 아직 저학년에게는 어렵게 다가가기보다는 즐겁게 다가가는 것이 좋은 것 같습니다. 아이가 좋아하고, 잘 이해합니다. 현직 교사가 만든 학습서라 믿음이 가요.

- 하랑맘 님

★★★★★ 친근한 캐릭터라 아이가 흥미를 가지네요. 계산 문제를 풀기 전에 학습 만화로 개념을 먼저 익혀서 좋아요. 부담스럽지 않은 분량이라 아이가 재미있게 공부하네요.

- 동글이맘 님

★★★★★ 아이가 문제집을 앉아서 풀도록 하기까지의 과정이 제일 힘들었어요. 문제를 제대로 읽지 않고 대충 풀려고 하는 자세를 바꾸는 것도 힘들었고요. 그런데 이 책은 개념에 대한 이해를 만화로 해주고 있다 보니 아이가 즐거워하고 일단 책을 펴기까지의 과정이 수월하네요.

- 하경승윤맘 님

★★★★★ 다른 교재들과 다르게 캐릭터 특징이 있어서 아이가 정말 집중해서 읽고 풀더라고요. 독특한 구성이라 더욱 좋아했던 것 같습니다. 아이가 개념 부분을 하나도 빼놓지 않고 읽은 적은 처음이었어요.

- 달콤초코 님

원작자의 말

《나는야 계산왕》을 통해 여러분의 꿈에 한 발짝 가까워지기를 바랍니다

〈마음의 소리〉를 수학책으로 만든다는 이야기를 들었을때 제일 먼저 든 생각은 '우리 애들도 나중에 이 수학책으로 공부를 하면 재미있겠다!'라는 것이었습니다.
저야 어린시절부터 쭈욱 수학이란 과목을 어려워했지만 〈마음의 소리〉를 보던 어린 친구들이나 아니면 〈마음의 소리〉를 봐 오시다가 자녀가 생긴 독자분들이 이 책으로 수학을 접한다면 의미있겠다는 기분도 들었고요.

제가 웹툰을 그려오면서 공부와 관련된 책까지 함께할 거라는 생각은 해 본 적이 없어서 저 역시 두근거립니다. 개그만화로 웃음을 주는 것 이외에 다른 목적으로 책을 내 보는 건 처음이니까요. 물론 저도 풀어볼 예정이지만.... 아마 많이 틀리겠죠?
저처럼 커서도 수학이 어렵거나 꺼려지는 어른이 되지 않기 위해 독자분들은 이런 친근한 형태의 책으로 도움을 많이 받으셨으면 합니다.
훌륭한 선생님들께서 만들어 주신 책이라 아마 그럴 수 있지 않을까 싶네요!

단순히 재미난 문제집 한 권이 아닌, 즐거운 도움을 드리는 책이 되었으면 합니다.
조금 더 거창하게 말하자면 이 책을 접하는 어린 친구들이 먼 미래의 꿈을 이루는 데 도움이 되었으면 하고요.
여전히 수학이 어려운 저 같은 사람이 되지 않길 바라며 응원하겠습니다.
화이팅!

조석

우리 아이들도 신나게 수학을 배울 수 있습니다!

매년 학부모 상담 기간이 되면 아이가 수학을 어려워한다며 걱정하시는 부모님들을 만나게 됩니다. 교사인 저희에게도 무척 고민이 되는 지점입니다. 숫자 가득한 문제집을 앞에 두고 한숨을 푹 쉬며 연필을 집어 드는 아이들을 볼 때마다 '우리 아이들이 신나게 수학을 배울 수는 없는 것일까' 교사로서의 걱정도 깊어집니다.

수학에 있어서 반복적인 문제풀이는 반드시 필요한 과정이지만, 기본 개념이 잡히지 않은 상태에서 무턱대고 문제만 푸는 것은 우리 아이들이 수학을 싫어하게 되는 가장 첫 번째 이유입니다. 아이들이 공부를 지겨워하는 것은, 지겨울 수밖에 없는 방식으로 배우기 때문입니다. 우리 어른들의 생각과 달리, 아이들은 모르는 것을 아는 일에, 아는 것을 새로운 방법으로 익히는 일에 훨씬 많은 흥미를 가지고 있습니다. 재미있게 가르치면 재미있게 배울 수 있고, 흥미를 느낀 이후에는 하나를 알려주면 열을 익히게 됩니다. 수학을 주입식으로 가르칠 것이 아니라, 개념을 알려주고 입체적으로 풀게 하는 것이 중요한 이유입니다. 이러한 고민을 바탕으로 개발한 문제집이 기본 개념을 만화로 익히고 문제는 다양한 유형으로 접하도록 한《나는야 계산왕》입니다.

STEP 01

깔깔깔 웃으며 수학의 기본을 익히는 개념 만화

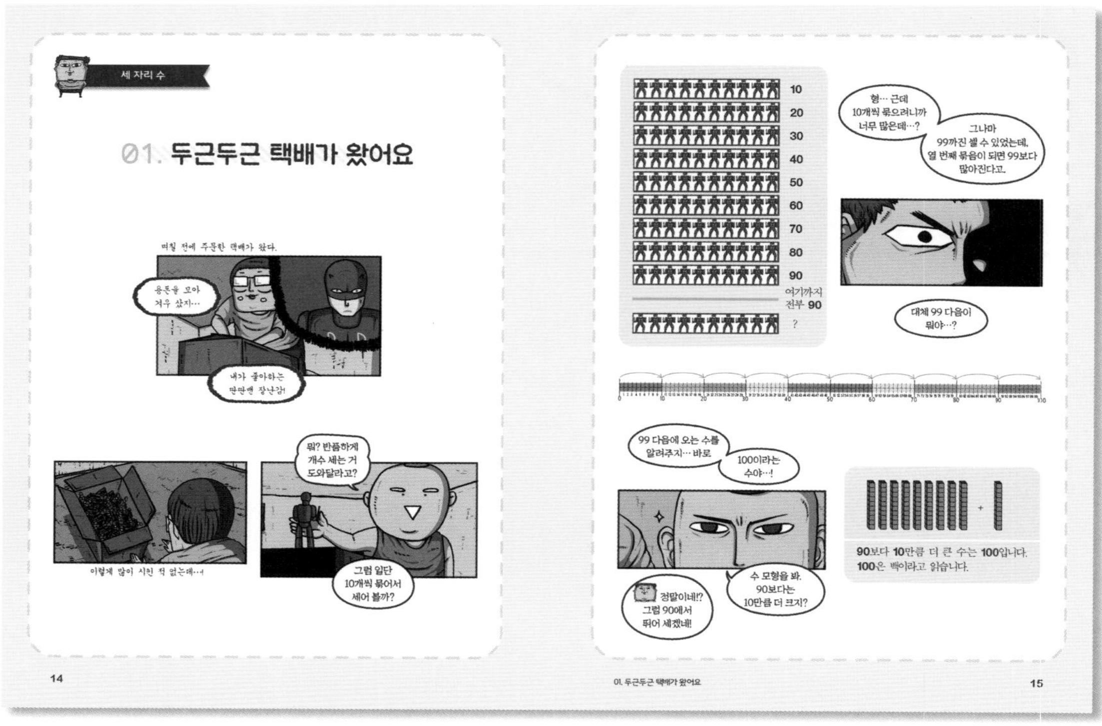

집중시간이 짧은 아이들에게는 글보다는 잘 만든 시각자료가 필요합니다. 하지만 많은 아이들이 현실에서는 전혀 쓸모없어 보이는 예시를 가지고 무턱대고 사칙연산의 기본 개념을 암기하게 됩니다. "도대체 수학은 왜 배워요?"라는 질문도 아이들의 입장에선 어쩌면 당연합니다. 《나는야 계산왕》은 반복적인 문제풀이를 하기에 앞서, 온 국민이 사랑하는 웹툰 〈마음의 소리〉를 수학적 상황에 맞추어 각색한 만화로 읽도록 구성했습니다. 주인공 석이와 준이 형아가 함께 엄마의 심부름을 하고 방 탈출 카페를 가는 일상의 에피소드를 보며 실생활에서 수학의 기본 개념을 어떻게 접하고 해결할 수 있는지를 익히게 됩니다. 이를 통해 암기로서의 수학이 아니라, 우리의 일상을 더욱 즐겁고 효율적으로 만들어 주는 훌륭한 도구로서의 수학을 익히게 됩니다.

STEP 02

하루 한 장, 수학적 창의력을 키우는 문제풀이

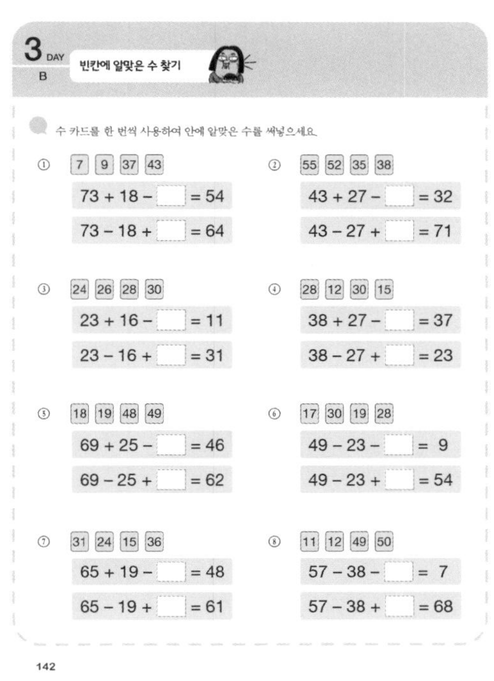

3 DAY B

빈칸에 알맞은 수 찾기

수 카드를 한 번씩 사용하여 안에 알맞은 수를 써넣으세요.

① 7 9 37 43

73 + 18 − □ = 54

73 − 18 + □ = 64

② 55 52 35 38

43 + 27 − □ = 32

43 − 27 + □ = 71

③ 24 26 28 30

23 + 16 − □ = 11

23 − 16 + □ = 31

④ 28 12 30 15

38 + 27 − □ = 37

38 − 27 + □ = 23

⑤ 18 19 48 49

69 + 25 − □ = 46

69 − 25 + □ = 62

⑥ 17 30 19 28

49 − 23 − □ = 9

49 − 23 + □ = 54

⑦ 31 24 15 36

65 + 19 − □ = 48

65 − 19 + □ = 61

⑧ 11 12 49 50

57 − 38 − □ = 7

57 − 38 + □ = 68

142

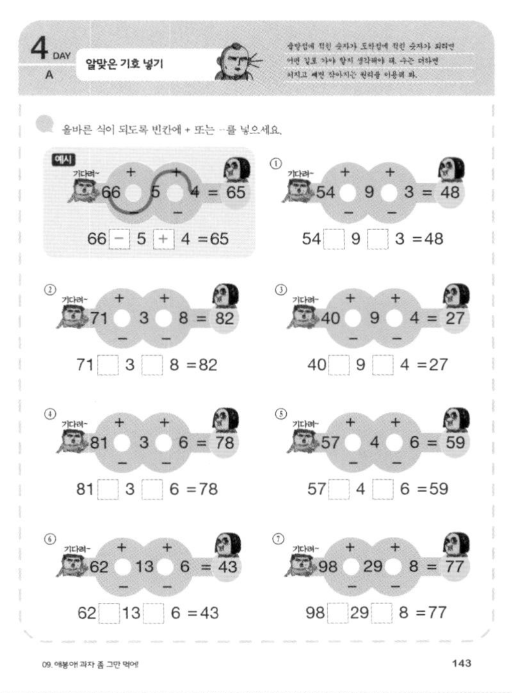

4 DAY A

알맞은 기호 넣기

출발점에 적힌 숫자가 도착점에 적힌 숫자가 되려면 어떤 길로 가야 할지 생각해야 해. 수는 더하면 커지고 빼면 작아지는 원리를 이용해 봐.

올바른 식이 되도록 빈칸에 + 또는 −를 넣으세요.

예시 66 5 4 = 65

66 − 5 + 4 =65

① 54 9 3 = 48

54 □ 9 □ 3 =48

② 71 3 8 = 82

71 □ 3 □ 8 =82

③ 40 9 4 = 27

40 □ 9 □ 4 =27

④ 81 3 6 = 78

81 □ 3 □ 6 =78

⑤ 57 4 6 = 59

57 □ 4 □ 6 =59

⑥ 62 13 6 = 43

62 □ 13 □ 6 =43

⑦ 98 29 8 = 77

98 □ 29 □ 8 =77

09 애봉이 과자 좀 그만 먹어

143

흔히 수학의 정답은 하나라고 이야기하지만, 이는 절반만 맞는 명제입니다. 수학의 정답은 하나이지만, 풀이는 다양합니다. 이 풀이까지를 다양하게 도출할 수 있어야, 진짜 수학의 정답을 맞히는 것입니다. 덧셈과 뺄셈, 곱셈과 나눗셈은 모두 역연산 관계에 있습니다. 1+2=3이고, 3−2=1이며, 1×2=2이고, 2÷2=1의 관계에 있습니다. 앞으로 풀면 덧셈이고 거꾸로 풀면 뺄셈이 되는 이 관계성만 잘 파악해도 초등수학은 훨씬 더 재밌어집니다. 《나는야 계산왕》은 사칙연산의 역연산 관계를 고려한 다양한 문제를 하루에 한 장씩 풀도록 구성했습니다. 뿐만 아이라 단순한 계산식을 이해하기 어려운 아이들을 위해 다양하고 입체적인 그림 연산으로 구성했습니다. 하루 한 장을 풀고 나면, 한 가지 정답을 만드는 두 개 이상의 풀이를 경험하게 됩니다. 문제를 접한 체험단 학생이 "만화보다 문제가 재밌다"는 평가를 줄 정도로 직관적이고 재미있습니다. 문제풀이만으로도 얼마든지 수학을 좋아하게 될 수 있다는 것을 보여줄 것입니다.

STEP 03

개정교육과정의 수학 교과 역량을 반영한 스토리텔링형 문제

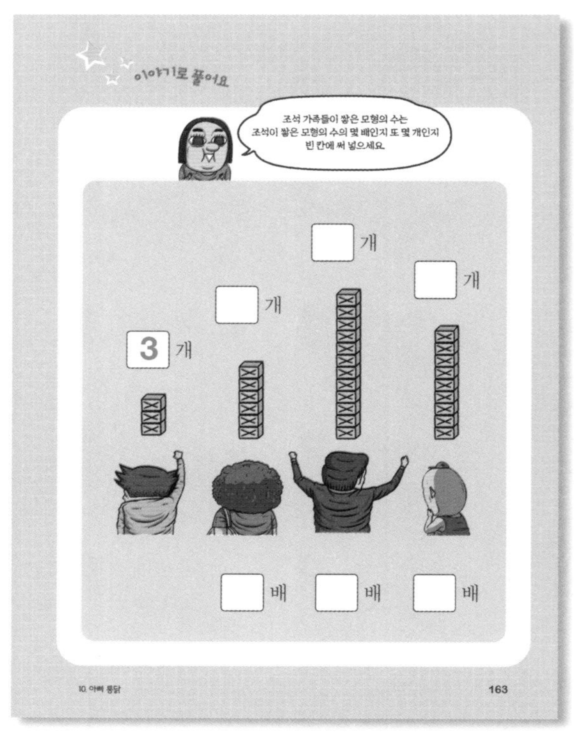

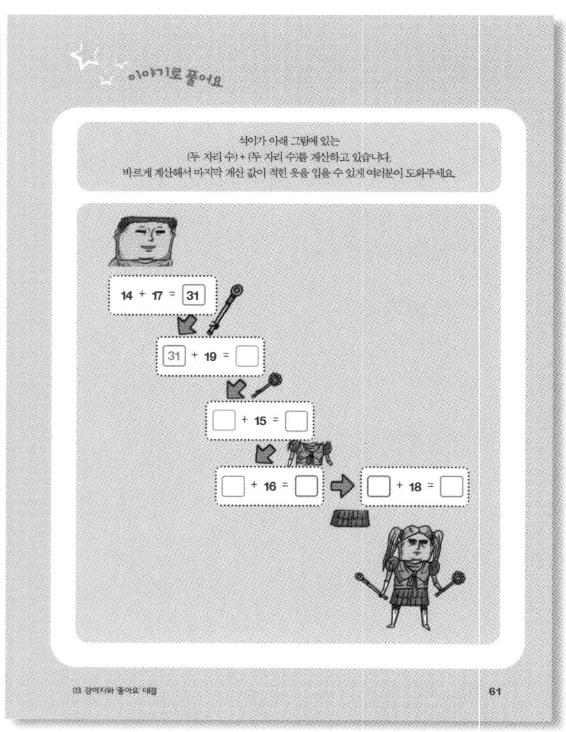

2015개정교육과정은 총 6가지의 수학 교과 역량을 중점적으로 다루고 있습니다. 책은 '문제해결, 추론, 창의·융합, 의사소통, 정보 처리, 태도 및 실천'이라는 핵심 교과 역량을 최대치로 끌어올렸습니다. 〈이야기로 풀어요〉에 해당하는 심화 문제들은, 어떤 수학 문제집에서도 나오지 않는 창의적인 문제 유형을 통해 교육과정이 요구하는 수학 역량들을 골고루 발달하도록 힘을 실어줍니다. 문제의 정답을 맞혀 잊어버린 현관문 비밀번호를 찾아내고, 미로를 뚫고 헤어진 친구를 다시 만나는 스토리텔링 형식의 문제를 통해 우리 아이들은 수학이라는 언어를 통해 새롭게 정보를 처리하고 문제를 해결하는 능력을 키울 수 있을 것입니다.

우리 가족 모두 계산왕이 될 거야!

석이

안녕, 내 이름은 조석이야.
우리 함께 재미있는 수학 공부 시작해 볼까?

애봉이

석이와 함께 수학을 공부하고 있어!
어린이 친구들, 모두 함께 힘내자!

우리 친구들,
계산왕이 될 때까지 화.이.팅.
아빠
엄마

★ 1학년 1학기 (2019년 11월 출간) ★

1단원	9까지의 수를 모으고 가르기
2단원	한 자리 수의 덧셈
3단원	한 자리 수의 뺄셈
4단원	덧셈과 뺄셈 해 보기
5단원	덧셈식과 뺄셈식 만들기
6단원	19까지의 수를 모으고 가르기
7단원	50까지의 수
8단원	덧셈과 뺄셈 종합

★ 1학년 2학기 (2020년 2월 출간 예정) ★

1단원	100까지의 수
2단원	(몇 십 몇) ± (몇)
3단원	(몇 십) ± (몇 십)
4단원	(몇 십 몇) ± (몇 십 몇)
5단원	세 수의 덧셈과 뺄셈
6단원	10이 되는 더하기
7단원	받아올림이 있는 (몇) + (몇) = (십몇)
8단원	받아내림이 있는 (십몇) - (몇) = (몇)

★ 2학년 1학기 ★

1단원	세 자리 수
2단원	받아올림이 있는 (두 자리 수) + (한 자리 수)
3단원	받아올림이 있는 (두 자리 수) + (두 자리 수) I
4단원	받아올림이 있는 (두 자리 수) + (두 자리 수) II
5단원	받아내림이 있는 (두 자리 수) - (한 자리 수)
6단원	받아내림이 있는 (몇 십) - (몇 십 몇)
7단원	받아내림이 있는 (몇 십 몇) - (몇 십 몇)
8단원	여러 가지 방법으로 덧셈, 뺄셈 하기
9단원	세 수의 덧셈과 뺄셈
10단원	곱셈의 의미

★ 2학년 2학기 (2020년 2월 출간 예정) ★

1단원	구구단 2, 5단
2단원	구구단 3, 6단
3단원	구구단 2, 5, 3, 6단 종합
4단원	구구단 4, 8단
5단원	구구단 7, 9, 1, 0단
6단원	구구단 4, 8, 7, 9, 1, 0단 종합
7단원	구구단 1~9단 종합(1)
8단원	구구단 1~9단 종합(2)

★ 3학년 1학기 (2020년 11월 출간 예정) ★

1단원	받아올림이 없는 세 자리 수 덧셈
2단원	받아올림이 있는 세 자리 수 덧셈
3단원	(세 자리 수) - (세 자리 수) I
4단원	(세 자리 수) - (세 자리 수) II
5단원	나눗셈(똑같이 나누기)
6단원	나눗셈(몫을 곱셈구구로 구하기)
7단원	(두 자리 수) × (한 자리 수) I
8단원	(두 자리 수) × (한 자리 수) II
9단원	(두 자리 수) × (한 자리 수) III
10단원	(두 자리 수) × (한 자리 수) IV

★ 3학년 2학기 (2020년 11월 출간 예정) ★

1단원	(세 자리 수) × (한 자리 수) I
2단원	(세 자리 수) × (한 자리 수) II
3단원	(두 자리 수) × (두 자리 수) I
4단원	(두 자리 수) × (두 자리 수) II
5단원	(몇 십) ÷ (몇)
6단원	(몇 십 몇) ÷ (몇)
7단원	나머지가 있는 (몇 십 몇) ÷ (몇)
8단원	(세 자리 수) ÷ (한 자리 수)
9단원	분수로 나타내기
10단원	여러 가지 분수와 크기 비교

01. 두근두근 택배가 왔어요 : 세 자리 수 … 14

02. 비둘기 돌보기 : 받아올림이 있는 두 자리 수 + 한 자리 수 … 30

03. 강아지와 '좋아요' 대결 : 받아올림이 있는 두 자리 수 + 두 자리 수(1) … 46

04. 소원을 말해 봐 : 받아올림이 있는 두 자리 수 + 두 자리 수(2) … 62

05. 검은 점모시 나비 : 받아내림이 있는 두 자리 수 - 한 자리 수 … 76

06. 먹어도 먹어도 끝이 없는 빵 : 받아내림이 있는 몇 십 - 몇 십 몇 … 90

07. 불우이웃 돕기 : 받아내림이 있는 (몇 십 몇) – (몇 십 몇) … 104

08. 구독자 수 늘리기 대작전! : 여러 가지 덧셈과 뺄셈 … 120

09. 애봉아! 과자 좀 그만 먹어! : 세 수의 덧셈과 뺄셈 … 134

10. 아빠 통닭 : 곱셈 … 148

01. 두근두근 택배가 왔어요

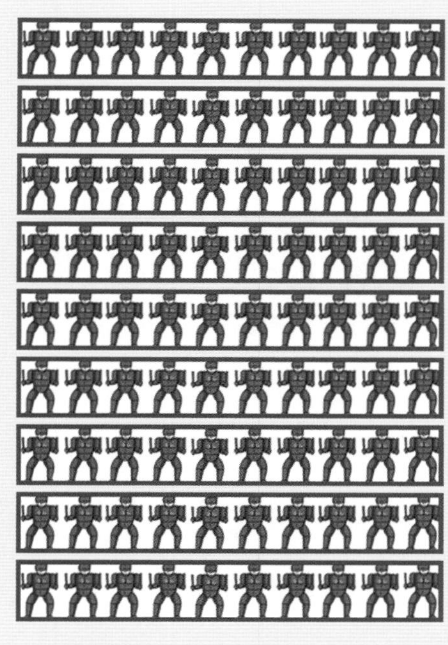

10
20
30
40
50
60
70
80
90
여기까지
전부 **90**
?

형… 근데
10개씩 묶으려니까
너무 많은데…?

그나마
99까진 셀 수 있었는데,
열 번째 묶음이 되면 99보다
많아진다고.

대체 99 다음이
뭐야…?

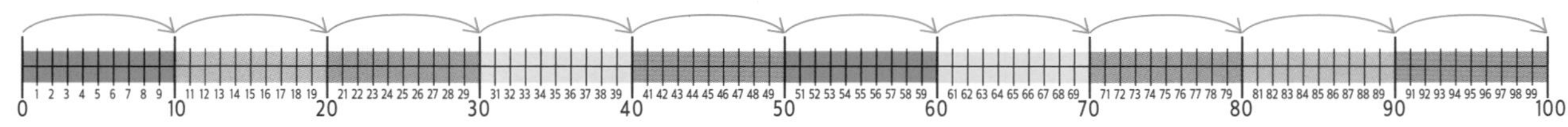

99 다음에 오는 수를
알려주지… 바로

100이라는
수야…!

수 모형을 봐.
90보다는
10만큼 더 크지?

정말이네!?
그럼 90에서
뛰어 세겠네!

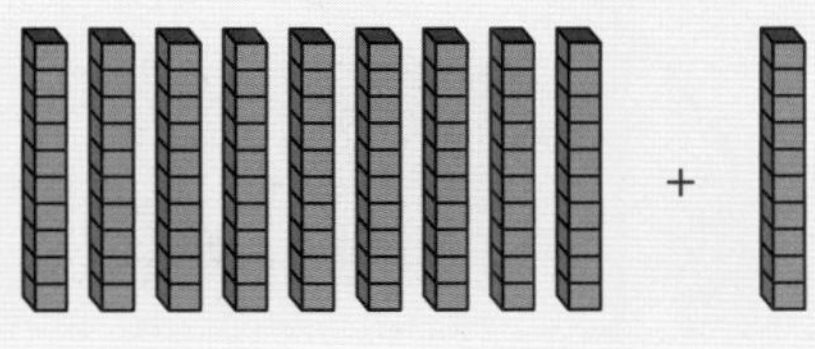

90보다 **10**만큼 더 큰 수는 **100**입니다.
100은 백이라고 읽습니다.

만약 100이
5개면, 500이 되는 거지!

10씩 뛰어 세고
싶으면 510, 520…
이렇게 세면 되고!

오옷!
생각보다
쉬운데!?

그럼 얼른
제대로 다시
세어 보자!

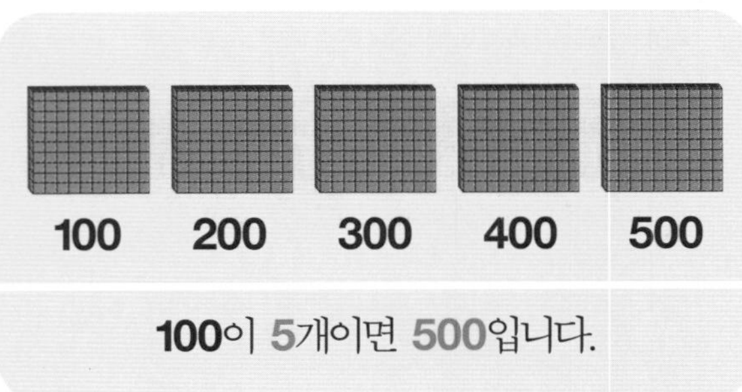

510 520 530 540 550 560

겨우 다 셌다.
100개씩 묶음 4개에,
10개씩 묶음 3개,
낱개 5개니까

400+30+5는…
435!?

엄청 많아!

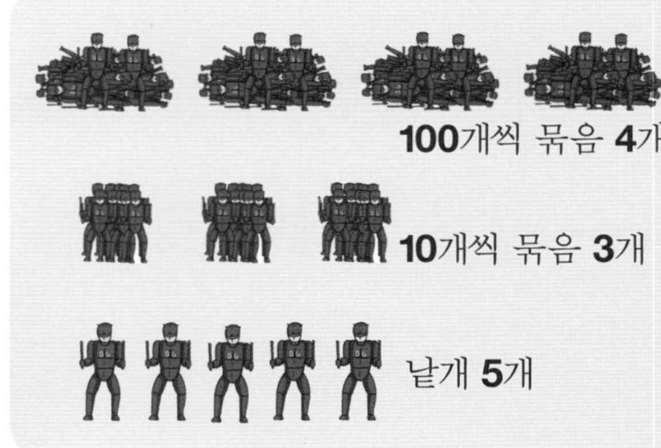

백의 자리	십의 자리	일의 자리
4	3	5
↓		
4	0	0
	3	0
		5

4는 백의 자리 숫자이고,
400을 나타냅니다.

3은 십의 자리 숫자이고,
30을 나타냅니다.

5는 일의 자리 숫자이고,
5를 나타냅니다.

435 = 400 + 30 + 5

999보다 **1**만큼 더 큰 수는 **1000**입니다.

	백의 자리	십의 자리	일의 자리
347	3	4	7
356	3	5	6

두 수의 크기를 비교하여 ◯안에 > 또는 <를 알맞게 써넣으세요.

347 (<) 356

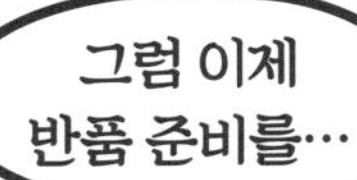

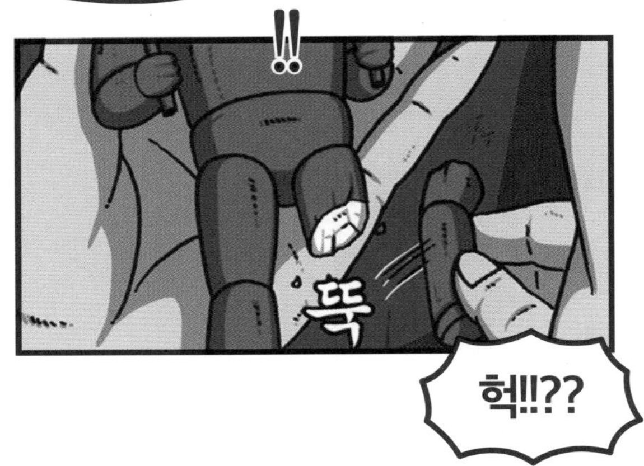

마음의 꿀팁

일이 10개면 십, 십이 10개면 백이 돼!
세 자리 수는 백의 자리, 십의 자리, 일의 자리로 이루어져 있어.
세 자리 수가 나오면 백의 자리, 십의 자리, 일의 자리 수가 얼마인지 확인해야 해!

1 DAY A

세 자리 수 알아보기

얘들아! 세 자리 수는 백의 자리, 십의 자리, 일의 자리로 이루어져 있다는 거 기억나지? 주어진 세 자리 수를 보고 각 자리에 들어갈 숫자를 찾아보자.

빈칸에 들어갈 수를 쓰세요.

① **518**에서
- 백의 자리 숫자는 ☐
- 십의 자리 숫자는 ☐
- 일의 자리 숫자는 ☐

② **234**에서
- 백의 자리 숫자는 ☐
- 십의 자리 숫자는 ☐
- 일의 자리 숫자는 ☐

③ **967**에서
- 백의 자리 숫자는 ☐
- 십의 자리 숫자는 ☐
- 일의 자리 숫자는 ☐

④ **193**에서
- 백의 자리 숫자는 ☐
- 십의 자리 숫자는 ☐
- 일의 자리 숫자는 ☐

⑤ **562**에서
- 백의 자리 숫자는 ☐
- 십의 자리 숫자는 ☐
- 일의 자리 숫자는 ☐

⑥ **774**에서
- 백의 자리 숫자는 ☐
- 십의 자리 숫자는 ☐
- 일의 자리 숫자는 ☐

⑦ **832**에서
- 백의 자리 숫자는 ☐
- 십의 자리 숫자는 ☐
- 일의 자리 숫자는 ☐

⑧ **425**에서
- 백의 자리 숫자는 ☐
- 십의 자리 숫자는 ☐
- 일의 자리 숫자는 ☐

⑨ **419**에서
- 백의 자리 숫자는 ☐
- 십의 자리 숫자는 ☐
- 일의 자리 숫자는 ☐

⑩ **703**에서
- 백의 자리 숫자는 ☐
- 십의 자리 숫자는 ☐
- 일의 자리 숫자는 ☐

세 자리 수 알아보기

빈칸에 들어갈 수를 쓰세요.

① **442**에서
- 백의 자리 숫자는 ☐
- 십의 자리 숫자는 ☐
- 일의 자리 숫자는 ☐

② **837**에서
- 백의 자리 숫자는 ☐
- 십의 자리 숫자는 ☐
- 일의 자리 숫자는 ☐

③ **280**에서
- 백의 자리 숫자는 ☐
- 십의 자리 숫자는 ☐
- 일의 자리 숫자는 ☐

④ **523**에서
- 백의 자리 숫자는 ☐
- 십의 자리 숫자는 ☐
- 일의 자리 숫자는 ☐

⑤ **751**에서
- 백의 자리 숫자는 ☐
- 십의 자리 숫자는 ☐
- 일의 자리 숫자는 ☐

⑥ **864**에서
- 백의 자리 숫자는 ☐
- 십의 자리 숫자는 ☐
- 일의 자리 숫자는 ☐

⑦ **506**에서
- 백의 자리 숫자는 ☐
- 십의 자리 숫자는 ☐
- 일의 자리 숫자는 ☐

⑧ **193**에서
- 백의 자리 숫자는 ☐
- 십의 자리 숫자는 ☐
- 일의 자리 숫자는 ☐

⑨ **224**에서
- 백의 자리 숫자는 ☐
- 십의 자리 숫자는 ☐
- 일의 자리 숫자는 ☐

⑩ **938**에서
- 백의 자리 숫자는 ☐
- 십의 자리 숫자는 ☐
- 일의 자리 숫자는 ☐

2 DAY A

각 자리의 숫자 알기

671은 100이 6개, 10이 7개, 1이 1개가 더해져서 만들어진 세 자리 수야. 세 자리 수의 각 자릿값이 얼마를 뜻하는지를 아는 건 정말 중요해.

빈칸에 들어갈 수를 쓰세요.

예시

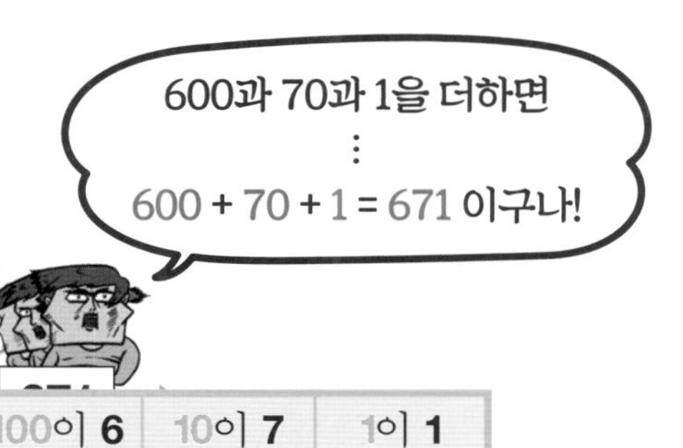

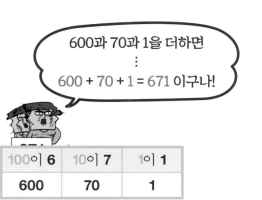

100이 6	10이 7	1이 1
600	70	1

671 = 600 + 70 + 1

① 934 ➡

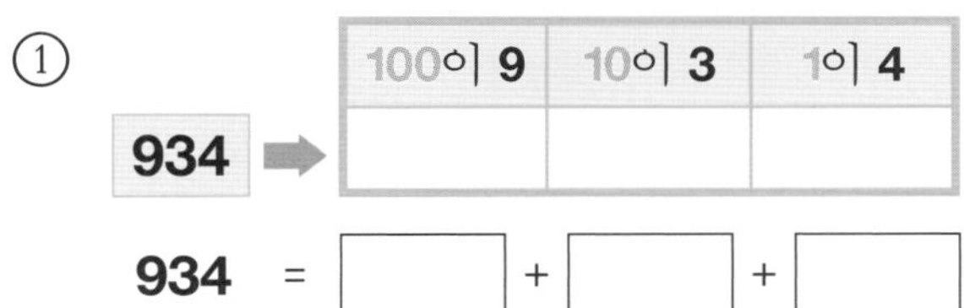

100이 9	10이 3	1이 4

934 = ☐ + ☐ + ☐

② 458 ➡

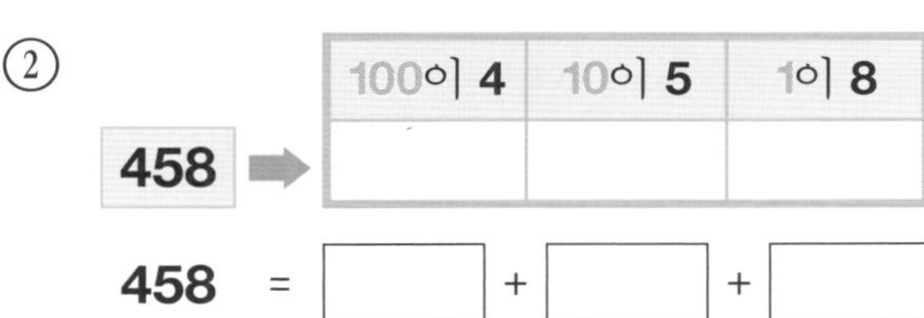

100이 4	10이 5	1이 8

458 = ☐ + ☐ + ☐

③ 802 ➡

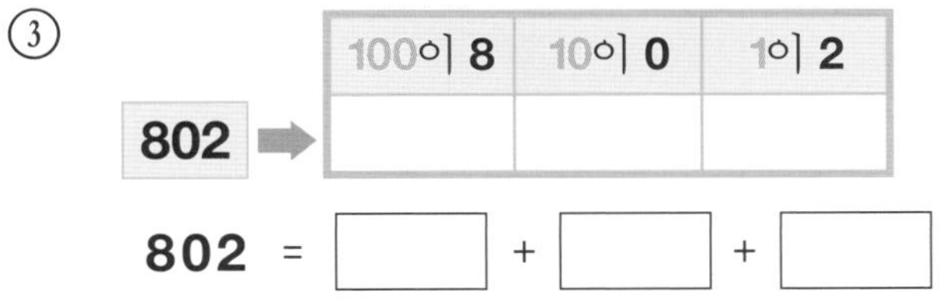

100이 8	10이 0	1이 2

802 = ☐ + ☐ + ☐

④ 767 ➡

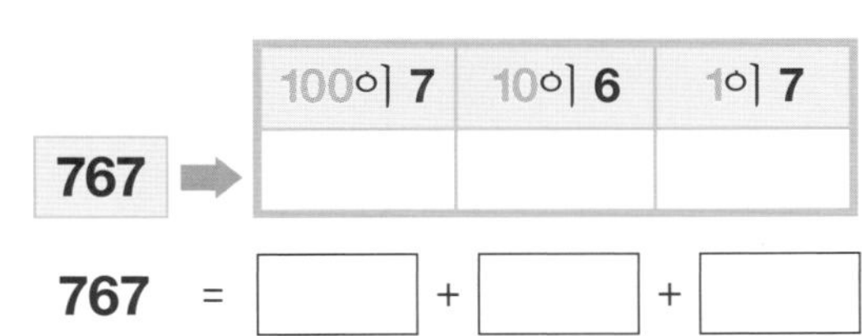

100이 7	10이 6	1이 7

767 = ☐ + ☐ + ☐

⑤ 103 ➡

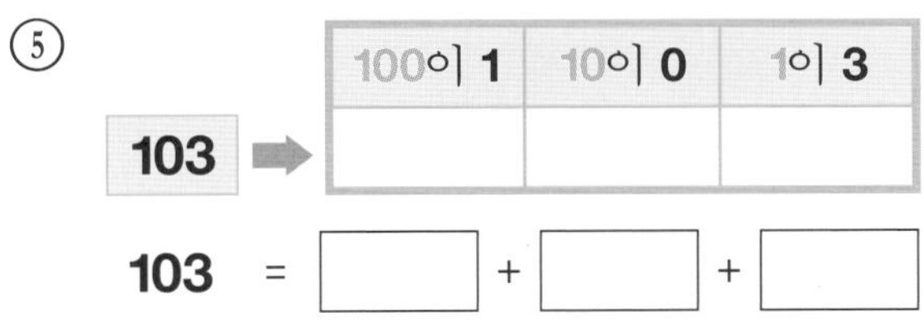

100이 1	10이 0	1이 3

103 = ☐ + ☐ + ☐

⑥ 336 ➡

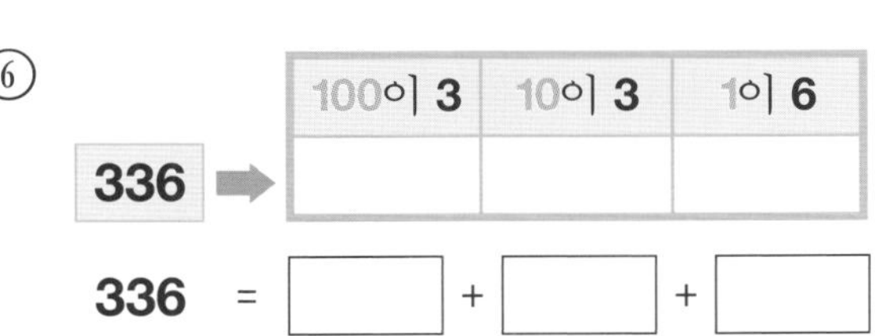

100이 3	10이 3	1이 6

336 = ☐ + ☐ + ☐

2 DAY B

각 자리의 숫자 알기

빈칸에 들어갈 수를 쓰세요.

①

739 ➡

100이 7	10이 3	1이 9

739 = □ + □ + □

②

526 ➡

100이 5	10이 2	1이 6

526 = □ + □ + □

③

238 ➡

100이 2	10이 3	1이 8

238 = □ + □ + □

④

642 ➡

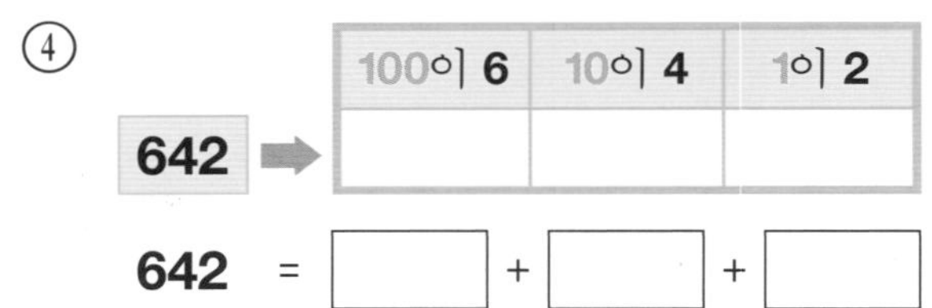

100이 6	10이 4	1이 2

642 = □ + □ + □

⑤

150 ➡

100이 1	10이 5	1이 0

150 = □ + □ + □

⑥

367 ➡

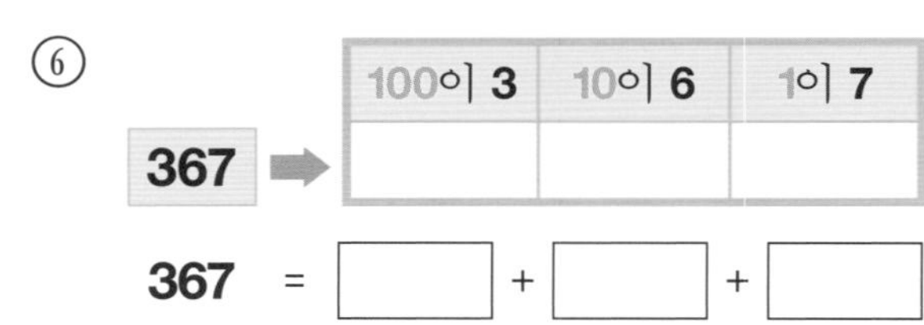

100이 3	10이 6	1이 7

367 = □ + □ + □

⑦

831 ➡

100이 8	10이 3	1이 1

831 = □ + □ + □

⑧

513 ➡

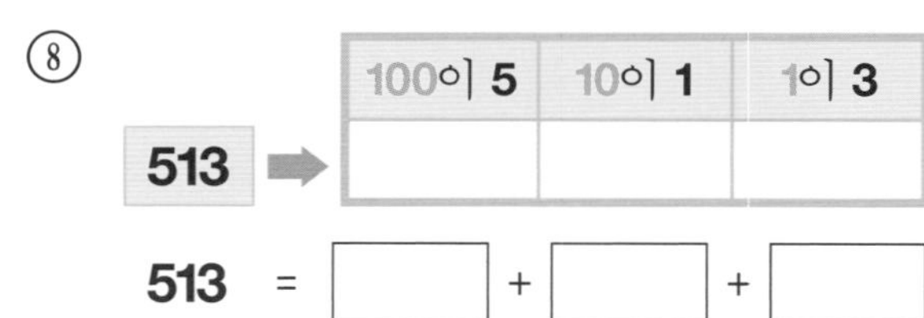

100이 5	10이 1	1이 3

513 = □ + □ + □

⑨

267 ➡

100이 2	10이 6	1이 7

267 = □ + □ + □

⑩

754 ➡

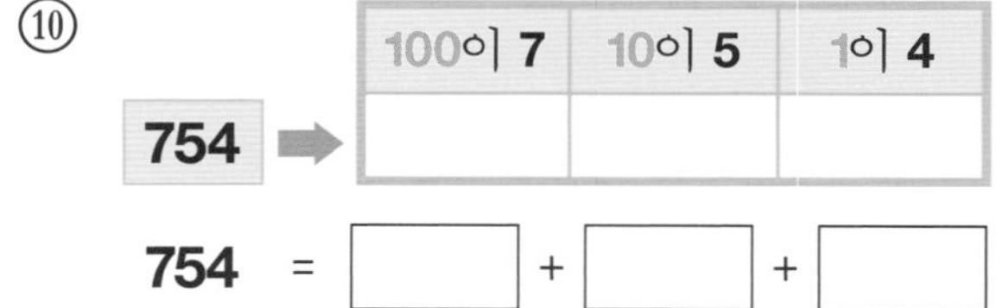

100이 7	10이 5	1이 4

754 = □ + □ + □

3 DAY A

세 자리 수 뛰어 세기

뛰어 세기를 할 때는 얼마씩 커지는지 확인하고 커지는 수와 같은 자리의 수끼리 더해 나가면 쉽게 할 수 있어! 눈으로도 풀어보고 직접 연필로 써 가면서도 풀어 보자.

빈칸에 들어갈 수를 쓰세요.

예시

애봉아, 뛰어 세기가 뭐야?
270보다 10큰 수는 280이지? 280보다 10큰 수는 290이지? 290보다 10큰 수는 300이고. 이렇게 같은 수만큼 커지게 수를 세는 방법을 뛰어 세기라고 해.

10 큰 수 → 10 큰 수 → 10 큰 수 → 10 큰 수

270	280	290	300	310

① **20**씩 뛰어 세기 하세요.

850				

② **10**씩 뛰어 세기 하세요.

150				

③ **10**씩 뛰어 세기 하세요.

400				

④ **100**씩 뛰어 세기 하세요.

200				

⑤ **10**씩 뛰어 세기 하세요.

480				

⑥ **20**씩 뛰어 세기 하세요.

610				

⑦ **100**씩 뛰어 세기 하세요.

300				

⑧ **10**씩 뛰어 세기 하세요.

770				

3 DAY B

세 자리 수 뛰어 세기

빈칸에 들어갈 수를 쓰세요.

① 50씩 뛰어 세기 하세요.

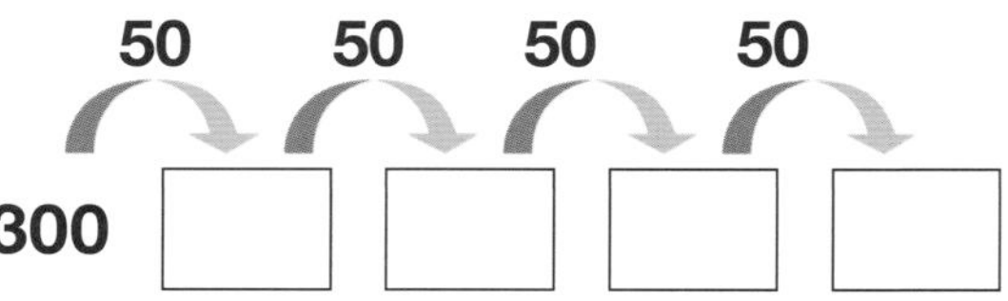

② 20씩 뛰어 세기 하세요.

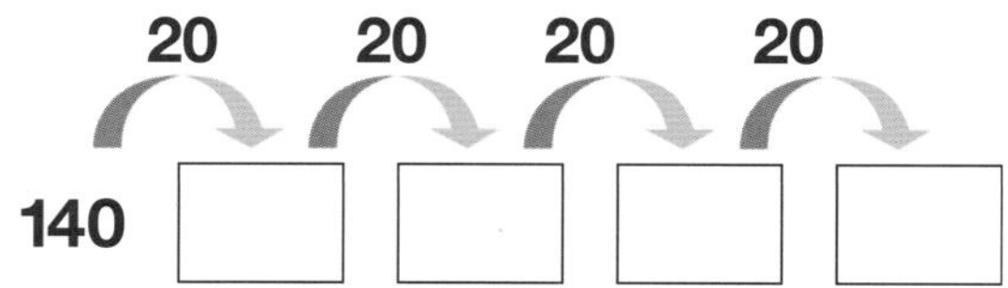

③ 10씩 뛰어 세기 하세요.

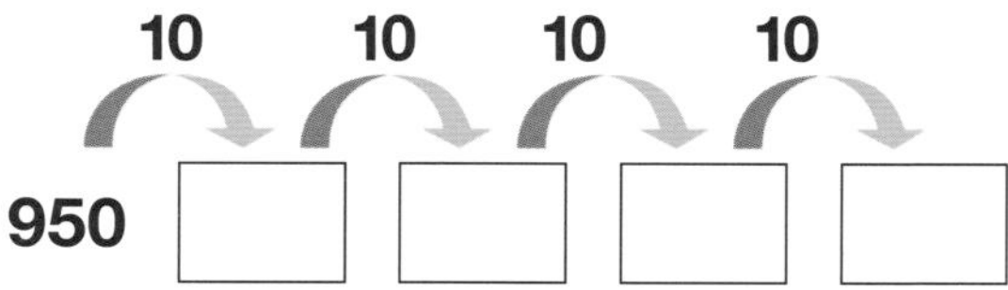

④ 30씩 뛰어 세기 하세요.

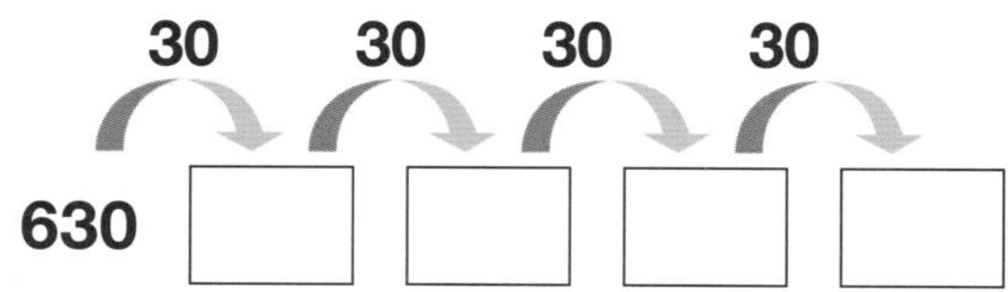

⑤ 20씩 뛰어 세기 하세요.

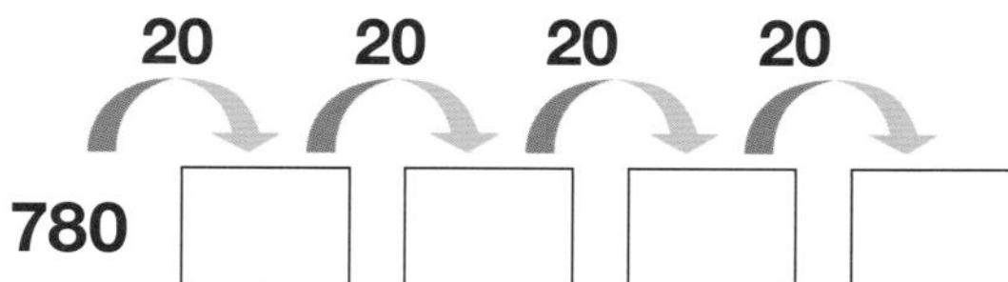

⑥ 40씩 뛰어 세기 하세요.

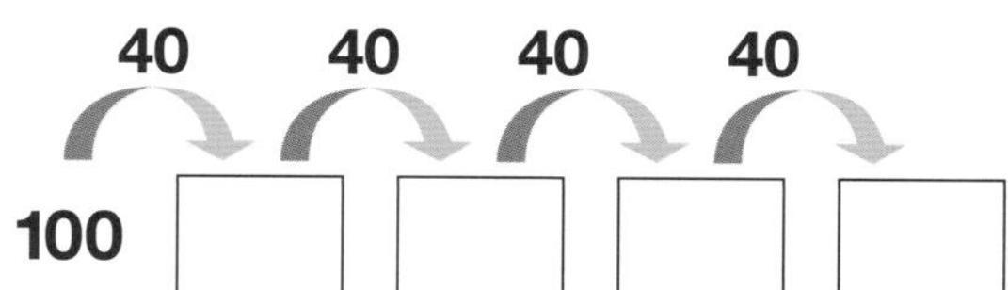

⑦ 100씩 뛰어 세기 하세요.

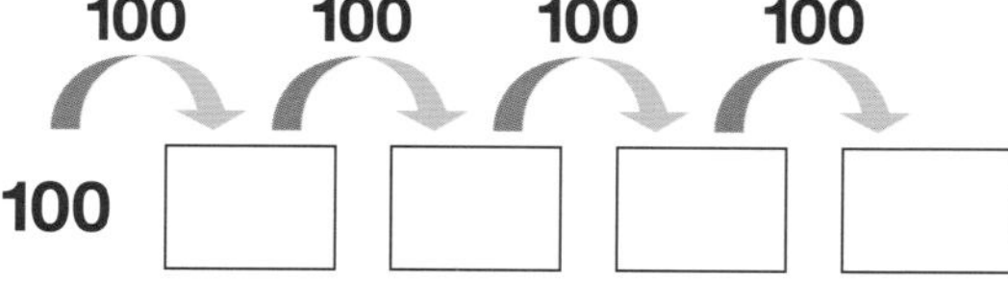

⑧ 50씩 뛰어 세기 하세요.

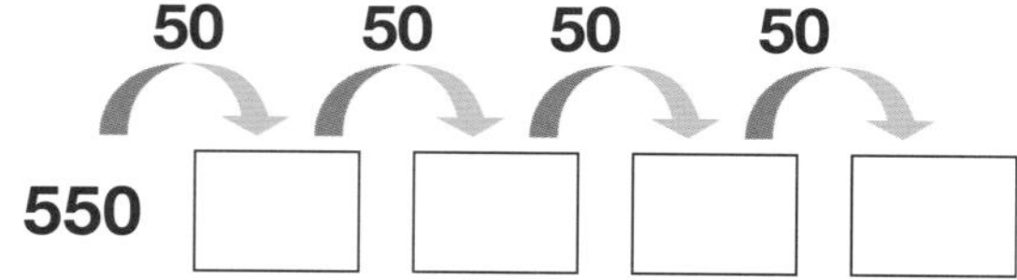

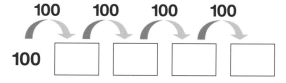

4 DAY A

세 자리 수 크기 비교

세 자리로 이루어진 두 수의 크기를 비교할 때는 백의 자리부터 비교해 봐. 백의 자리가 똑같으면 십의 자리를 비교하면 돼.

두 수의 크기를 비교하여 ○ 안에 > 또는 <를 알맞게 써넣으세요.

① 690 ○ 730

② 881 ○ 876

③ 164 ○ 201

④ 777 ○ 772

⑤ 913 ○ 963

⑥ 200 ○ 300

⑦ 561 ○ 553

⑧ 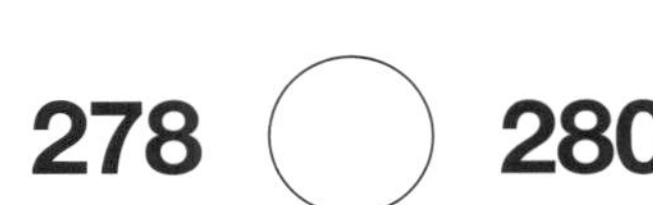
278 ○ 280

⑨ 364 ○ 401

⑩ 932 ○ 999

⑪ 993 ○ 1000

⑫ 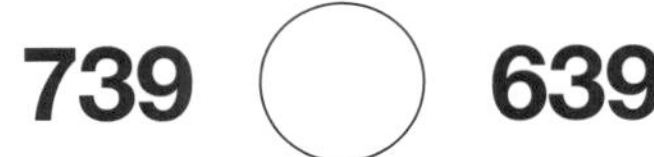
739 ○ 639

4 DAY B

세 자리 수 크기 비교

두 수의 크기를 비교하여 ○ 안에 > 또는 <를 알맞게 써넣으세요.

① 412 ○ 512

② 363 ○ 366

③ 845 ○ 854

④ 620 ○ 720

⑤ 893 ○ 799

⑥ 521 ○ 531

⑦ 472 ○ 482

⑧ 329 ○ 429

⑨ 709 ○ 710

⑩ 868 ○ 686

⑪ 227 ○ 237

⑫ 139 ○ 140

5 DAY A

세 자리 수 만들기

가장 큰 세 자리 수를 만들 때 제일 중요한 건 백의 자리 수가 제일 커야 한다는 거야. 수의 크기를 비교할 때는 가장 큰 순서대로 배열하면 돼.

수 카드 **4**장 중 **3**장을 한 번씩만 사용하여 세 자리 수를 만들려고 합니다. 물음에 답하세요.

예시

가장 큰 수를 어떻게 만들 수 있을까?

수를 비교할 때 백의 자리부터 비교했지?

백의 자리 수가 클수록 수가 커지니까 백의 자리에 가장 큰 수를 넣어 볼까?

5 6 0 8

8 6 5

백의 자리 십의 자리 일의 자리

가장 큰 세 자리 수 : 865

① 3 9 2 0

가장 큰 세 자리 수 :

② 7 1 3 5

가장 큰 세 자리 수 :

③ 0 2 8 4

가장 큰 세 자리 수 :

④ 2 6 8 1

가장 큰 세 자리 수 :

⑤ 7 3 2 0

가장 큰 세 자리 수 :

⑥ 5 4 1 9

가장 큰 세 자리 수 :

⑦ 9 0 2 4

가장 큰 세 자리 수 :

⑧ 8 7 5 3

가장 큰 세 자리 수 :

⑨ 2 7 5 3

가장 큰 세 자리 수 :

5 DAY B

세 자리 수 만들기

수 카드 **4**장 중 **3**장을 한 번씩만 사용하여 세 자리 수를 만들려고 합니다. 물음에 답하세요.

① 1 2 8 5

가장 큰 세 자리 수 :

② 7 9 5 8

가장 큰 세 자리 수 :

③ 5 7 1 6

가장 큰 세 자리 수 :

④ 8 2 0 6

가장 큰 세 자리 수 :

⑤ 9 8 3 4

가장 큰 세 자리 수 :

⑥ 1 7 9 0

가장 큰 세 자리 수 :

⑦ 4 5 2 3

가장 큰 세 자리 수 :

⑧ 6 4 7 1

가장 큰 세 자리 수 :

⑨ 6 9 4 2

가장 큰 세 자리 수 :

⑩ 3 0 1 8

가장 큰 세 자리 수 :

⑪ 6 3 0 4

가장 큰 세 자리 수 :

⑫ 1 3 8 9

가장 큰 세 자리 수 :

⑬ 8 2 0 5

가장 큰 세 자리 수 :

⑭ 9 5 6 3

가장 큰 세 자리 수 :

⑮ 2 8 0 7

가장 큰 세 자리 수 :

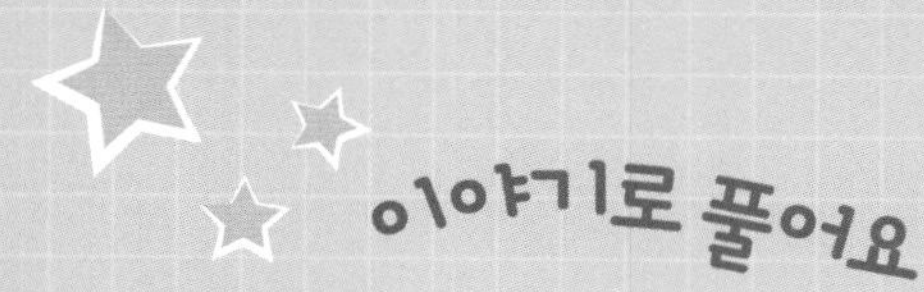

석이와 애봉이가 놀이공원에 갔습니다.
두 개의 기차 칸마다 세 자리 수가 적혀 있습니다.
이 세 자리 수는 **10**씩 커지는 규칙이 있습니다.
석이와 애봉이가 맞는 좌석에 앉을 수 있게 여러분이 도와주세요.

내 티켓 번호는 530이고
애봉이 티켓 번호는 660이야.
빈칸에 세 자리 수를 적고 내 티켓 번호 530과
애봉이 티켓 번호 660이 적혀 있는
기차 칸에 동그라미를 쳐 줘.

490	500	
520		540

530

630	640	
		680

660

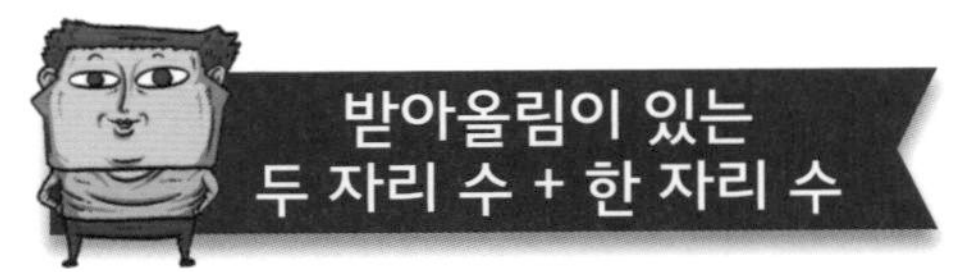

02. 비둘기 돌보기

친구에게 전화가 왔다.

근데 늘어남

헉…!? 6마리가 더
날아오잖아…!?
후
드
더
더
덕
!!
대체 비둘기가
전부 몇 마리야!

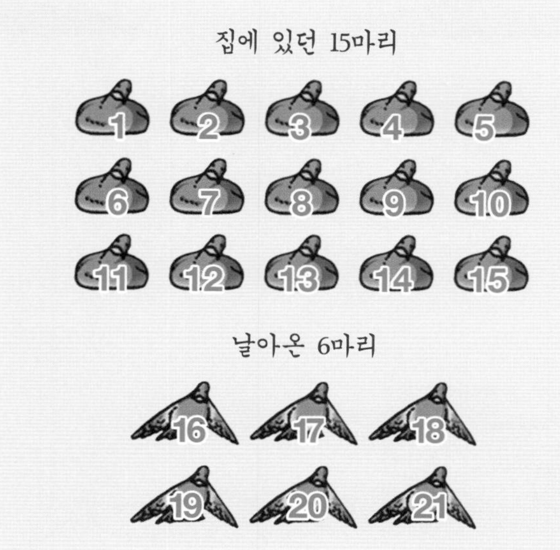
집에 있던 15마리
1 2 3 4 5
6 7 8 9 10
11 12 13 14 15
날아온 6마리
16 17 18
19 20 21

잠깐!
15부터 1씩
뛰어 세면…!
전부 21마리
아니야!?
나 천재인가 봐!

형처럼 멋있게
식을 세우는 건
어때?
이럴 줄 알고
수 모형도 가져왔지.
친구네 집 오는데
수 모형 챙기는 건
형밖에 없을 듯

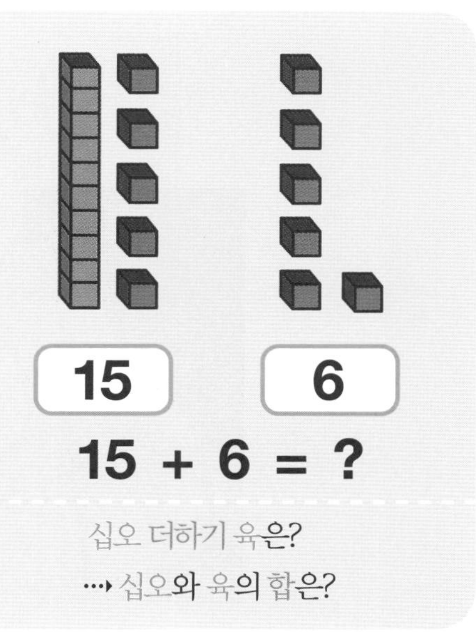
15
6
15 + 6 = ?
십오 더하기 육은?
⋯▸ 십오와 육의 합은?

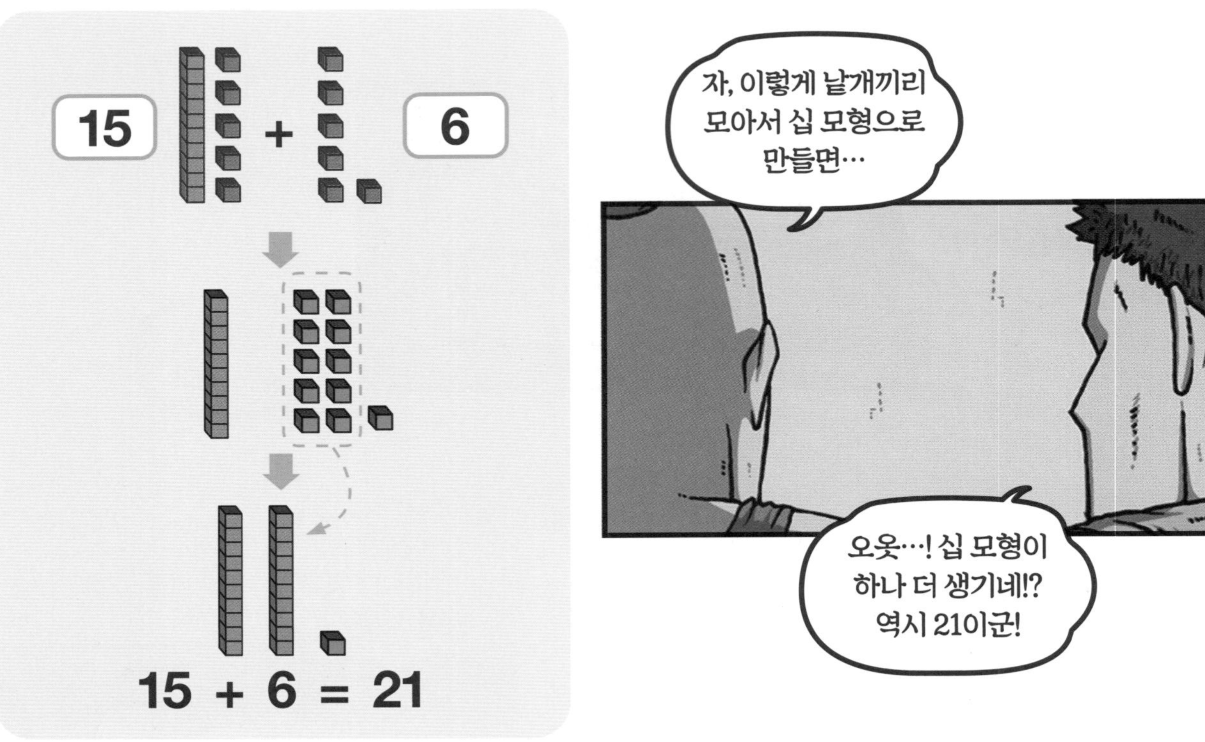
15
+
6
15 + 6 = 21
자, 이렇게 낱개끼리
모아서 십 모형으로
만들면…
오옷…! 십 모형이
하나 더 생기네!?
역시 21이군!

…근데 형,
혹시 수 모형이
없을 땐 어떻게 해?
설마 아까처럼
하나씩 세어야 해?
무슨 소리야
당연히 아니지~!
세로셈을 만들어서
자릿수를 맞춰
계산하면 돼.
일의 자리끼리
먼저 더해볼래?
5 + 6은…
11?

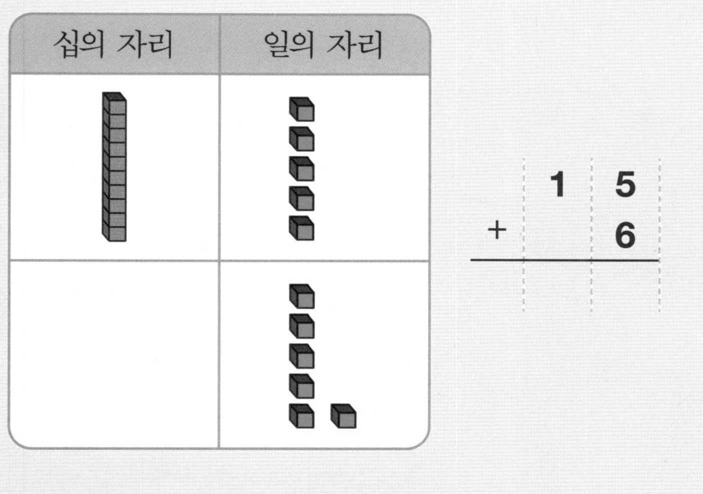
십의 자리
일의 자리
1 5
+ 6

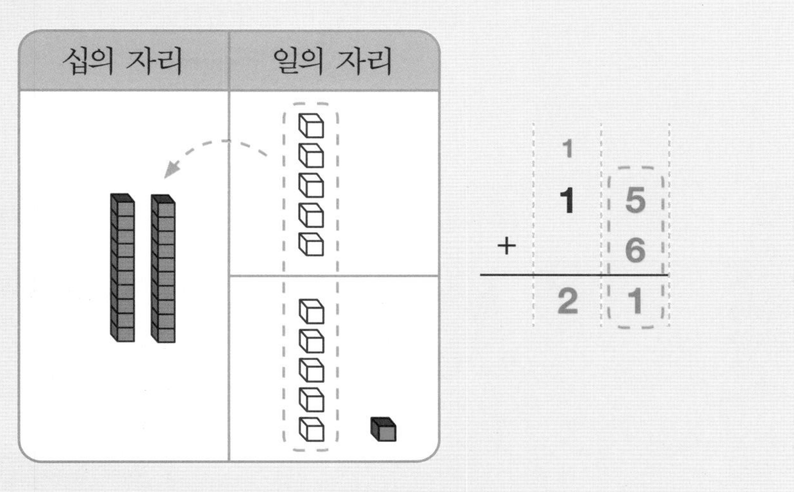
십의 자리
일의 자리
1
1 5
+ 6
2 1

맞아, 그러면
십의 자리의 1을 이렇게
받아올림 하면 돼!
받 • 아 • 올 • 림!
벌
떡
짝
짝
짝
자, 그럼 전부
21마리인 것도 알았으니
어서 씻겨볼까?

반 전

마음의 꿀팁

일 모형 10개는 십 모형 1개로 바꿀 수 있다는 걸 꼭 알아야 해! 예를 들어 일 모형 14개가 있으면 일 모형 10개를 십 모형 1개로 바꿔야 해. 그러면 일 모형은 4개가 남지.

1 DAY A

덧셈 (두 자리 수 + 한 자리 수)

일 모형 10개를 십 모형 1개로 만들자! 그러면 십 모형이 1개 더 생기겠지? 이게 바로 받아올림이야! 일 모형 10개를 십 모형 1개로 만드는 거 잊지 마!

일 모형 **10**개를 동그라미로 묶은 후 덧셈 계산을 하세요.

예시

십의 자리	일의 자리

$$\begin{array}{r} \scriptstyle 1\ \ \\ 1\ 5 \\ +\ \ \ 6 \\ \hline 2\ 1 \end{array}$$

일 모형 10개를 동그라미로 묶어보자.
그러면 십 모형은 모두 2개! 일 모형은 1개가 남는구나.

①

십의 자리	일의 자리

$$\begin{array}{r} 1\ 8 \\ +\ \ \ 4 \\ \hline \end{array}$$

②

십의 자리	일의 자리

$$\begin{array}{r} 3\ 6 \\ +\ \ \ 7 \\ \hline \end{array}$$

③

십의 자리	일의 자리

$$\begin{array}{r} 7\ 7 \\ +\ \ \ 5 \\ \hline \end{array}$$

④

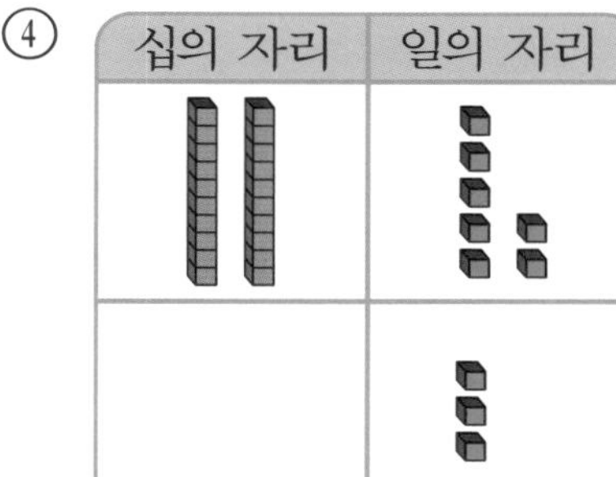

십의 자리	일의 자리

$$\begin{array}{r} 2\ 7 \\ +\ \ \ 3 \\ \hline \end{array}$$

⑤

십의 자리	일의 자리

$$\begin{array}{r} 8\ 8 \\ +\ \ \ 4 \\ \hline \end{array}$$

⑥

십의 자리	일의 자리

$$\begin{array}{r} 4\ 3 \\ +\ \ \ 9 \\ \hline \end{array}$$

1 DAY B

덧셈 (두 자리 수 + 한 자리 수)

일 모형 **10**개를 동그라미로 묶은 후 덧셈 계산을 하세요.

① 

$$\begin{array}{r} 5\;8 \\ +\;\;\;3 \\ \hline \end{array}$$

② 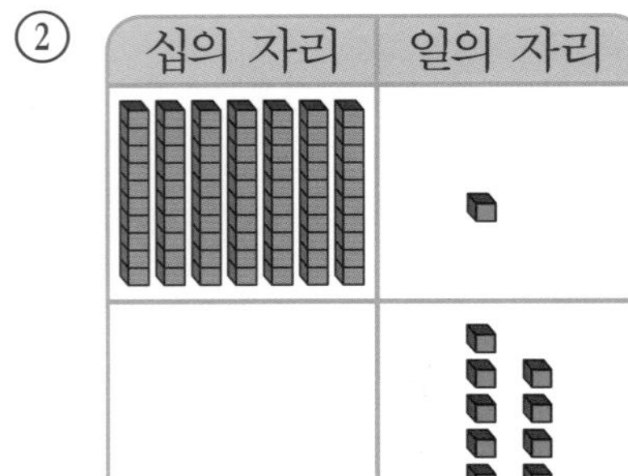

$$\begin{array}{r} 7\;1 \\ +\;\;\;9 \\ \hline \end{array}$$

③

십의 자리	일의 자리

$$\begin{array}{r} 3\;9 \\ +\;\;\;4 \\ \hline \end{array}$$

④

십의 자리	일의 자리

$$\begin{array}{r} 2\;5 \\ +\;\;\;6 \\ \hline \end{array}$$

⑤

십의 자리	일의 자리

$$\begin{array}{r} 1\;9 \\ +\;\;\;5 \\ \hline \end{array}$$

⑥

십의 자리	일의 자리

$$\begin{array}{r} 6\;4 \\ +\;\;\;7 \\ \hline \end{array}$$

⑦ 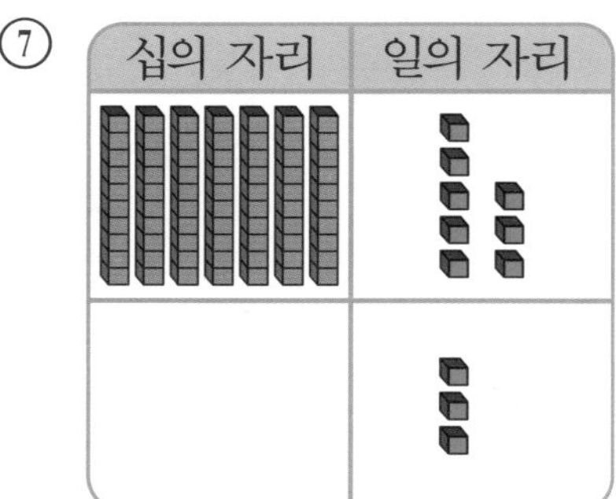

$$\begin{array}{r} 7\;8 \\ +\;\;\;3 \\ \hline \end{array}$$

⑧ 

$$\begin{array}{r} 1\;9 \\ +\;\;\;8 \\ \hline \end{array}$$

2 DAY A

세로셈하기 (두 자리 수 + 한 자리 수)

받아올림한 값을 적는 것은 매우 중요해! 일의 자리에서 받아올림한 값과 십의 자리를 더하는 거 잊지 마!

빈칸에 들어갈 수를 쓰고 계산하세요.

예시

	1	
	5	4
+		7
	6	1

① 85 + 7

② 42 + 9

③ 28 + 4

④ 66 + 6

⑤ 56 + 7

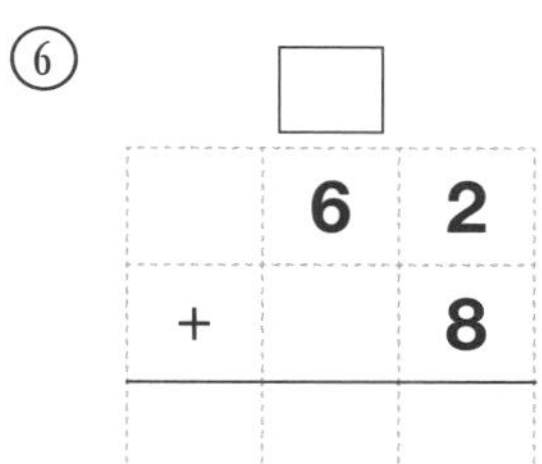

⑥ 62 + 8

⑦ 48 + 3

⑧ 73 + 7

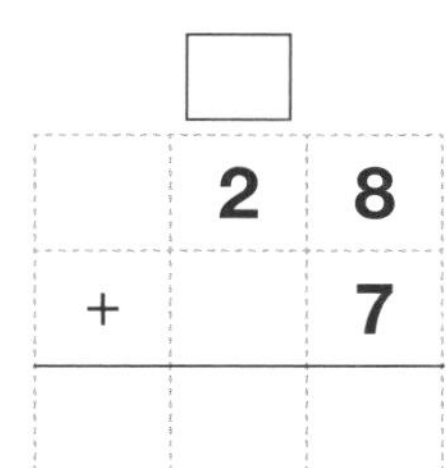

⑨ 28 + 7

⑩ 55 + 7

⑪ 16 + 6

⑫ 77 + 4

⑬ 16 + 7

⑭ 27 + 5

⑮ 19 + 3

⑯ 23 + 8

⑰ 38 + 9

⑱ 28 + 2

⑲ 67 + 9

2 DAY B

세로셈하기 (두 자리 수 + 한 자리 수)

빈칸에 들어갈 수를 쓰고 계산하세요.

①

	□	
	3	2
+		9

②

	□	
	7	6
+		8

③

	□	
	2	9
+		3

④

	□	
	4	7
+		5

⑤

	□	
	5	3
+		7

⑥

	□	
	2	8
+		6

⑦

	□	
	5	5
+		8

⑧

	□	
	3	6
+		5

⑨

	□	
	6	3
+		8

⑩

	□	
	7	4
+		7

⑪

	□	
	8	4
+		8

⑫

	□	
	4	9
+		4

⑬

	□	
	2	8
+		3

⑭

	□	
	5	2
+		9

⑮

	□	
	8	5
+		6

⑯

	□	
	4	6
+		9

⑰

	□	
	2	6
+		7

⑱

	□	
	5	4
+		9

⑲

	□	
	1	9
+		5

⑳

	□	
	7	4
+		9

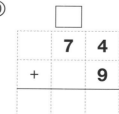

3 DAY A

가로셈하기 (두 자리 수 + 한 자리 수)

가로셈이 어려울 때는 세로셈으로 바꿔서 계산해 봐! 일의 자리끼리 더한 후 받아올림이 있으면 받아올림을 하고 십의 자릿값과 더하면 돼.

다음을 계산하세요.

① 66 + 5 = ____ ② 27 + 6 = ____ ③ 31 + 9 = ____

④ 86 + 5 = ____ ⑤ 38 + 4 = ____ ⑥ 53 + 8 = ____

⑦ 79 + 2 = ____ ⑧ 48 + 4 = ____ ⑨ 57 + 6 = ____

⑩ 44 + 6 = ____ ⑪ 4 + 47 = ____ ⑫ 5 + 76 = ____

⑬ 1 + 49 = ____ ⑭ 8 + 26 = ____ ⑮ 3 + 59 = ____

⑯ 8 + 48 = ____ ⑰ 9 + 23 = ____ ⑱ 5 + 88 = ____

⑲ 6 + 38 = ____ ⑳ 2 + 18 = ____ ㉑ 3 + 39 = ____

㉒ 7 + 75 = ____ ㉓ 8 + 45 = ____ ㉔ 4 + 69 = ____

3 DAY B

가로셈하기 (두 자리 수 + 한 자리 수)

다음을 계산하세요.

① 28 + 3 = ______ ② 78 + 5 = ______ ③ 69 + 2 = ______

④ 24 + 8 = ______ ⑤ 43 + 7 = ______ ⑥ 58 + 4 = ______

⑦ 85 + 9 = ______ ⑧ 76 + 7 = ______ ⑨ 55 + 6 = ______

⑩ 33 + 8 = ______ ⑪ 67 + 5 = ______ ⑫ 56 + 4 = ______

⑬ 7 + 64 = ______ ⑭ 9 + 83 = ______ ⑮ 4 + 57 = ______

⑯ 5 + 46 = ______ ⑰ 8 + 22 = ______ ⑱ 6 + 75 = ______

⑲ 4 + 19 = ______ ⑳ 7 + 24 = ______ ㉑ 8 + 67 = ______

㉒ 6 + 18 = ______ ㉓ 9 + 54 = ______ ㉔ 7 + 45 = ______

4 DAY A

어림하며 덧셈하기 (두 자리 수 + 한 자리 수)

얘들아, 8 + 24를 계산하기 전에 어림을 한 번 해 봐! 계산한 값이 얼마일지 생각해 보고 계산하면 실수를 줄일 수 있어.

빈칸에 들어갈 수를 쓰고 계산하세요.

① □ $8 + 24$

② □ $5 + 67$

③ □ $32 + 8$

④ □ $18 + 8$

⑤ □ $46 + 7$

⑥ □ $6 + 34$

⑦ □ $2 + 89$

⑧ □ $88 + 5$

⑨ □ $86 + 8$

⑩ □ $37 + 7$

⑪ □ $8 + 37$

⑫ □ $6 + 65$

⑬ □ $79 + 4$

⑭ □ $76 + 5$

⑮ □ $7 + 75$

⑯ □ $9 + 23$

⑰ □ $3 + 58$

⑱ □ $28 + 4$

⑲ □ $58 + 5$

⑳ □ $37 + 5$

4 DAY B

어림하며 덧셈하기 (두 자리 수 + 한 자리 수)

빈칸에 들어갈 수를 쓰고 계산하세요.

① □ 71 + 9 =

② □ 57 + 5 =

③ □ 36 + 5 =

④ □ 87 + 8 =

⑤ □ 8 + 56 =

⑥ □ 7 + 24 =

⑦ □ 29 + 4 =

⑧ □ 19 + 2 =

⑨ □ 8 + 45 =

⑩ □ 76 + 7 =

⑪ □ 65 + 6 =

⑫ □ 7 + 69 =

⑬ □ 35 + 6 =

⑭ □ 52 + 8 =

⑮ □ 49 + 2 =

⑯ □ 5 + 69 =

⑰ □ 83 + 9 =

⑱ □ 77 + 7 =

⑲ □ 27 + 3 =

⑳ □ 8 + 54 =

5 DAY A

여러 가지 덧셈 계산 (두 자리 수 + 한 자리 수)

다양한 방법으로 계산하는 건 매우 중요해.
주어진 수를 가르고 모으는 방법으로 계산해 보자.
가르고 모으다 보면 수 감각도 키울 수 있어.

빈칸에 들어갈 수를 쓰세요.

예시 26 + 7 = 20 + [6] + 7
= [20] + [13]
= [33]

① 34 + 9 = 30 + [ ] + 9
= [ ] + [ ]
= [ ]

② 58 + 4 = 50 + [ ] + 4
= [ ] + [ ]
= [ ]

③ 63 + 8 = 60 + [ ] + 8
= [ ] + [ ]
= [ ]

④ 19 + 6 = 10 + [ ] + 6
= [ ] + [ ]
= [ ]

⑤ 79 + 5 = 70 + [ ] + 5
= [ ] + [ ]
= [ ]

⑥ 35 + 6 = 30 + [ ] + 6
= [ ] + [ ]
= [ ]

⑦ 43 + 8 = 40 + [ ] + 8
= [ ] + [ ]
= [ ]

여러 가지 덧셈 계산 (두 자리 수 + 한 자리 수)

빈칸에 들어갈 수를 쓰세요.

① 48 + 6 = 40 + □ + 6
= □ + □
= □

② 33 + 7 = 30 + □ + 7
= □ + □
= □

③ 69 + 4 = 60 + □ + 4
= □ + □
= □

④ 45 + 6 = 40 + □ + 6
= □ + □
= □

⑤ 76 + 4 = 70 + □ + 4
= □ + □
= □

⑥ 83 + 8 = 80 + □ + 8
= □ + □
= □

⑦ 22 + 9 = 20 + □ + 9
= □ + □
= □

⑧ 57 + 7 = 50 + □ + 7
= □ + □
= □

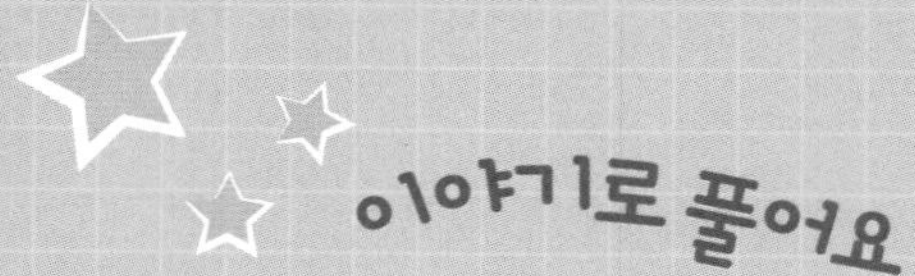

석이와 애봉이가 덧셈 문제를 풀고 있습니다.
석이와 애봉이가 푼 문제를 여러분이 채점해 주세요.
틀린 문제가 있으면 올바른 답으로 여러분이 계산해 주세요.

예시 33 + 9 = 42는 맞아요.
올바른 답 :

예시 28 + 5 = 43은 틀려요.
올바른 답 : 28 + 5 = 33

① 45 + 6 = 52는 ______
올바른 답 :

② 77 + 7 = 84는 ______
올바른 답 :

③ 66 + 7 = 63은 ______
올바른 답 :

④ 46 + 8 = 64는 ______
올바른 답 :

⑤ 58 + 5 = 63은 ______
올바른 답 :

⑥ 53 + 9 = 52는 ______
올바른 답 :

⑦ 56 + 8 = 64는 ______
올바른 답 :

⑧ 86 + 9 = 95는 ______
올바른 답 :

03. 강아지와 '좋아요' 대결

요즘은 자기 셀카를 찍어 SNS에 올리는 게 유행이다.

좋아, 아주 자연스러웠어.

휴… 사진 고치는 데
시간이 많이 걸리네.
#훈남
이 정도면
인기
많겠지?

몇 분 뒤

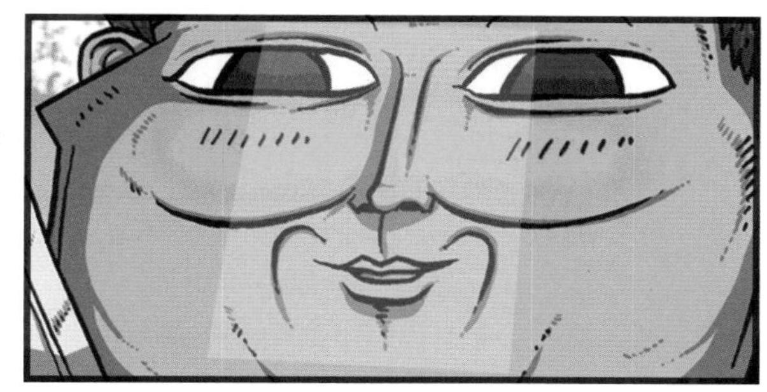
사람들이
'좋아요' 버튼을
눌러 주네?
형한테
자랑해야지!

어때, 이 정도면
인기스타 아냐?
이게 대체
누구야?!
'좋아요' 수 좀
봐 봐.

좋아요 24
좋아요 18
지금까지 받은 '좋아요' 수가
피식
무려 24 + 18이라구.
그게 정확히 얼마인데?
좋아요 24
좋아요 18
어… 음… 그러니까 18을 대충 20이라 치면
24+20=44니까 44보다 적은 수겠지?
맞아! 한 번 수 모형으로 정확히 구해보자.
먼저 24+18을 수 모형으로 나타내면
십 모형 3개와 일 모형 12개!
아니 잠깐 낱개가 10이 넘는데?
그럼 낱개 10개를 묶어서 십 모형 하나로 만들면 되지~

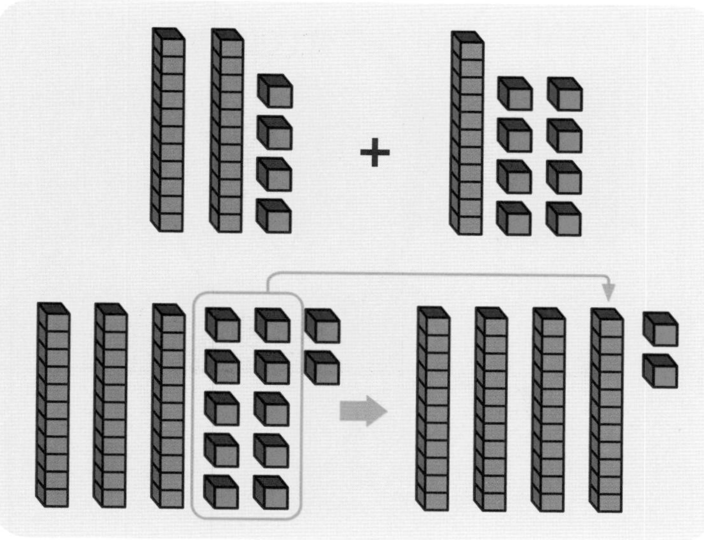

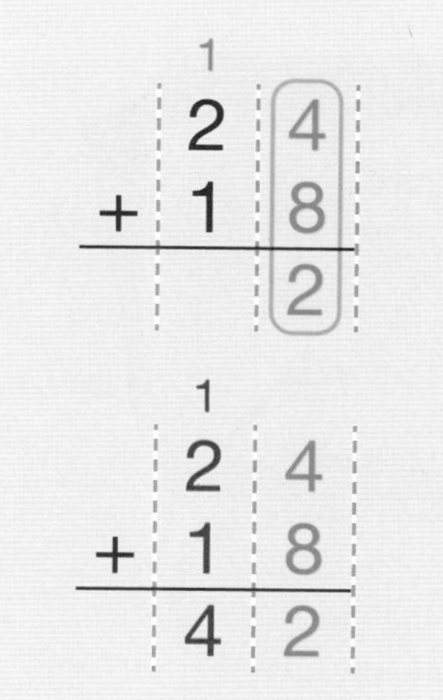

그러므로 네가 받은 '좋아요'는 전부 42개! 스타가 되기엔 부족하노라!

너무해!

24와 18을 십의 자리와 일의 자리로 나누어 보자.

십의 자리는 십의 자리끼리, 일의 자리는 일의 자리끼리 더해 보자!

24 + 18

= 20 (24의 십의 자리) + 4 (24의 일의 자리) + 10 (18의 십의 자리) + 8 (18의 일의 자리)

= 20 (24의 십의 자리) + 10 (18의 십의 자리) + 4 (24의 일의 자리) + 8 (18의 일의 자리)

= 30 + 12

= 42

마음의 꿀팁

일 모형 10개가 십 모형 1개와 같다는 것을 잊지 마! 일의 자리끼리 더하고 받아올림한 값을 십의 자리 위에 적어 줘! 그리고 십의 자리끼리 더한 값과 받아올림한 값을 더하면 돼. 천천히 일의 자리부터 계산해 보자.

1 DAY A

덧셈 (두 자리 수 + 두 자리 수)

일 모형 10개를 동그라미로 묶으면 십 모형 1개와 같아져! 일 모형 10개를 묶을 때마다 십의 자리 위에 1을 받아올림하는 습관을 길러야 해.

일 모형 10개를 동그라미로 묶은 후 덧셈 계산을 하세요.

예시

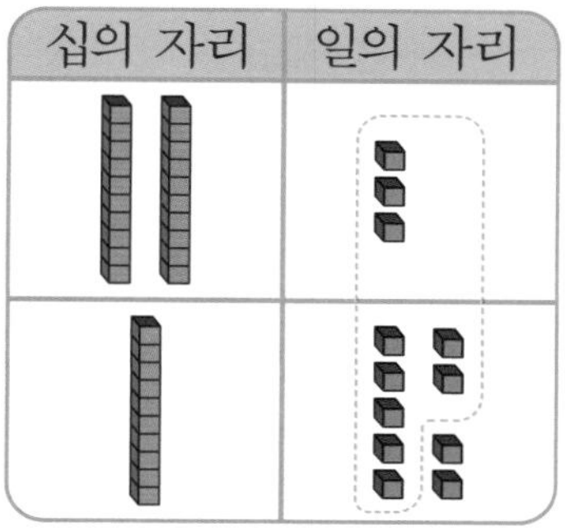

십의 자리	일의 자리

$$\begin{array}{rcc} & 1 & \\ & 2 & 3 \\ + & 1 & 9 \\ \hline & 4 & 2 \end{array}$$

일 모형 10개를 동그라미로 묶어 보자.
그러면 십 모형은 모두 4개! 일모형은 2개가 남는구나.

①

십의 자리	일의 자리

$$\begin{array}{rcc} & 3 & 9 \\ + & 2 & 4 \\ \hline & & \end{array}$$

②

십의 자리	일의 자리

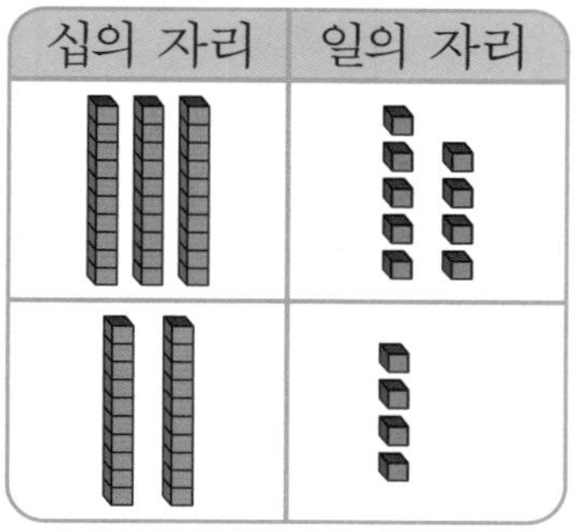

$$\begin{array}{rcc} & 2 & 4 \\ + & 1 & 7 \\ \hline & & \end{array}$$

③

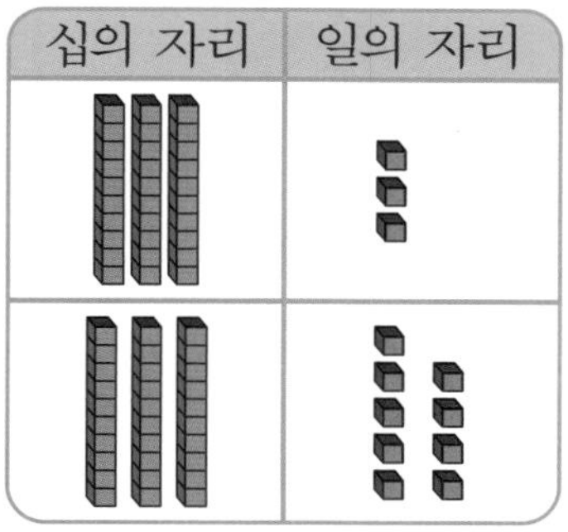

십의 자리	일의 자리

$$\begin{array}{rcc} & 3 & 3 \\ + & 3 & 9 \\ \hline & & \end{array}$$

④

십의 자리	일의 자리

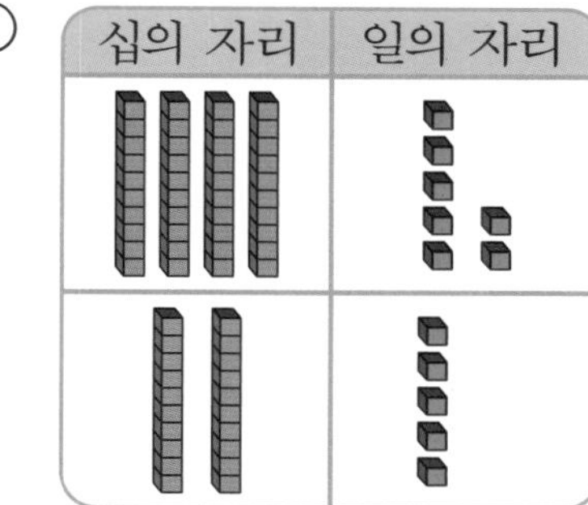

$$\begin{array}{rcc} & 4 & 7 \\ + & 2 & 5 \\ \hline & & \end{array}$$

⑤

십의 자리	일의 자리

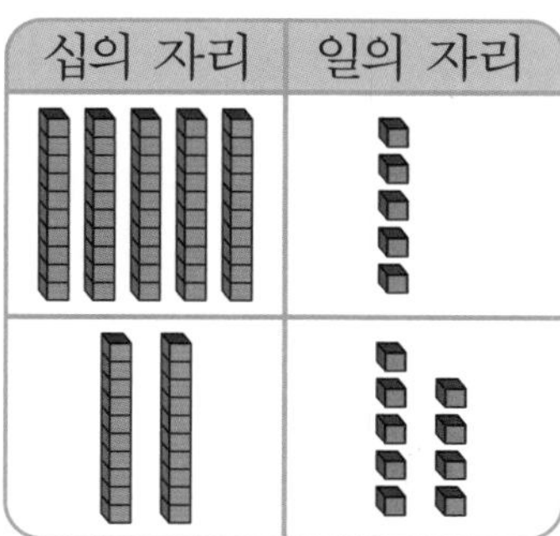

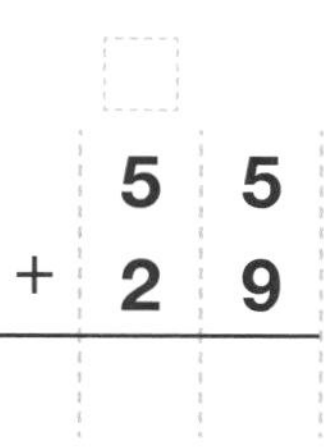

$$\begin{array}{rcc} & 5 & 5 \\ + & 2 & 9 \\ \hline & & \end{array}$$

⑥

십의 자리	일의 자리

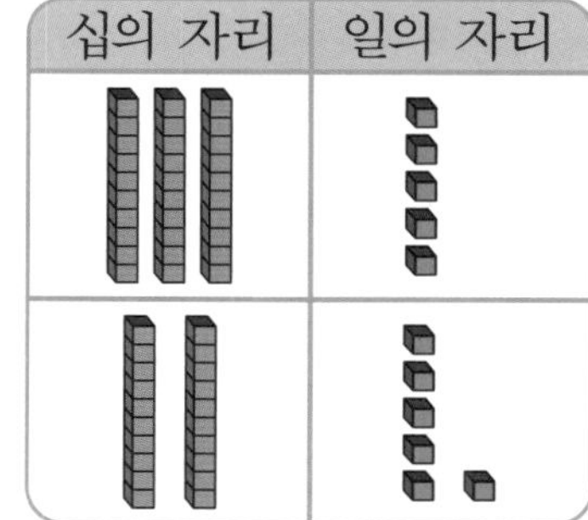

$$\begin{array}{rcc} & 3 & 5 \\ + & 2 & 6 \\ \hline & & \end{array}$$

1 DAY B

덧셈 (두 자리 수 + 두 자리 수)

일 모형 10개를 동그라미로 묶은 후 덧셈 계산을 하세요.

①

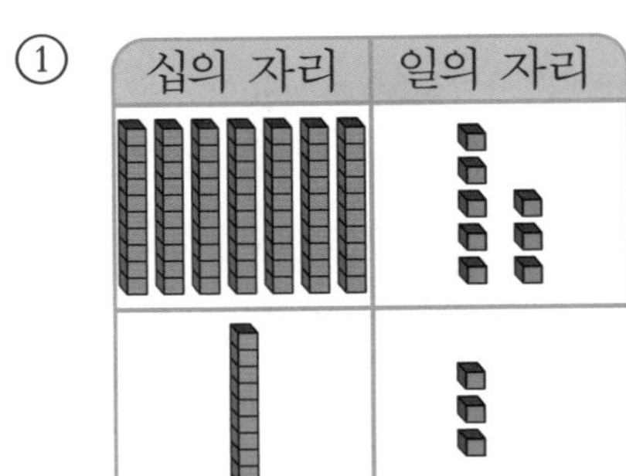

$$\begin{array}{r} 78 \\ +\ 13 \\ \hline \end{array}$$

②

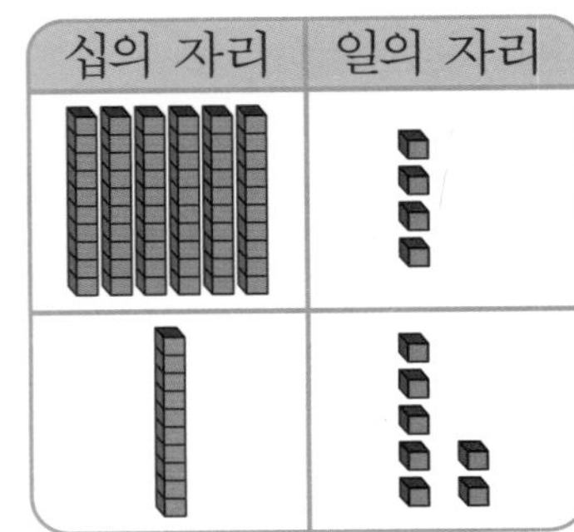

$$\begin{array}{r} 64 \\ +\ 17 \\ \hline \end{array}$$

③

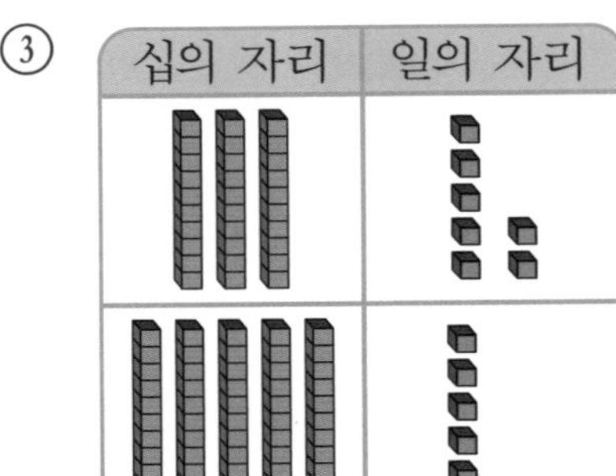

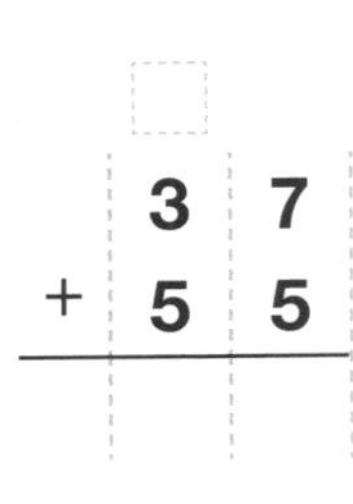

$$\begin{array}{r} 37 \\ +\ 55 \\ \hline \end{array}$$

④

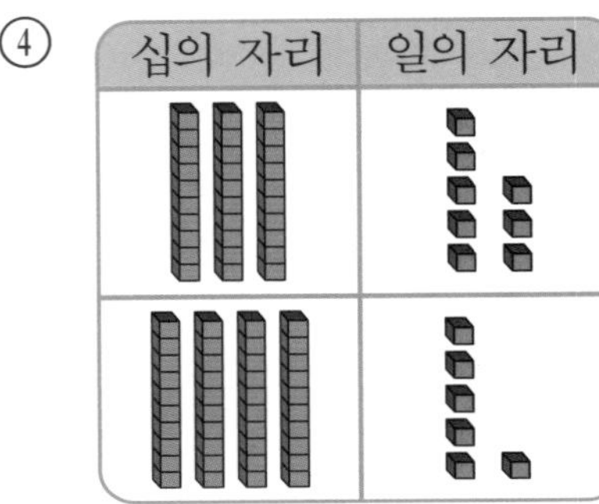

$$\begin{array}{r} 38 \\ +\ 46 \\ \hline \end{array}$$

⑤

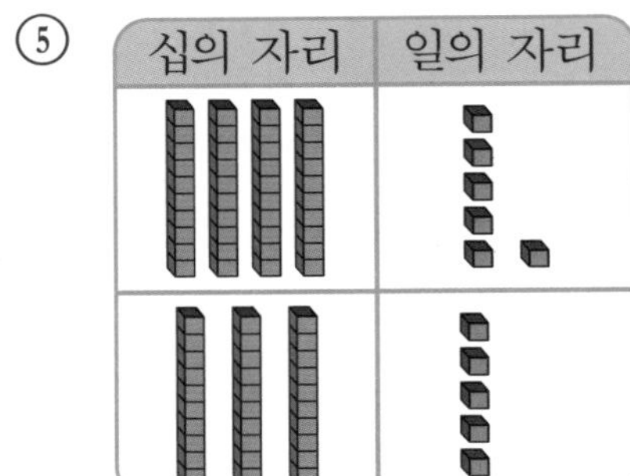

$$\begin{array}{r} 46 \\ +\ 35 \\ \hline \end{array}$$

⑥

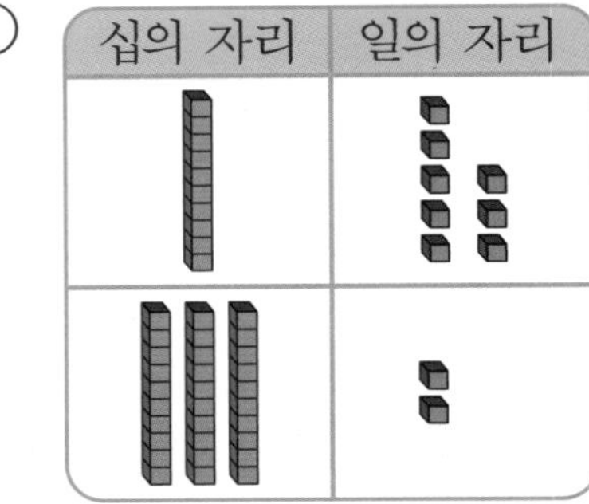

$$\begin{array}{r} 18 \\ +\ 32 \\ \hline \end{array}$$

⑦

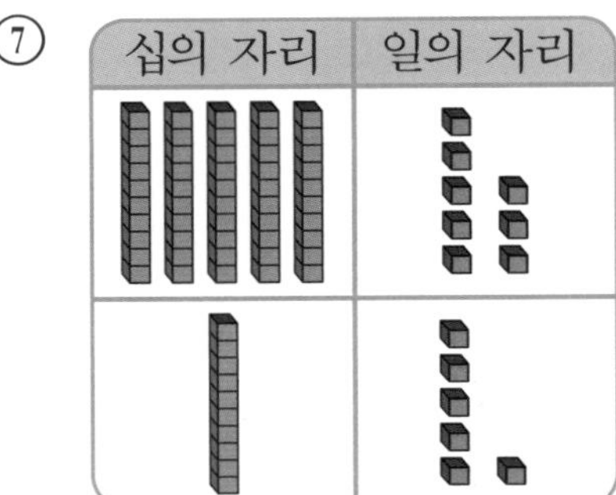

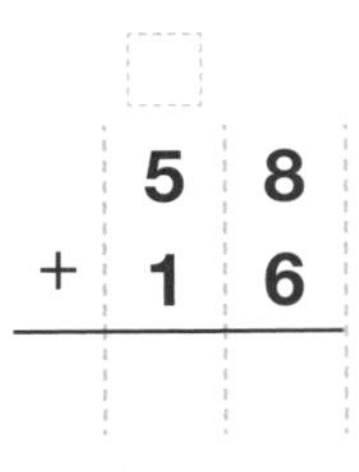

$$\begin{array}{r} 58 \\ +\ 16 \\ \hline \end{array}$$

⑧

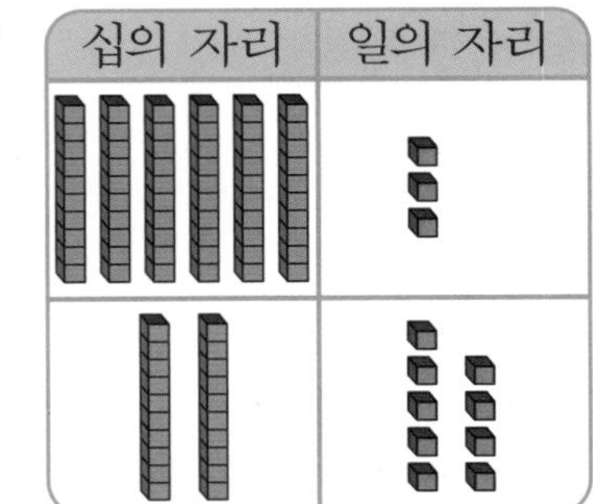

$$\begin{array}{r} 63 \\ +\ 29 \\ \hline \end{array}$$

2 DAY A

세로셈하기 (두 자리 수 + 두 자리 수)

일의 자리끼리 먼저 더하고 받아올림 값은 십의 자리 위에 적어야 해. 그리고 십의 자리끼리 더한 값과 받아올림한 값 1을 잊지 말고 꼭 더해야 해.

빈칸에 들어갈 수를 쓰고 계산하세요.

① □ 54 + 37 =

② □ 45 + 38 =

③ □ 42 + 29 =

④ □ 28 + 34 =

⑤ □ 66 + 26 =

⑥ □ 16 + 47 =

⑦ □ 56 + 27 =

⑧ □ 38 + 56 =

⑨ □ 73 + 17 =

⑩ □ 17 + 46 =

⑪ □ 55 + 27 =

⑫ □ 26 + 47 =

⑬ □ 47 + 38 =

⑭ □ 16 + 38 =

⑮ □ 25 + 55 =

⑯ □ 19 + 33 =

⑰ □ 26 + 58 =

⑱ □ 38 + 29 =

⑲ □ 28 + 45 =

⑳ □ 67 + 19 =

2 DAY B

세로셈하기 (두 자리 수 + 두 자리 수)

빈칸에 들어갈 수를 쓰고 계산하세요.

① 22 + 69

② 63 + 28

③ 55 + 38

④ 78 + 16

⑤ 24 + 57

⑥ 34 + 29

⑦ 47 + 44

⑧ 69 + 16

⑨ 72 + 18

⑩ 21 + 59

⑪ 34 + 48

⑫ 35 + 57

⑬ 13 + 38

⑭ 25 + 36

⑮ 27 + 17

⑯ 45 + 19

⑰ 62 + 18

⑱ 46 + 36

⑲ 54 + 27

⑳ 36 + 48

3 DAY A

가로셈하기 (두 자리 수 + 두 자리 수)

가로셈이 어려울 때는 세로셈으로 바꿔서 계산해 봐. 차분한 마음으로 일의 자리끼리 먼저 더하고 십의 자리끼리 더하면 돼. 받아올림 하는 거 잊지 마.

다음을 계산하세요.

① 26 + 17 = ______ ② 27 + 28 = ______ ③ 66 + 25 = ______

④ 53 + 18 = ______ ⑤ 29 + 33 = ______ ⑥ 71 + 19 = ______

⑦ 36 + 46 = ______ ⑧ 27 + 45 = ______ ⑨ 38 + 18 = ______

⑩ 54 + 37 = ______ ⑪ 29 + 46 = ______ ⑫ 21 + 39 = ______

⑬ 28 + 39 = ______ ⑭ 65 + 17 = ______ ⑮ 57 + 26 = ______

⑯ 53 + 38 = ______ ⑰ 45 + 19 = ______ ⑱ 21 + 29 = ______

⑲ 64 + 28 = ______ ⑳ 36 + 28 = ______ ㉑ 24 + 59 = ______

㉒ 43 + 28 = ______ ㉓ 39 + 45 = ______ ㉔ 58 + 23 = ______

3 DAY B

가로셈하기 (두 자리 수 + 두 자리 수)

다음을 계산하세요.

① $36+25=$ _____ ② $74+18=$ _____ ③ $45+17=$ _____

④ $77+16=$ _____ ⑤ $64+27=$ _____ ⑥ $16+19=$ _____

⑦ $65+29=$ _____ ⑧ $38+46=$ _____ ⑨ $53+28=$ _____

⑩ $42+38=$ _____ ⑪ $29+66=$ _____ ⑫ $37+26=$ _____

⑬ $36+17=$ _____ ⑭ $54+39=$ _____ ⑮ $59+18=$ _____

⑯ $57+19=$ _____ ⑰ $33+29=$ _____ ⑱ $25+37=$ _____

⑲ $65+25=$ _____ ⑳ $65+19=$ _____ ㉑ $14+46=$ _____

㉒ $14+68=$ _____ ㉓ $52+39=$ _____ ㉔ $64+17=$ _____

4 DAY A

알맞은 수 찾기 (두 자리 수 + 두 자리 수)

(두 자리 수)+(두 자리 수) 답이 나와 있지? 답을 보고 일의 자리끼리 더한 값이 얼마가 돼야 답과 같아지는지 생각해야 해. 잘 모를 때는 0부터 9까지 수를 하나씩 넣어서 계산해 봐!

빈칸에 들어갈 수를 쓰고 계산하세요.

예시

	1	
	3	4
+	2	7
	6	1

①

	□	
	2	5
+	4	□
	7	3

②

	□	
	3	□
+	4	9
	8	7

③

	□	
	3	□
+	4	6
	8	5

④

	□	
	4	5
+	3	□
	8	3

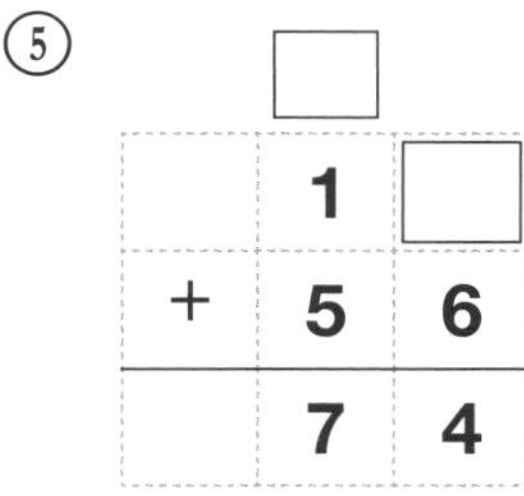

⑤

	□	
	1	□
+	5	6
	7	4

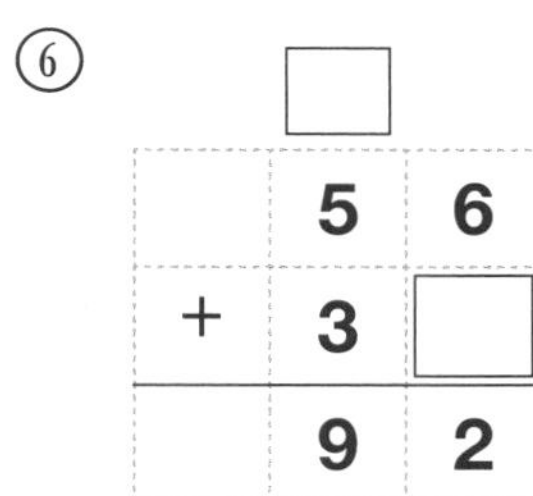

⑥

	□	
	5	6
+	3	□
	9	2

⑦

	□	
	3	□
+	3	8
	7	6

⑧

	□	
	6	□
+	2	7
	9	3

⑨

	□	
	1	7
+	4	□
	6	6

⑩

	□	
	2	4
+	1	□
	4	1

⑪

	□	
	1	4
+	4	□
	6	3

⑫

	□	
	4	□
+	3	4
	8	2

⑬

	□	
	1	9
+	3	□
	5	1

⑭

	□	
	2	5
+	3	□
	6	0

⑮

	□	
	2	□
+	3	1
	6	0

⑯

	□	
	2	□
+	3	5
	6	1

⑰

	□	
	7	□
+	1	3
	9	1

⑱

	□	
	1	8
+	7	□
	9	3

⑲

	□	
	2	7
+	4	□
	7	6

4 DAY B

알맞은 수 찾기 (두 자리 수 + 두 자리 수)

빈칸에 들어갈 수를 쓰고 계산하세요.

①

	□	
	5	□
+	2	8
	8	1

②

	□	
	2	7
+	5	□
	8	2

③

	□	
	3	□
+	3	4
	7	0

④

	□	
	2	□
+	3	8
	6	3

⑤

	□	
	4	5
+	1	□
	6	4

⑥

	□	
	5	□
+	2	6
	8	3

⑦

	□	
	4	7
+	2	□
	7	4

⑧

	□	
	3	□
+	2	5
	6	3

⑨

	□	
	1	□
+	5	5
	7	4

⑩

	□	
	3	9
+	1	□
	5	5

⑪

	□	
	2	3
+	6	□
	9	0

⑫

	□	
	4	2
+	3	□
	8	0

⑬

	□	
	5	□
+	2	4
	8	1

⑭

	□	
	4	4
+	1	□
	6	2

⑮

	□	
	3	9
+	5	□
	9	7

⑯

	□	
	3	□
+	3	5
	7	2

⑰

	□	
	5	□
+	2	9
	8	8

⑱

	□	
	2	□
+	6	8
	9	2

⑲

	□	
	1	2
+	4	□
	6	1

⑳

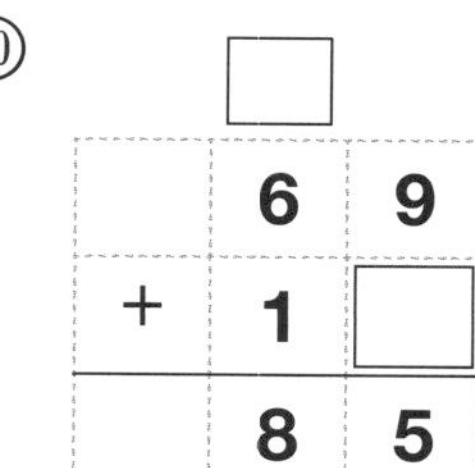

	□	
	6	9
+	1	□
	8	5

5 DAY A

자리끼리 더하기 (두 자리 수 + 두 자리 수)

일의 자리끼리 더한 값을 적고 십의 자리끼리 더한 값을 적은 후에 두 수를 더해 보자. 이렇게 계산하면 받아올림한 1을 십의 자리 위에 적지 않고도 계산할 수 있어.

일의 자리끼리, 십의 자리끼리 더한 후 두 수를 더하세요.

예시

	2	8
+	4	4
	1	2
	6	0
	7	2

일의 자리끼리 더해 첫 번째 줄에 쓰자.

십의 자리끼리 더해 두 번째 줄에 쓰면 되겠군.

그리고 두 수를 더하면 어떻게 될까?

①

	4	6
+	1	5

②

	5	6
+	3	9

③

	2	6
+	3	7

④

	5	7
+	3	9

⑤

	2	9
+	5	5

⑥

	4	1
+	3	9

⑦

	2	5
+	3	7

⑧

	4	8
+	3	4

⑨

	5	3
+	1	9

자리끼리 더하기 (두 자리 수 + 두 자리 수)

일의 자리끼리, 십의 자리끼리 더한 후 두 수를 더하세요.

①

	6	4
+	2	8

②

	3	9
+	3	8

③

	4	3
+	4	8

④

	4	5
+	1	7

⑤

	5	7
+	2	6

⑥

	5	5
+	3	7

⑦

	4	9
+	3	2

⑧

	2	8
+	6	8

⑨

	3	6
+	4	9

⑩

	1	5
+	6	8

⑪

	3	8
+	4	5

⑫

	7	8
+	1	7

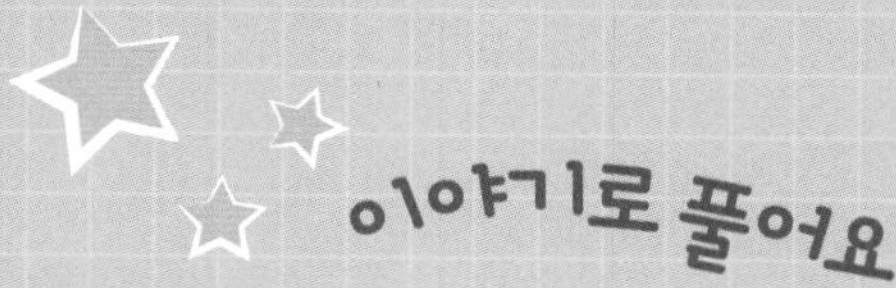

석이가 아래 그림에 있는
(두 자리 수) + (두 자리 수)를 계산하고 있습니다.
바르게 계산해서 마지막 계산 값이 적힌 옷을 입을 수 있게 여러분이 도와주세요.

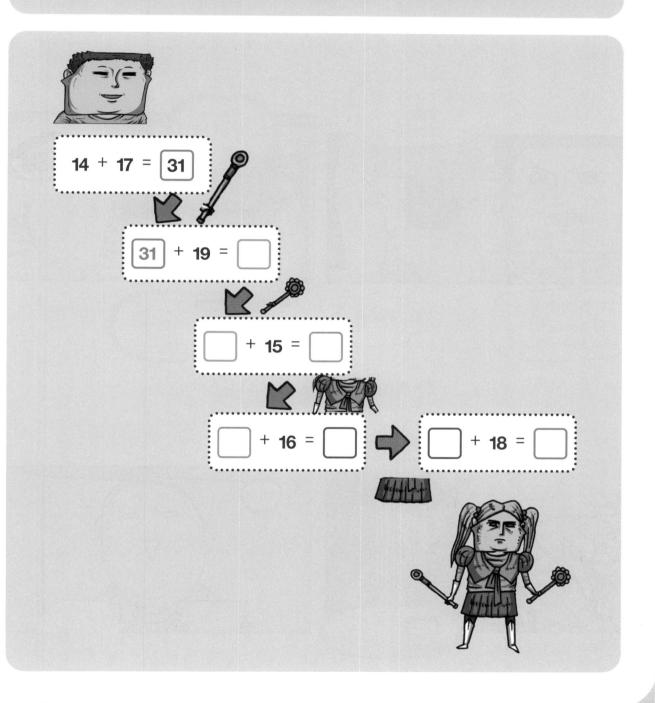

14 + 17 = 31

31 + 19 = □

□ + 15 = □

□ + 16 = □ → □ + 18 = □

받아올림이 있는
두 자리 수 + 두 자리 수(2)

04. 소원을 말해 봐

애봉이와 내기를 했다.
이번에 보는 시험 점수로 내기하자!
국어랑 수학 점수 합쳐서 더 높은 사람 소원 들어주기!
좋아!
어라…? 생각보다 열심히 하네.
나도 빨리 교과서 봐야지!

낙서
근데 아무것도 안 보임
큰일났다!!
다음 날
석아!
오늘 시험 잘 봤어?

형이 괜히 물었네.

미안하다.

헉! 그러고 보니
나 애봉이랑
점수로 내기 했는데

72점이랑 43점을
합치면 얼마지!?

자, 수 모형을 보면서
일의 자리끼리
더해 봐. 얼마야?

2+3은 당연히
할 수 있지~
5잖아!

십의 자리	일의 자리

$$\begin{array}{rrr} & 7 & 2 \\ + & 4 & 3 \\ \hline & & 5 \end{array}$$

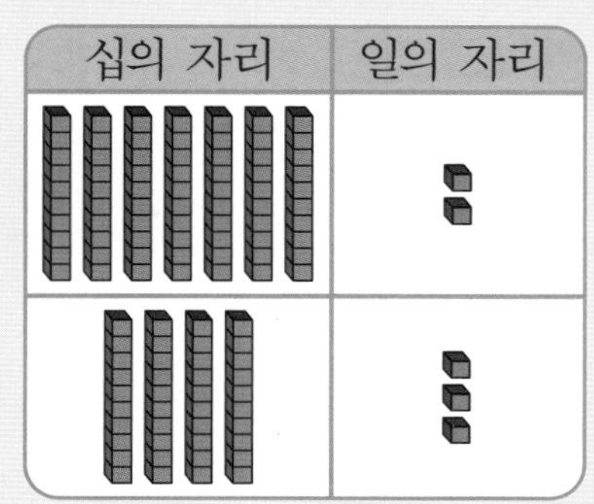

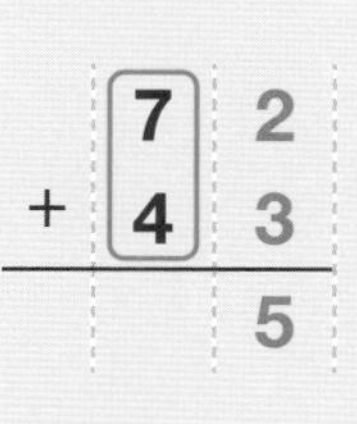

앗!?
십 모형 7개랑 4개를
더했더니 11개나 되는데!?
어떻게 하지!?

그럴 땐 십 모형 10개를
다시 묶어서…
백 모형
하나로
만들어!
아하…!
세로셈으로 풀 땐
십의 자리에서
받아올림 하면 돼.

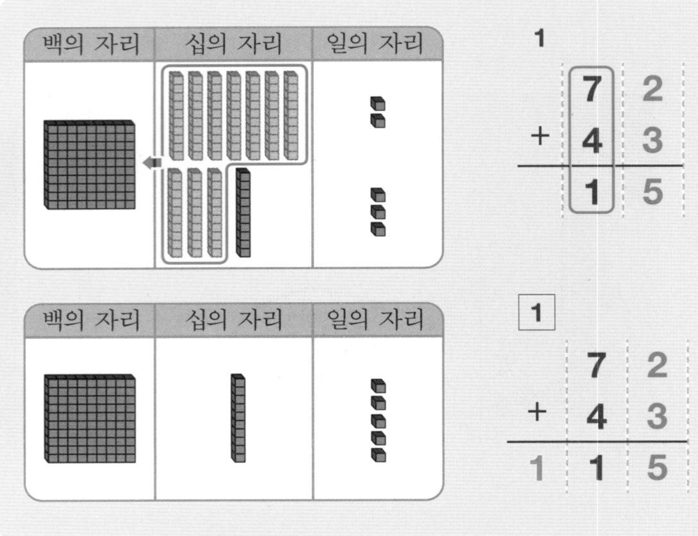

잠깐… 그럼 내 점수를
모두 합치면
72+43=115네?
뭔가 좀 커 보이는데?
어쩐지 이길 것 같아!

아니었다…
나 이번 시험
다 맞았다!
약속 기억하지!?
뭐…소원
하나쯤은…
그…그래
소원 말해 봐…
소원 100개
들어주기 ♥
사람 살려!

마음의
꿀팁

일 모형 10개가 모이면 십 모형 1개가 됐지?
십 모형 10개가 모이면 백 모형 1개가 돼!
십 모형 10개를 백 모형 1개로 바꿔서 백의 자리에 받아올림 하자!

1 DAY A

받아올림 연습 (두 자리 수 + 두 자리 수)

십 모형이 10개면 백 모형 1개로 바꿀 수 있어.
일의 자리끼리 더하고 십의 자리끼리 더한 후
받아올림한 값을 적고 계산해 보자.

받아올림을 한 후 계산하세요.

예시

1		
	3	2
+	8	1
1	1	3

①

□		
	4	1
+	6	3

②

□		
	7	4
+	5	5

③

□		
	8	3
+	6	4

④

□		
	5	2
+	7	4

⑤

□		
	3	3
+	8	2

⑥

□		
	4	5
+	7	2

⑦

□		
	6	7
+	5	1

⑧

□		
	7	2
+	7	6

⑨

□		
	1	6
+	9	3

⑩

□		
	2	2
+	8	3

⑪

□		
	7	3
+	3	4

⑫

□		
	5	4
+	6	4

⑬

□		
	4	1
+	7	1

⑭

□		
	6	2
+	6	2

1 DAY B

받아올림 연습 (두 자리 수 + 두 자리 수)

받아올림을 한 후 계산하세요.

예시

	1	1
	5	9
+	5	1
1	1	0

①

	7	9
+	5	4

②

	5	2
+	7	8

③

	6	9
+	4	3

④

	8	9
+	9	4

⑤

	3	9
+	8	4

⑥

	8	9
+	7	4

⑦

	6	9
+	6	3

⑧

	4	4
+	6	6

⑨

	5	6
+	9	6

⑩

	5	3
+	6	7

⑪

	2	9
+	8	3

⑫

	7	9
+	7	1

⑬

	4	9
+	8	6

⑭

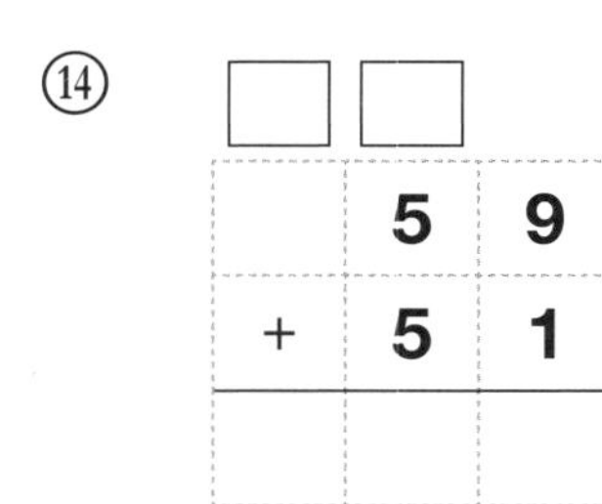

	5	9
+	5	1

2 DAY A

세로셈하기 (받아올림이 한 번 있을 때)

더하기 전에 눈으로 한 번 풀어 봐.
그러고 나서 세로셈을 계산하면 실수도 줄이고
수 감각도 기를 수 있어.

빈칸에 들어갈 수를 쓰고 계산하세요.

①

	7	4
+	3	1

②

	5	6
+	7	2

③

	5	1
+	9	2

④

	7	1
+	5	8

⑤

	7	5
+	8	1

⑥

	9	6
+	3	2

⑦

	6	1
+	6	1

⑧

	4	3
+	8	2

⑨

	9	1
+	3	0

⑩

	4	0
+	8	0

⑪

	7	5
+	3	2

⑫

	8	5
+	9	2

⑬

	4	2
+	8	7

⑭

	7	9
+	5	0

⑮

	3	9
+	7	0

세로셈하기 (받아올림이 두 번 있을 때)

빈칸에 들어갈 수를 쓰고 계산하세요.

①

	4	6
+	7	8

②

	7	6
+	4	5

③

	7	5
+	3	5

④

	4	4
+	8	6

⑤

	8	3
+	8	7

⑥

	2	6
+	8	7

⑦

	5	3
+	6	8

⑧

	6	8
+	7	8

⑨

	5	9
+	9	8

⑩

	4	9
+	7	4

⑪

	5	5
+	5	7

⑫

	5	7
+	6	4

⑬

	2	6
+	8	5

⑭

	2	9
+	9	6

⑮

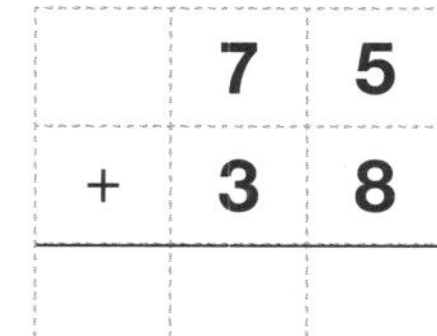

	7	5
+	3	8

3 DAY A

가로셈하기 (받아올림이 한 번 있을 때)

한 가지 방법으로 계산하는 것보다는 다양한 방법으로 계산하는 것이 좋아. 주어진 가로셈을 십의 자리끼리, 일의 자리끼리 더해서도 한 번 풀어 봐.

다음을 계산하세요.

① $83 + 61 =$ ______ ② $21 + 98 =$ ______ ③ $74 + 52 =$ ______

④ $40 + 64 =$ ______ ⑤ $56 + 82 =$ ______ ⑥ $27 + 91 =$ ______

⑦ $54 + 51 =$ ______ ⑧ $37 + 72 =$ ______ ⑨ $47 + 70 =$ ______

⑩ $50 + 50 =$ ______ ⑪ $96 + 43 =$ ______ ⑫ $28 + 90 =$ ______

⑬ $61 + 90 =$ ______ ⑭ $96 + 72 =$ ______ ⑮ $51 + 94 =$ ______

3 DAY B

가로셈하기 (받아올림이 두 번 있을 때)

다음을 계산하세요.

① $37 + 85 =$ ______ ② $69 + 74 =$ ______ ③ $65 + 58 =$ ______

④ $56 + 69 =$ ______ ⑤ $68 + 56 =$ ______ ⑥ $85 + 67 =$ ______

⑦ $63 + 78 =$ ______ ⑧ $47 + 65 =$ ______ ⑨ $28 + 76 =$ ______

⑩ $47 + 58 =$ ______ ⑪ $66 + 59 =$ ______ ⑫ $44 + 59 =$ ______

⑬ $28 + 79 =$ ______ ⑭ $22 + 99 =$ ______ ⑮ $48 + 74 =$ ______

4 DAY A

자리끼리 더하기 (두 자리 수 + 두 자리 수)

받아올림이 어려운 친구들 있지? 내가 새롭게 알려 주는 방법으로 한 번 풀어 봐. 일의 자리끼리 더하고 십의 자리끼리 더한 값들을 합하면 되는 풀이야!

빈칸에 들어갈 수를 쓰고 계산하세요.

예시

	8	9
+	3	4
	1	3
1	1	0
1	2	3

일의 자리끼리
더해서 첫 번째
줄에 쓰자.

십의 자리끼리
더해서 두 번째
줄에 쓰면 되겠군.

그리고 두 수를
더하면
어떻게 될까?

①

	6	6
+	4	5

②

	6	2
+	4	9

③

	9	6
+	6	5

④

	5	7
+	9	3

⑤

	6	9
+	5	3

⑥

	8	1
+	3	9

⑦

	7	5
+	5	9

⑧

	5	6
+	7	8

⑨

	6	9
+	8	3

4 DAY B

자리끼리 더하기 (두 자리 수 + 두 자리 수)

빈칸에 들어갈 수를 쓰고 계산하세요.

①

	4	3
+	7	8

②

	8	7
+	4	3

③

	4	5
+	6	5

④

	5	9
+	6	5

⑤

	6	6
+	6	9

⑥

	8	9
+	4	4

⑦

	8	4
+	5	7

⑧

	3	8
+	8	4

⑨

	9	5
+	1	7

⑩

	3	6
+	9	8

⑪

	5	2
+	7	9

⑫

	2	8
+	8	3

5 DAY A

가르고 더하기 (두 자리 수 + 두 자리 수)

먼저 두 개의 수를 십의 자리와 일의 자리로 가르기 해 봐, 그리고 십의 자리는 십의 자리끼리, 일의 자리는 일의 자리끼리 더하자.

빈칸에 들어갈 수를 쓰고 계산하세요.

예시

56 + 77
= 50 + 6 + 70 + 7
(56의 십의 자리, 56의 일의 자리, 77의 십의 자리, 77의 일의 자리)
= 50 + 70 + 6 + 7
= 120 + 13
= 133

56과 77을 십의 자리와 일의 자리로 나누어 보자.

십의 자리는 십의 자리끼리, 일의 자리는 일의 자리끼리 더해 보자!

① 46 + 98
= 40 + ☐ + 90 + ☐
= 40 + 90 + ☐ + ☐
= ☐ + 14
= ☐

② 25 + 89
= 20 + ☐ + 80 + ☐
= 20 + 80 + ☐ + ☐
= ☐ + 14
= ☐

③ 85 + 37
= 80 + ☐ + 30 + ☐
= 80 + 30 + ☐ + ☐
= ☐ + 12
= ☐

④ 53 + 85
= 50 + ☐ + 80 + ☐
= 50 + 80 + ☐ + ☐
= ☐ + 8
= ☐

5 DAY B

여러 가지 덧셈 계산 (두 자리 수 + 두 자리 수)

빈칸에 들어갈 수를 쓰세요.

예시 $56 + 77 = 50 + \boxed{6} + 70 + \boxed{7}$ (56 = 50 + 6, 77 = 70 + 7)

$= 50 + 70 + \boxed{13}$ (13 = 6 + 7)

$= \boxed{120} + 13$

$= \boxed{133}$

① $48 + 81 = 40 + \square + 80 + \square$

$= 40 + 80 + \square$

$= \square + 9$

$= \square$

② $58 + 64 = 50 + \square + 60 + \square$

$= 50 + 60 + \square$

$= \square + 12$

$= \square$

③ $93 + 66 = 90 + \square + 60 + \square$

$= 90 + 60 + \square$

$= \square + 9$

$= \square$

④ $24 + 95 = 20 + \square + 90 + \square$

$= 20 + 90 + \square$

$= \square + 9$

$= \square$

⑤ $42 + 69 = 40 + \square + 60 + \square$

$= 40 + 60 + \square$

$= \square + \square$

$= \square$

⑥ $73 + 88 = 70 + \square + 80 + \square$

$= 70 + 80 + \square$

$= \square + 11$

$= \square$

⑦ $57 + 49 = \square + 7 + \square + 9$

$= \square + \square + 16$

$= \square + 16$

$= \square$

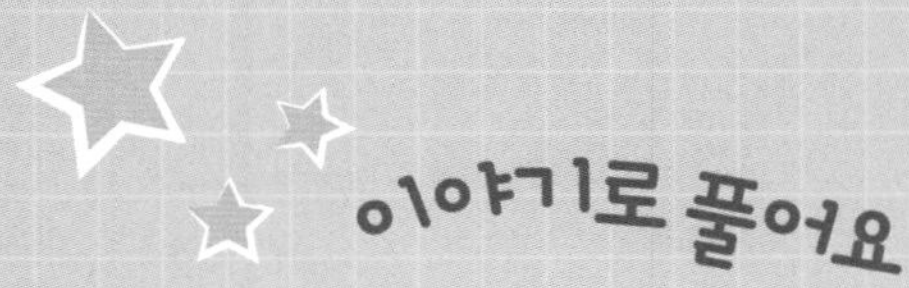

컴퓨터 1대와 석이네 가족이 덧셈 계산 대결을 하고 있습니다.
석이네가 컴퓨터를 이기려면 여러분의 도움이 필요해요.
컴퓨터가 석이네 가족보다 빠르고 정확하게 풀기 전에
여러분이 덧셈 문제를 계산해 주세요.

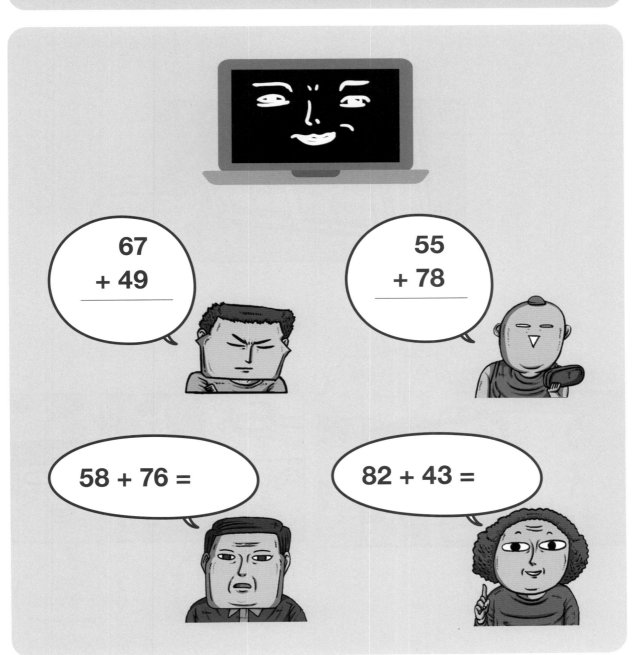

$$\begin{array}{r} 67 \\ +\ 49 \\ \hline \end{array}$$

$$\begin{array}{r} 55 \\ +\ 78 \\ \hline \end{array}$$

58 + 76 =

82 + 43 =

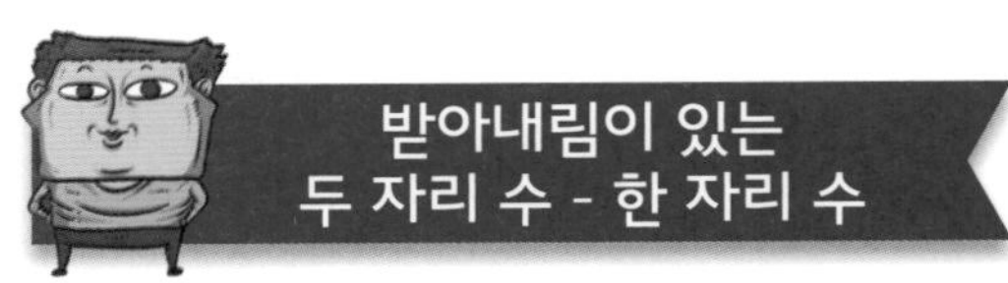

05. 검은 점모시 나비

창문을 열고 시원한 바람을 쐬는데

나비떼가 들어왔다

으악! 대체
몇 마리야!?
32마리요.
1
2
3
아하!
형! 우리 나비를
잡아서 밖으로
날려보내자!
그래!
좋은 생각이야!

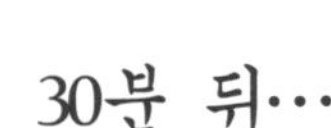

석아… 우리 몇 마리 날려 보냈지?

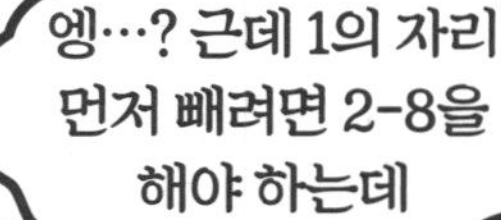

십의 자리	일의 자리

$$\begin{array}{r} 32 \\ -\ \ 8 \\ \hline \end{array}$$

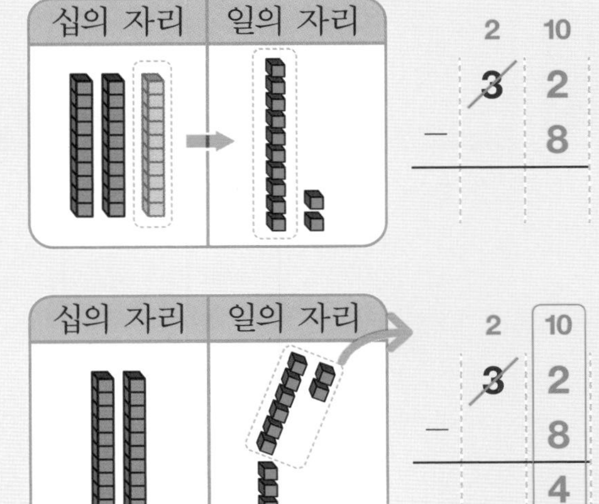

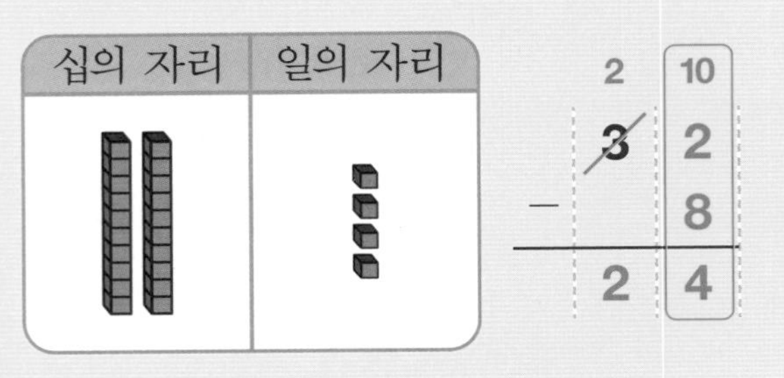

다행히 온 가족이 힘을 합쳐 모두 내보냈지만…

곤충 박물관을 다녀 오라는 엄마의 말이 이어졌고…

처음엔 귀찮았지만, 보면 볼수록 재미있었다.

그렇게 귀한 나비였다고…?

마음의
꿀팁

32-8을 할 때 32의 일의 자리 2가 8보다 작기 때문에 뺄 수 없어. 그래서 32의 십의 자리 3에서 십 모형 1개를 일 모형 10개로 바꿔야 해. 일 모형 10개를 빌려오면 10+2=12가 되어서 12-8=4가 되는 거야. 그러면 십 모형은 2개, 일 모형은 4개가 되어서 답은 24야.

1 DAY A

뺄셈 (두 자리 수 - 한 자리 수)

십 모형 1개를 일 모형으로 바꾸면 일 모형 10개가 나와. 받아내림 뺄셈에서 중요한 건 십 모형 1개를 일 모형 10개로 바꾼 후 뺄셈을 해야 해.

수 모형을 보고 일 모형에서 빼야 하는 부분을 빗금 표시한 후 계산하세요.

예시

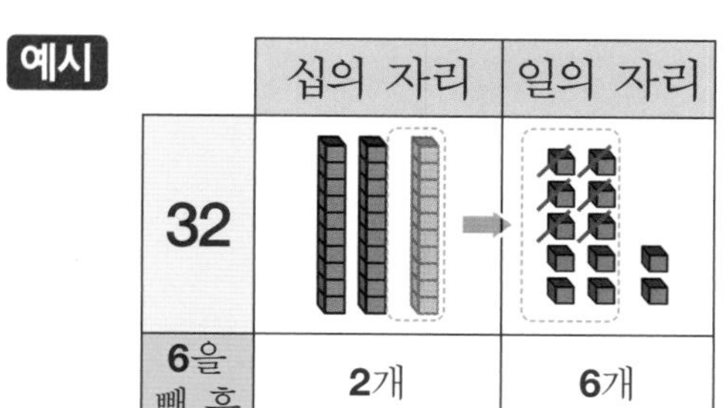

십의 자리
일의 자리
32
6을 뺀 후
2개
6개

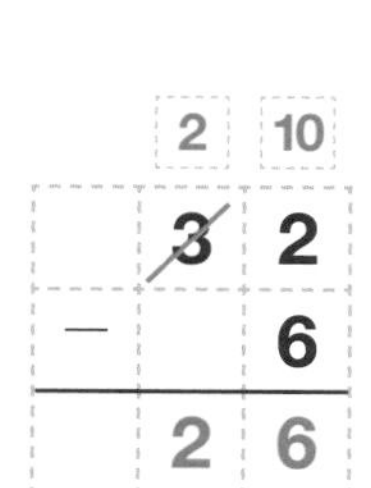

십 모형 1개를 일 모형 10개로 바꿔보자.
3개였던 십 모형이 2개가 되었네.
그리고 일 모형 6개를 빼면 6개가 남는구나.

① 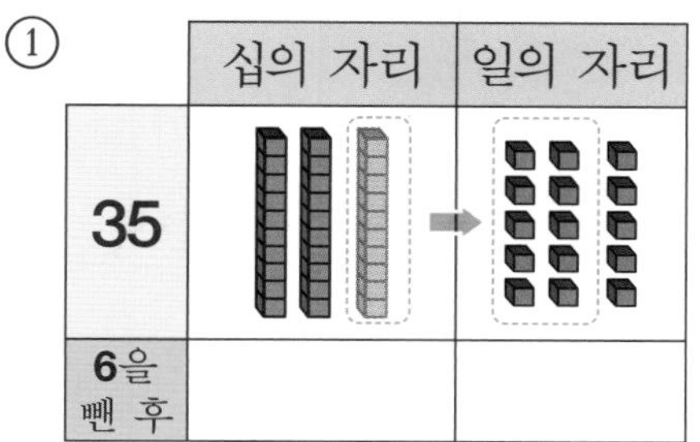

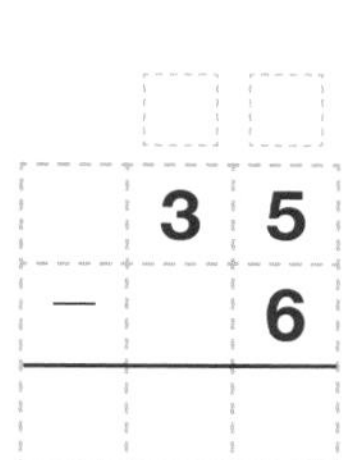

② 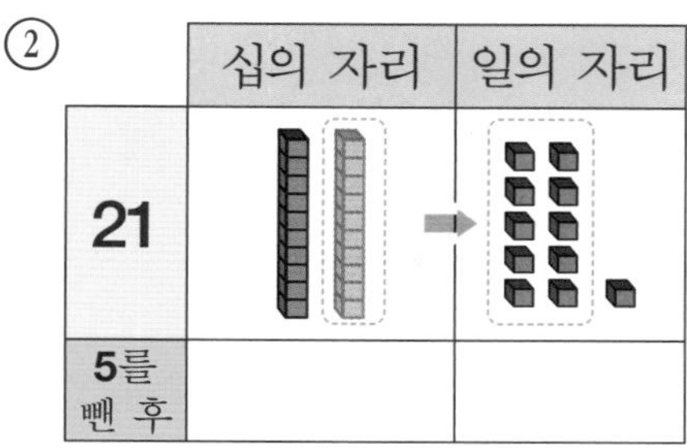

	2	1
−		5

③ 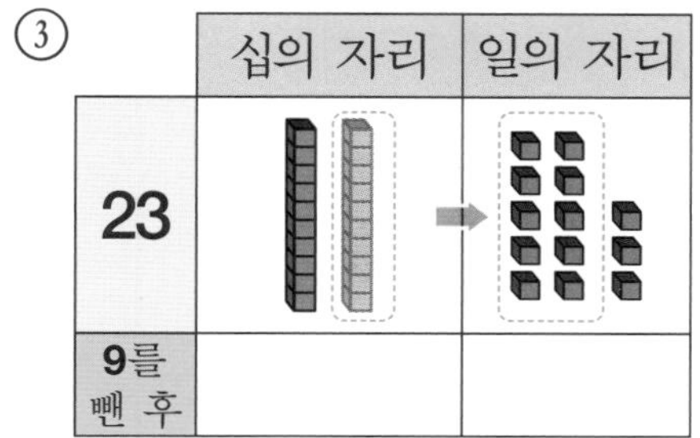

	2	3
−		9

④

	십의 자리	일의 자리
51		
2를 뺀 후		

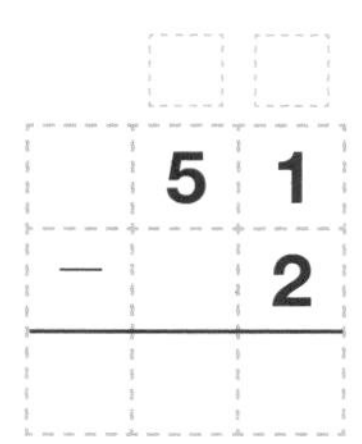

⑤ 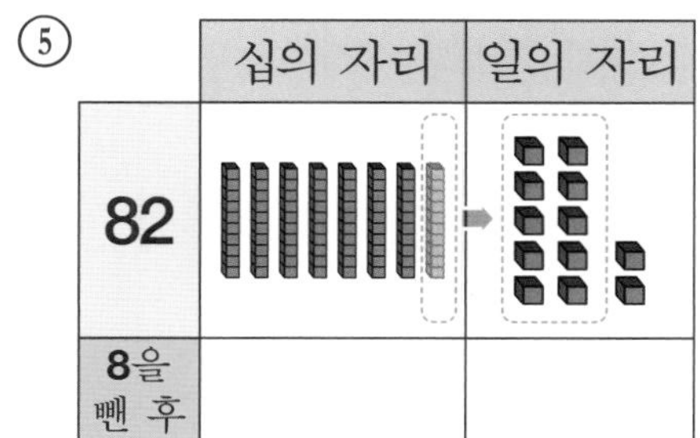

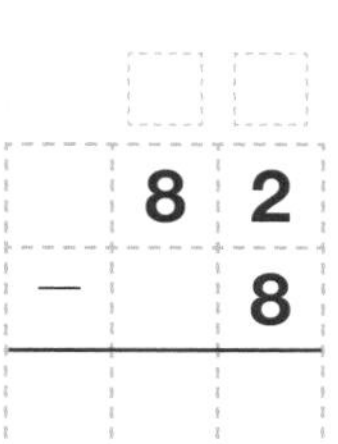

⑥ 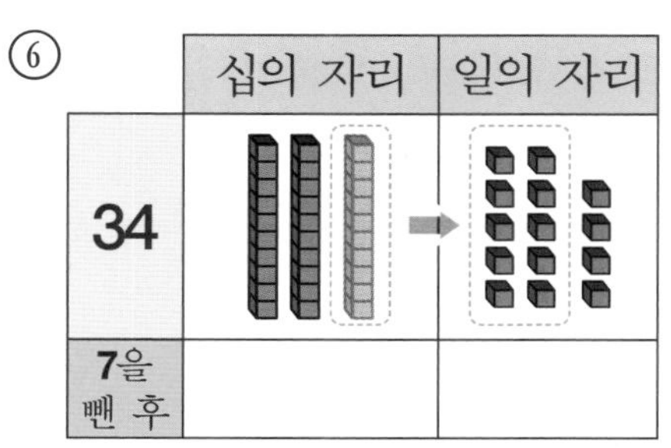

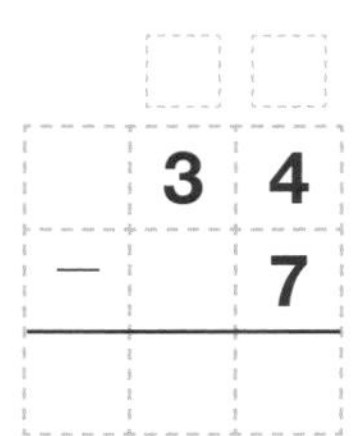

뺄셈 (두 자리 수 - 한 자리 수)

수 모형을 보고 일 모형에서 빼야 하는 부분을 빗금 표시한 후 계산하세요.

①

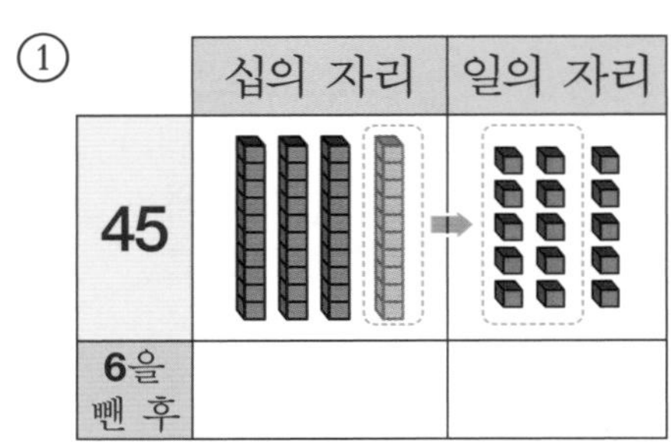

	십의 자리	일의 자리
45		
6을 뺀 후		

$\begin{array}{r} 4\ 5 \\ -\quad 6 \\ \hline \end{array}$

②

	십의 자리	일의 자리
23	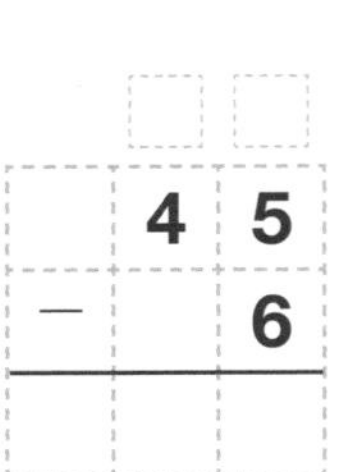	
8을 뺀 후		

$\begin{array}{r} 2\ 3 \\ -\quad 8 \\ \hline \end{array}$

③

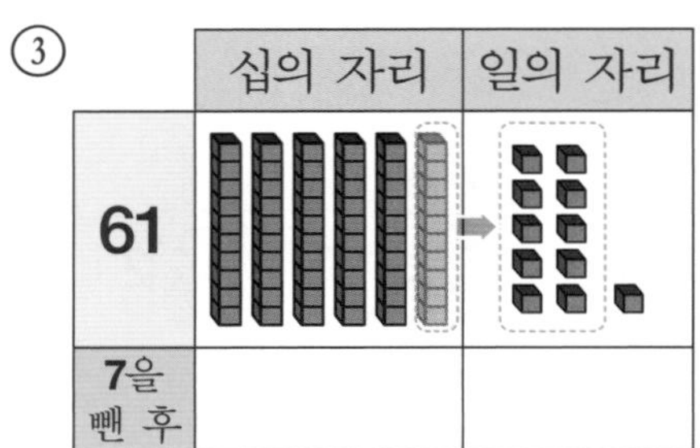

	십의 자리	일의 자리
61		
7을 뺀 후		

$\begin{array}{r} 6\ 1 \\ -\quad 7 \\ \hline \end{array}$

④

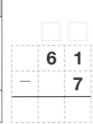

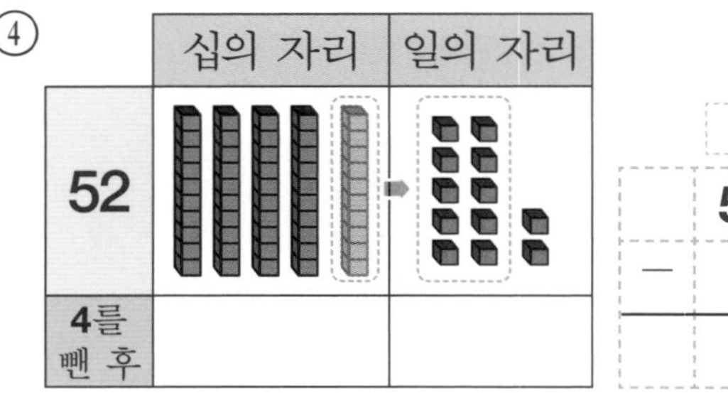

	십의 자리	일의 자리
52		
4를 뺀 후		

$\begin{array}{r} 5\ 2 \\ -\quad 4 \\ \hline \end{array}$

⑤

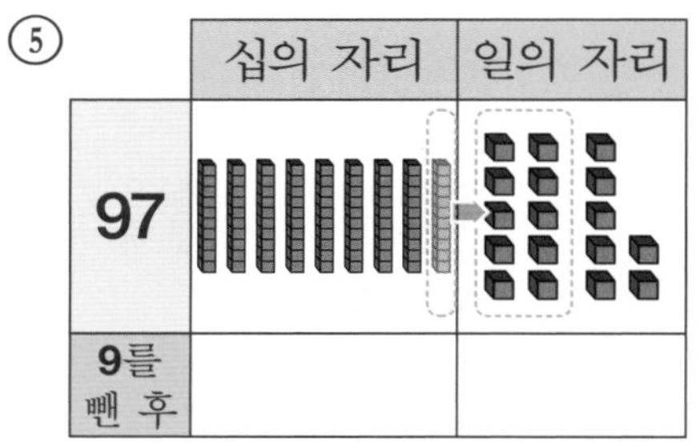

	십의 자리	일의 자리
97		
9를 뺀 후		

$\begin{array}{r} 9\ 7 \\ -\quad 9 \\ \hline \end{array}$

⑥

	십의 자리	일의 자리
82	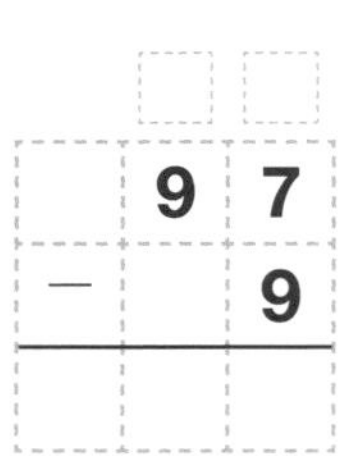	
7을 뺀 후		

$\begin{array}{r} 8\ 2 \\ -\quad 7 \\ \hline \end{array}$

⑦

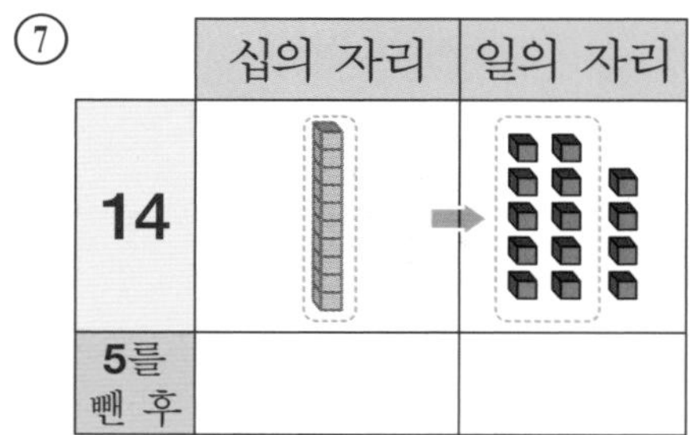

	십의 자리	일의 자리
14		
5를 뺀 후		

$\begin{array}{r} 1\ 4 \\ -\quad 5 \\ \hline \end{array}$

⑧

	십의 자리	일의 자리
71	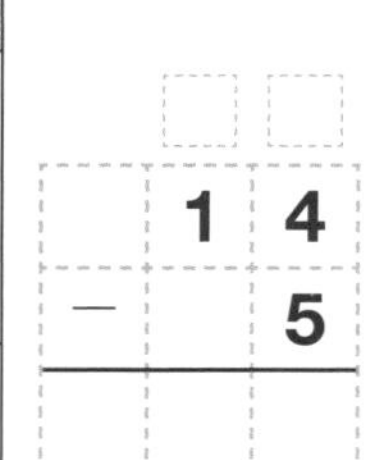	
6을 뺀 후		

$\begin{array}{r} 7\ 1 \\ -\quad 6 \\ \hline \end{array}$

2 DAY A

세로셈하기 (두 자리 수 - 한 자리 수)

받아내림한 값을 꼭 적고 계산해야 해!
그래야 실수를 줄일 수 있어.
꼭 기억해! 십 모형 1개는 일 모형 10개와 같아.

빈칸에 들어갈 수를 쓰고 뺄셈을 계산하세요.

예시 [2][10] 33 − 8 = 25

① 63 − 5

② 45 − 7

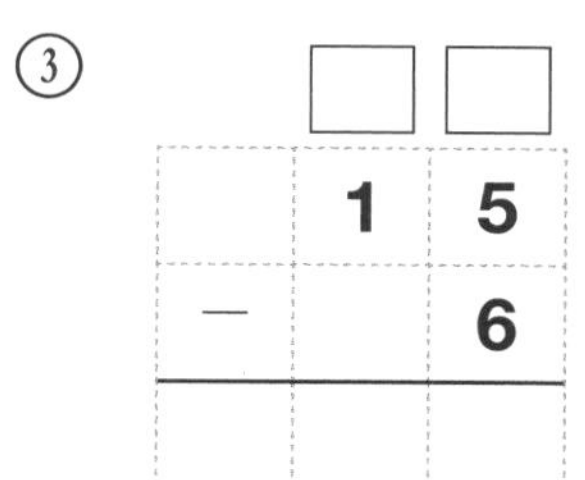

③ 15 − 6

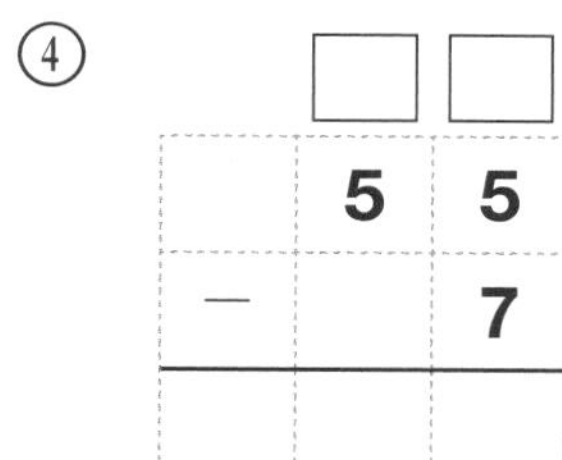

④ 55 − 7

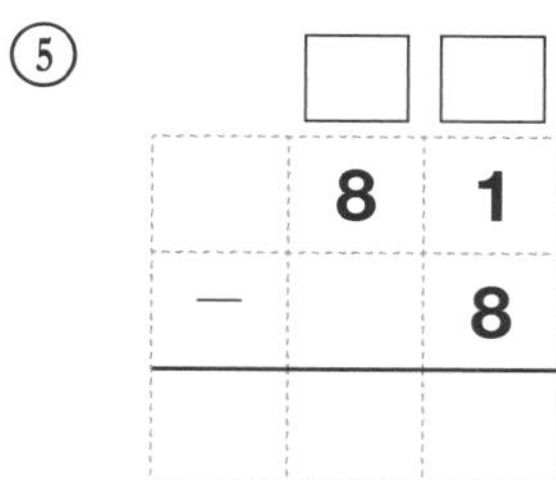

⑤ 81 − 8

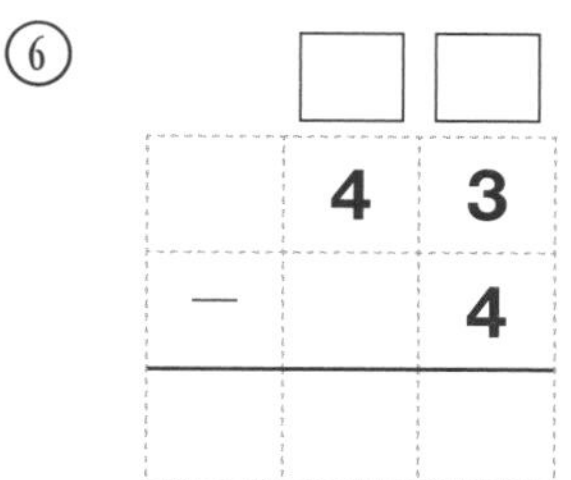

⑥ 43 − 4

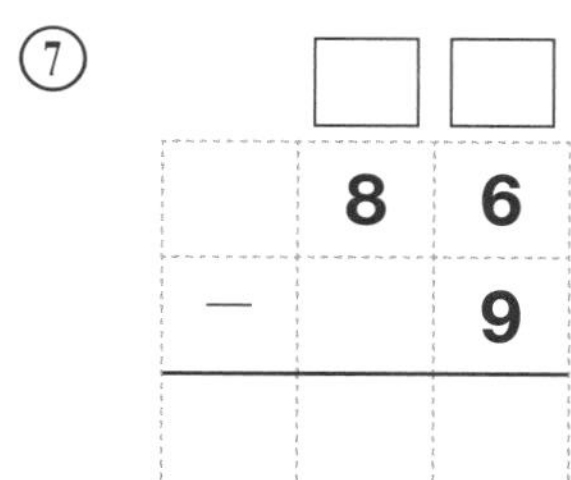

⑦ 86 − 9

⑧ 72 − 3

⑨ 96 − 7

⑩ 41 − 5

⑪ 52 − 6

⑫ 25 − 9

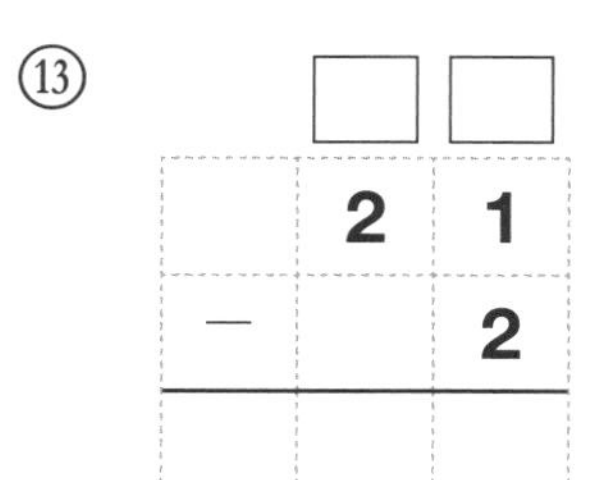

⑬ 21 − 2

⑭ 75 − 8

2 DAY B

세로셈하기 (두 자리 수 - 한 자리 수)

빈칸에 들어갈 수를 쓰고 뺄셈을 계산하세요.

①

	7	2
−		4

②

	3	6
−		7

③

	8	2
−		5

④

	2	5
−		7

⑤

	6	2
−		8

⑥

	2	3
−		9

⑦

	3	8
−		9

⑧

	8	4
−		5

⑨

	4	1
−		7

⑩

	5	2
−		6

⑪

	1	3
−		7

⑫

	5	7
−		8

⑬

	4	3
−		8

⑭

	9	4
−		8

⑮

	6	5
−		9

3 DAY A

가로셈하기 (두 자리 수 - 한 자리 수)

가로셈이 어려울 때는 세로셈으로 바꿔서 계산해 봐.
28-9에서 받아내림하면 28의 일의 자리 8이 18이 되겠지?
이제 18-9를 한 값을 일의 자리에 적으면 돼.

다음 식을 계산하세요.

① 28 − 9 = ______ ② 37 − 8 = ______ ③ 45 − 6 = ______

④ 64 − 5 = ______ ⑤ 21 − 9 = ______ ⑥ 27 − 8 = ______

⑦ 41 − 9 = ______ ⑧ 85 − 6 = ______ ⑨ 95 − 9 = ______

⑩ 75 − 7 = ______ ⑪ 91 − 3 = ______ ⑫ 17 − 8 = ______

⑬ 47 − 9 = ______ ⑭ 34 − 6 = ______ ⑮ 36 − 9 = ______

⑯ 72 − 7 = ______ ⑰ 84 − 5 = ______ ⑱ 23 − 8 = ______

⑲ 44 − 5 = ______ ⑳ 42 − 4 = ______ ㉑ 51 − 7 = ______

3 DAY B

가로셈하기 (두 자리 수 - 한 자리 수)

다음 식을 계산하세요.

① 16 − 7 = ______　② 86 − 7 = ______　③ 54 − 6 = ______

④ 81 − 3 = ______　⑤ 32 − 5 = ______　⑥ 76 − 8 = ______

⑦ 73 − 5 = ______　⑧ 31 − 3 = ______　⑨ 83 − 9 = ______

⑩ 55 − 6 = ______　⑪ 80 − 2 = ______　⑫ 77 − 8 = ______

⑬ 24 − 9 = ______　⑭ 65 − 7 = ______　⑮ 64 − 5 = ______

⑯ 36 − 8 = ______　⑰ 34 − 8 = ______　⑱ 35 − 7 = ______

⑲ 48 − 9 = ______　⑳ 75 − 9 = ______　㉑ 51 − 8 = ______

4 DAY A

수직선으로 뺄셈하기 (두 자리 수 - 한 자리 수)

덧셈은 앞으로 가기, 뺄셈은 뒤로 가기라고 생각하면 좋아. 55 - 6에서 55는 출발점이고 6은 뒤로 가야 하는 걸음 수라고 생각해 보자!

수직선을 이용해서 뺄셈식을 계산하세요.

예시

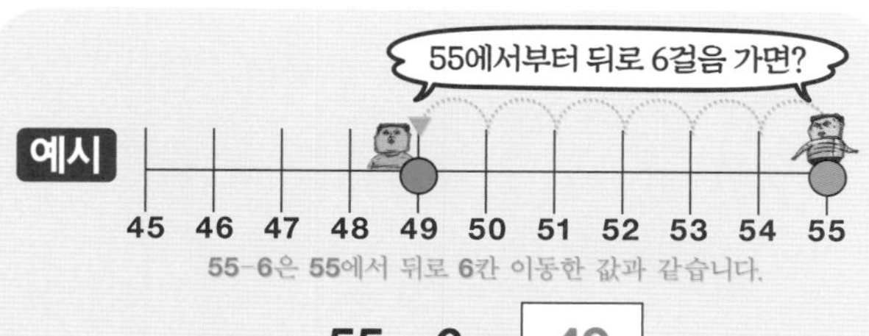

55-6은 55에서 뒤로 6칸 이동한 값과 같습니다.

$55 - 6 =$ 49

① 

$27 - 8 =$ ☐

② 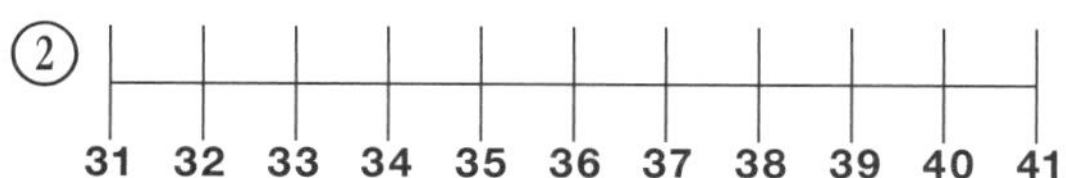

$41 - 5 =$ ☐

③ 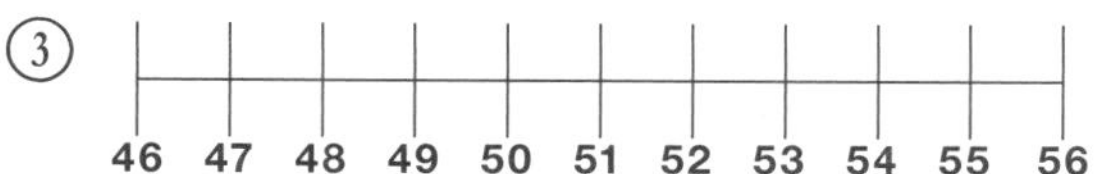

$56 - 9 =$ ☐

④ 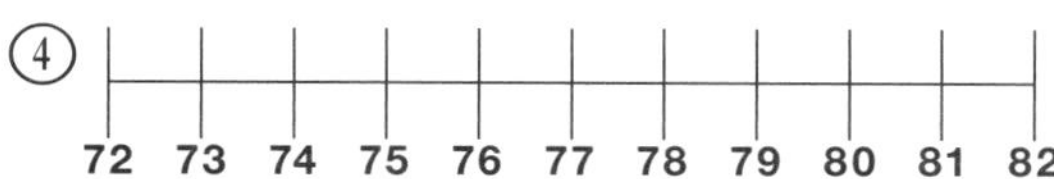

$82 - 4 =$ ☐

⑤ 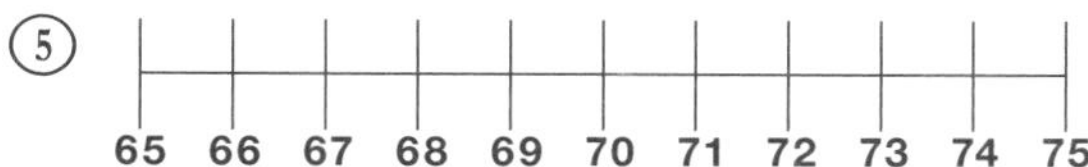

$75 - 7 =$ ☐

⑥ 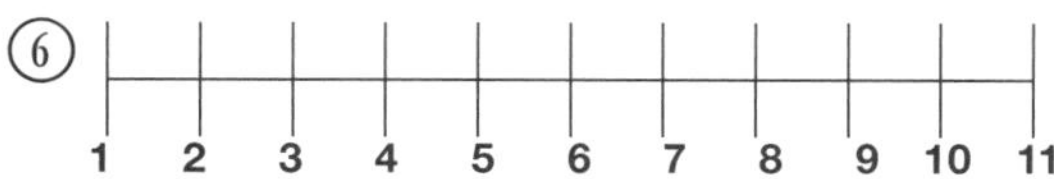

$11 - 2 =$ ☐

⑦ 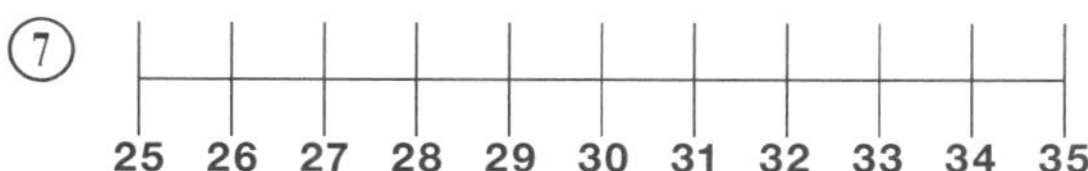

$35 - 6 =$ ☐

⑧ 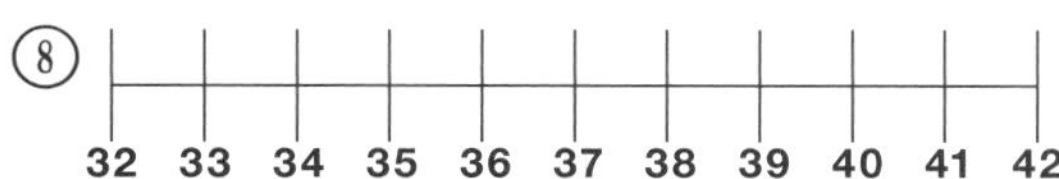

$42 - 4 =$ ☐

⑨

83 84 85 86 87 88 89 90 91 92 93

$93 - 6 =$ ☐

⑩ 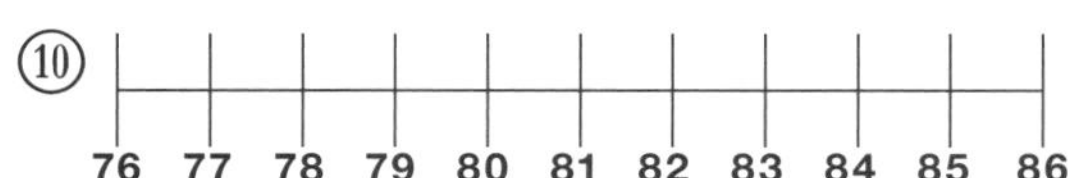

$86 - 8 =$ ☐

⑪

51 52 53 54 55 56 57 58 59 60 61

$61 - 5 =$ ☐

4 DAY B

수직선으로 뺄셈하기 (두 자리 수 - 한 자리 수)

수직선을 이용해서 뺄셈식을 계산하세요.

①
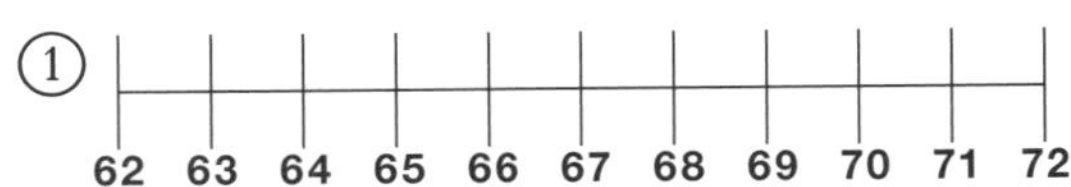

72 − 8 = ☐

②

48 − 9 = ☐

③

34 − 6 = ☐

④
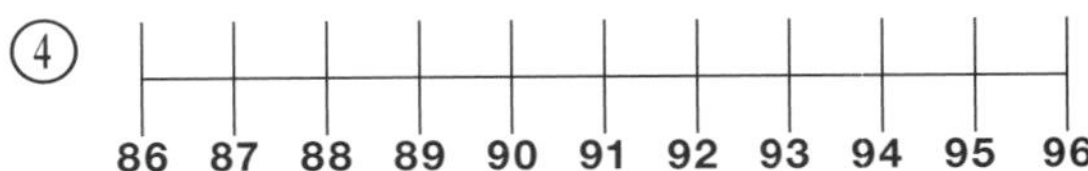

96 − 7 = ☐

⑤
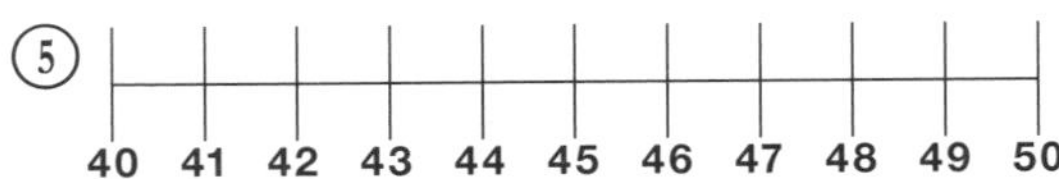

50 − 4 = ☐

⑥ 57 58 59 60 61 62 63 64 65 66 67

67 − 8 = ☐

⑦
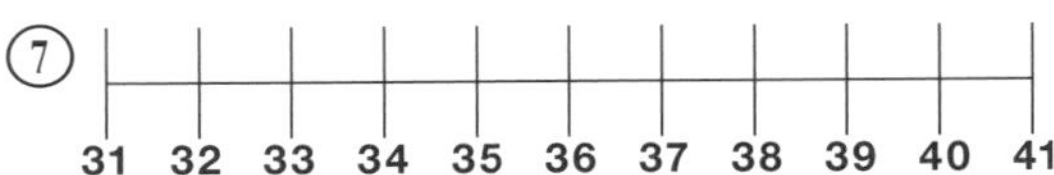

41 − 3 = ☐

⑧ 75 76 77 78 79 80 81 82 83 84 85

85 − 6 = ☐

⑨

13 − 9 = ☐

⑩ 72 73 74 75 76 77 78 79 80 81 82

82 − 7 = ☐

⑪ 23 24 25 26 27 28 29 30 31 32 33

33 − 5 = ☐

⑫
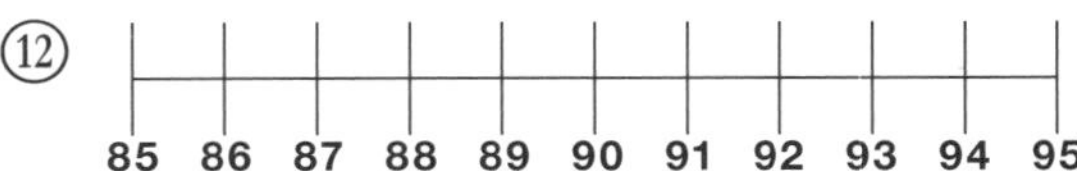

95 − 6 = ☐

5 DAY A

식 만들기 (두 자리 수 - 한 자리 수)

주어진 수 카드 종류를 봐 봐.
두 자리 수와 한 자리 수가 있지?
한 장은 두 자리 수, 또 다른 한 장은 한 자리 수를 골라야
두 수의 차가 두 자리가 되겠지?

빈칸에 들어갈 수를 쓰세요.

예시 수카드 중에서 **2**장씩 골라 차가 **33**이 되는 식을 만들어 보세요.

42, 8, 40, 9, 5, 41

두 자리 수가 3개, 한 자리 수가 3개 있구나.

두 자리 수 - 한 자리 수를 하면 되겠네! 두 자리 수를 고르고 한 자리 수를 하나씩 넣어 보자.

[41] - [8] = 33 [42] - [9] = 33

---

① 수카드 중에서 **2**장씩 골라 차가 **26**이 되는 식을 만들어 보세요.

33, 2, 35, 7, 9, 36

[ ] - [ ] = 26 [ ] - [ ] = 26

② 수카드 중에서 **2**장씩 골라 차가 **58**이 되는 식을 만들어 보세요.

5, 61, 2, 60, 64, 6

[ ] - [ ] = 58 [ ] - [ ] = 58

③ 수카드 중에서 **2**장씩 골라 차가 **75**이 되는 식을 만들어 보세요.

82, 81, 80, 4, 5, 7

[ ] - [ ] = 75 [ ] - [ ] = 75

④ 수카드 중에서 **2**장씩 골라 차가 **44**이 되는 식을 만들어 보세요.

50, 52, 53, 4, 6, 9

[ ] - [ ] = 44 [ ] - [ ] = 44

⑤ 수카드 중에서 **2**장씩 골라 차가 **25**이 되는 식을 만들어 보세요.

34, 5, 7, 31, 9, 32

[ ] - [ ] = 25 [ ] - [ ] = 25

⑥ 수카드 중에서 **2**장씩 골라 차가 **37**이 되는 식을 만들어 보세요.

40, 45, 8, 9, 43, 6

[ ] - [ ] = 37 [ ] - [ ] = 37

⑦ 수카드 중에서 **2**장씩 골라 차가 **46**이 되는 식을 만들어 보세요.

58, 6, 4, 52, 8, 50

[ ] - [ ] = 46 [ ] - [ ] = 46

⑧ 수카드 중에서 **2**장씩 골라 차가 **65**이 되는 식을 만들어 보세요.

70, 7, 77, 5, 72, 8

[ ] - [ ] = 65 [ ] - [ ] = 65

5 DAY B

식 만들기 (두 자리 수 - 한 자리 수)

빈칸에 들어갈 수를 쓰세요.

① 수카드 중에서 **2**장씩 골라 차가 **46**이 되는 식을 만들어 보세요.

51, 5, 59, 7, 8, 54

☐ - ☐ = **46** ☐ - ☐ = **46**

② 수카드 중에서 **2**장씩 골라 차가 **18**이 되는 식을 만들어 보세요.

24, 3, 21, 6, 29, 8

☐ - ☐ = **18** ☐ - ☐ = **18**

③ 수카드 중에서 **2**장씩 골라 차가 **64**이 되는 식을 만들어 보세요.

70, 72, 8, 6, 76, 7

☐ - ☐ = **64** ☐ - ☐ = **64**

④ 수카드 중에서 **2**장씩 골라 차가 **27**이 되는 식을 만들어 보세요.

30, 4, 31, 33, 6, 2

☐ - ☐ = **27** ☐ - ☐ = **27**

⑤ 수카드 중에서 **2**장씩 골라 차가 **26**이 되는 식을 만들어 보세요.

30, 4, 31, 33, 5, 2

☐ - ☐ = **26** ☐ - ☐ = **26**

⑥ 수카드 중에서 **2**장씩 골라 차가 **58**이 되는 식을 만들어 보세요.

60, 4, 66, 8, 64, 2

☐ - ☐ = **58** ☐ - ☐ = **58**

⑦ 수카드 중에서 **2**장씩 골라 차가 **15**이 되는 식을 만들어 보세요.

23, 21, 8, 18, 6, 2

☐ - ☐ = **15** ☐ - ☐ = **15**

⑧ 수카드 중에서 **2**장씩 골라 차가 **29**이 되는 식을 만들어 보세요.

34, 6, 5, 37, 8, 32

☐ - ☐ = **29** ☐ - ☐ = **29**

⑨ 수카드 중에서 **2**장씩 골라 차가 **53**이 되는 식을 만들어 보세요.

61, 65, 8, 62, 9, 3

☐ - ☐ = **53** ☐ - ☐ = **53**

⑩ 수카드 중에서 **2**장씩 골라 차가 **86**이 되는 식을 만들어 보세요.

93, 95, 7, 94, 8, 5

☐ - ☐ = **86** ☐ - ☐ = **86**

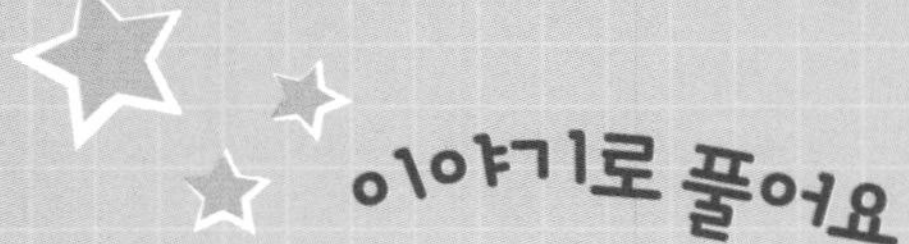

수직선을 이용해 뺄셈을 공부한 석이에게
모든 문제를 수직선을 통해서 계산할 수 있는
초능력이 생겼습니다.
석이는 수직선 그림만 보고도 뺄셈식을 세울 수 있어요.
여러분도 아래 수직선을 보고 석이처럼 뺄셈식을 세워보세요.
그러면 여러분에게도 초능력이 생길 수 있어요!

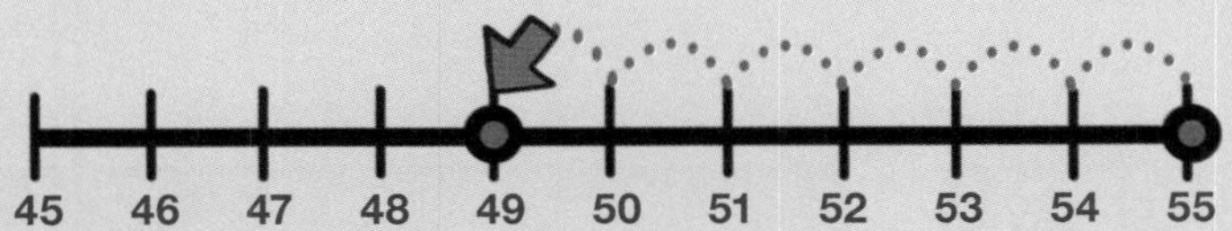

55 − 6 = 49

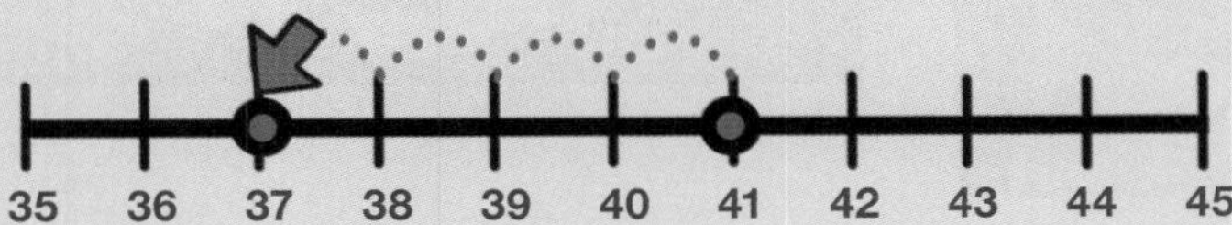

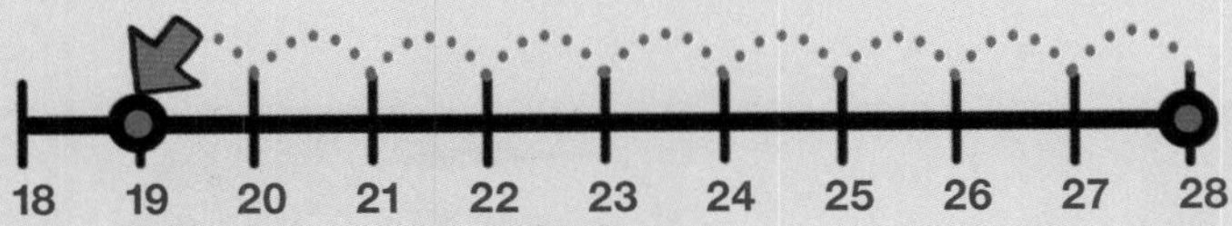

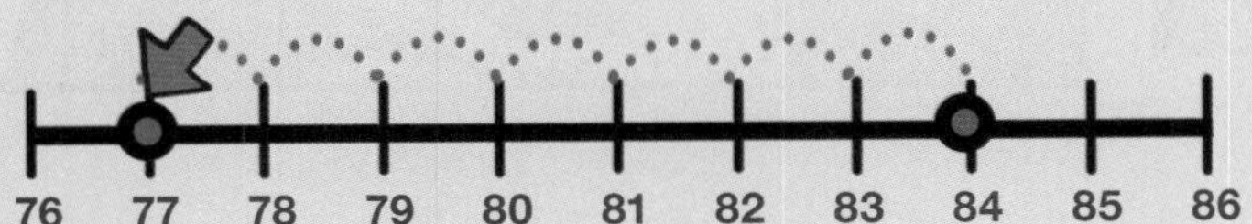

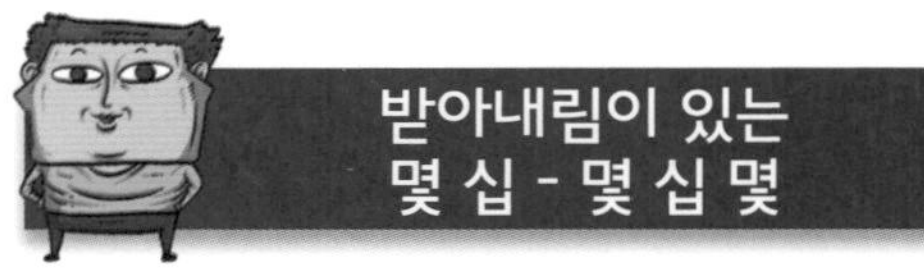

06. 먹어도 먹어도 끝이 없는 빵

갑자기 제빵에 재미를 붙인 애봉이

축하합니다!

세상에서 가장 딱딱한 빵을
발명하셨군요.

그 뒤로 애봉이는 계속 연습했고…

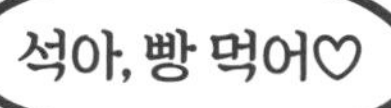

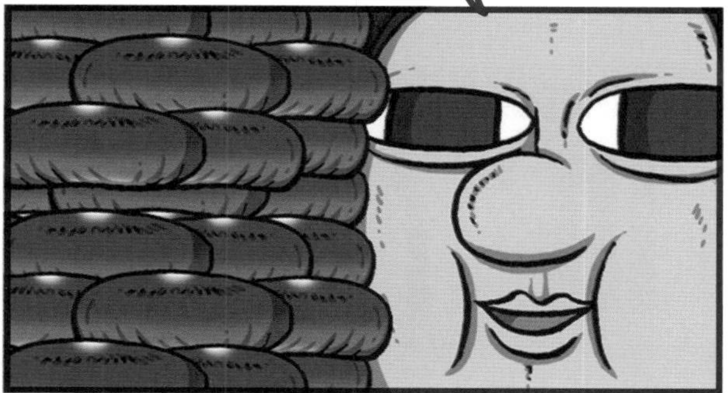

빵으로 나를 괴롭히기 시작했다.

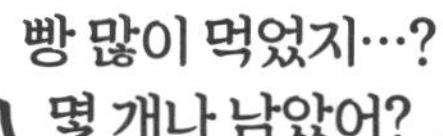

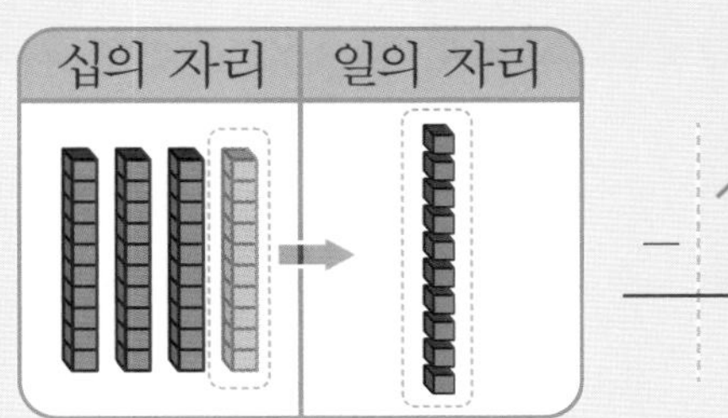

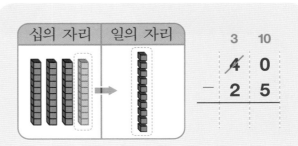

10을 빌려오면
십의 자리
4는 3으로 바뀌겠지?
그럼 0-5가 10-5로 바뀌니까
일의 자리는 5가 되겠네!

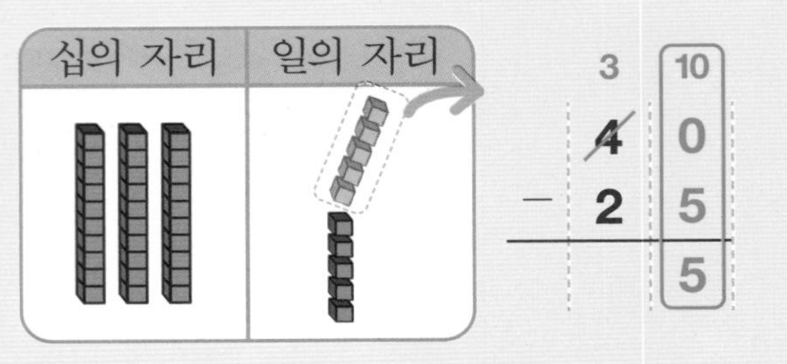

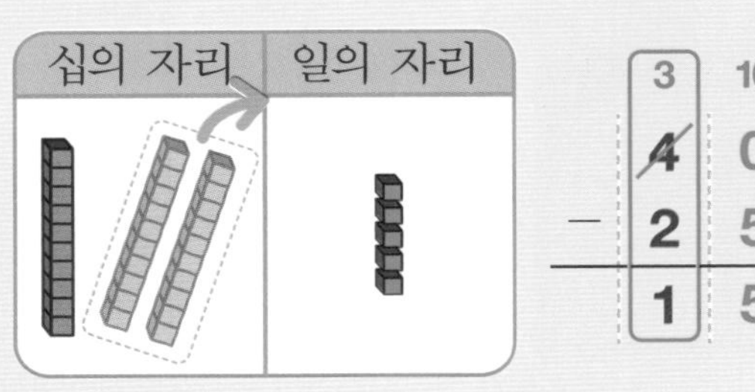

그럼 아까 십의 자리에서
10을 빌려줬으니
30-20이 되니까
답은 15…!
15개만 더 먹으면
끝이다…!

아아아아아아아

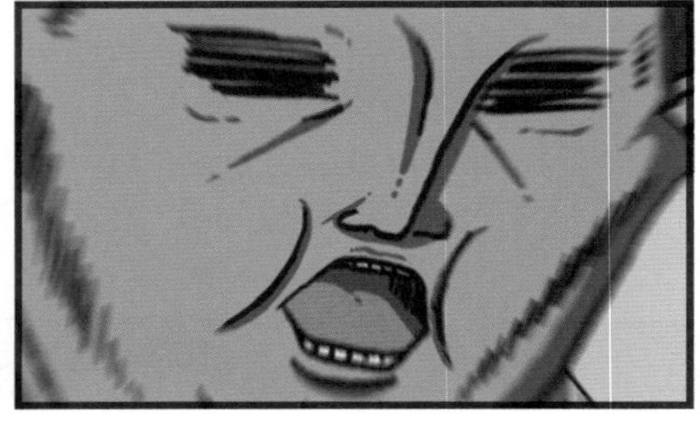

마음의 꿀팁

일의 자리끼리 뺄 수 없을 때는 받아내림을 해야 해. 뺄셈이 어려울 때는 수 모형을 활용해서 계산해 봐. 그러면 실수를 안 하고 계산할 수 있어!
수 모형은 덧셈과 뺄셈에서 매우 중요해.

1 DAY A

뺄셈 (몇 십 - 몇 십 몇)

수 모형을 이용하면 받아내림을 쉽게 이해할 수 있어. 그림을 보고 십 모형 1개가 일 모형 10개로 바뀌는 과정을 이해하고 문제를 풀어 봐.

수 모형을 보고 빼야 하는 부분을 빗금 친 후 화살표를 그리고 계산하세요.

예시

40 − 17 = 23

십 모형 1개를 일 모형 10개로 바꾼 후에 뺄셈을 해보자.

① 50 − 33 = ☐

② 20 − 11 = ☐

③ 90 − 73 = ☐

④ 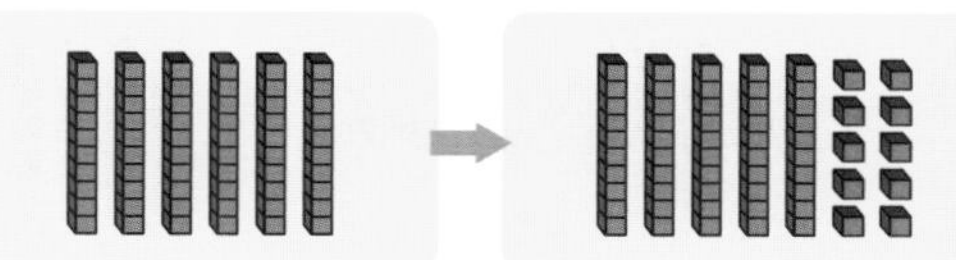

60 − 21 = ☐

⑤ 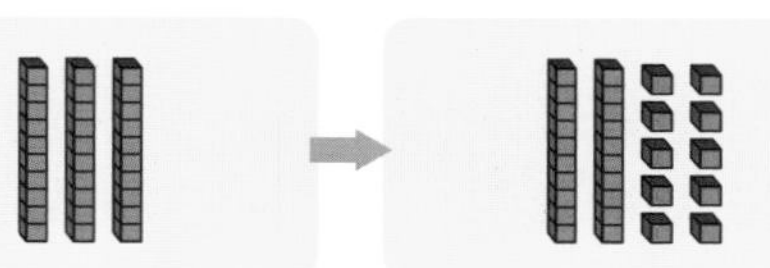

30 − 15 = ☐

⑥ 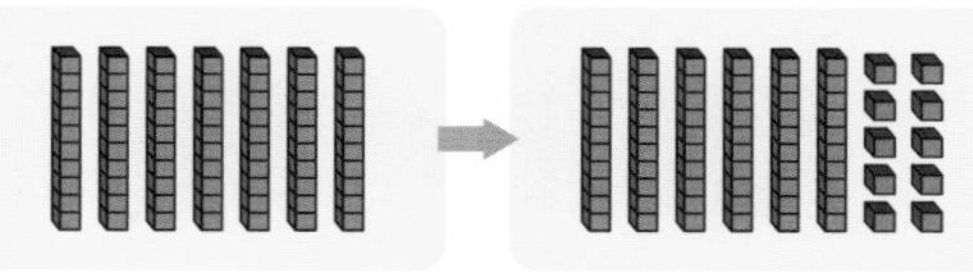

70 − 24 = ☐

⑦ 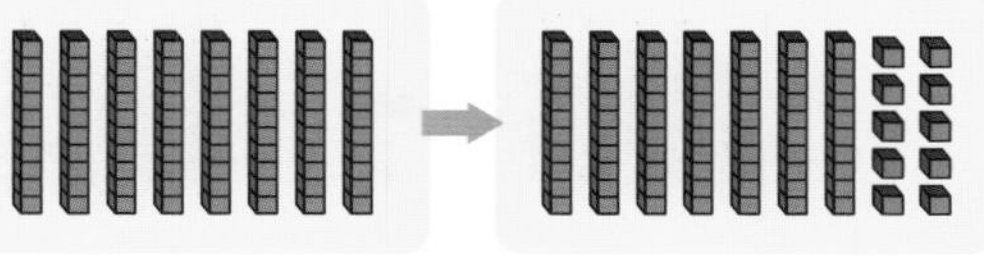

80 − 53 = ☐

⑧ 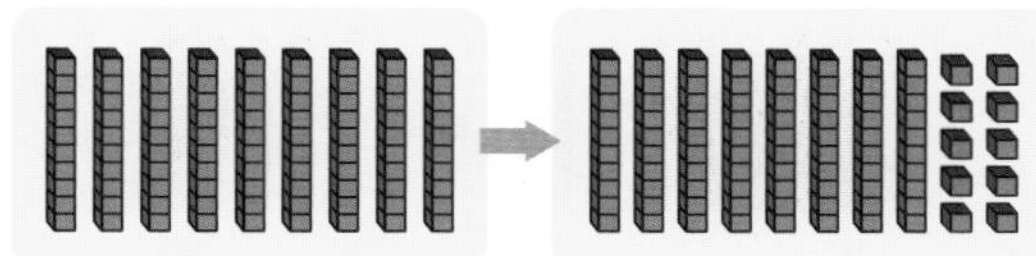

90 − 32 = ☐

뺄셈 (몇 십 - 몇 십 몇)

수 모형을 보고 빼야 하는 부분을 빗금 친 후 화살표를 그리고 계산하세요.

① 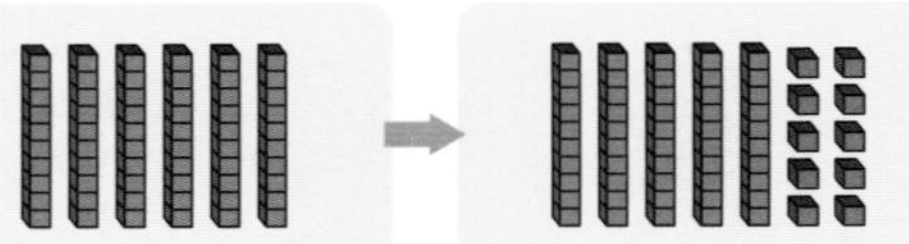

60 − 56 = ☐

② 

30 − 18 = ☐

③ 

50 − 37 = ☐

④ 

40 − 22 = ☐

⑤ 

30 − 23 = ☐

⑥ 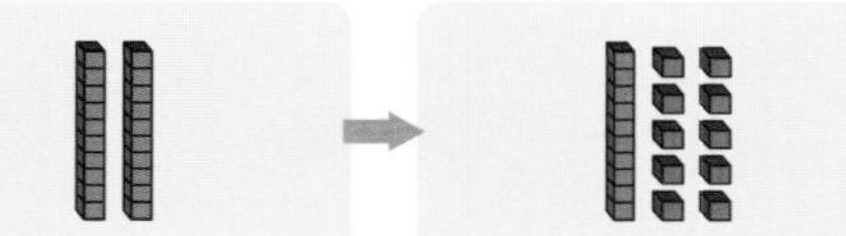

20 − 19 = ☐

⑦ 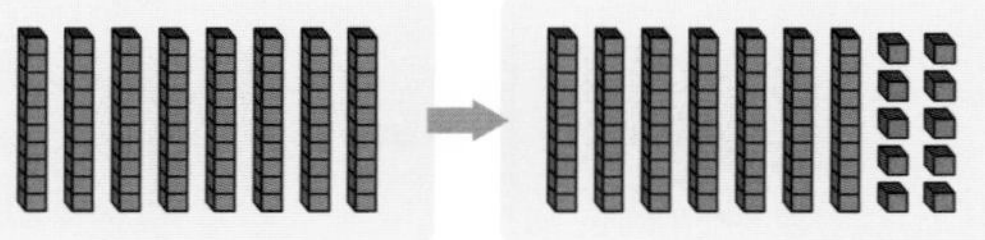

80 − 64 = ☐

⑧ 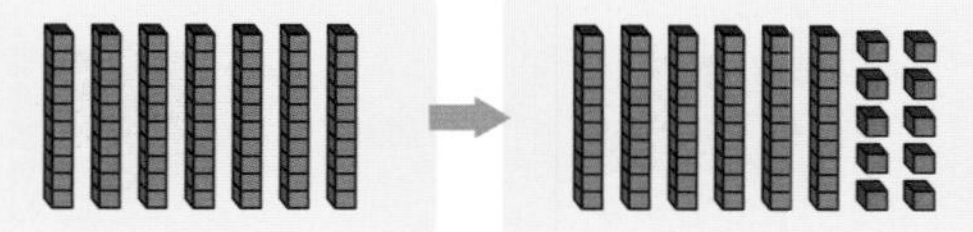

70 − 58 = ☐

⑨ 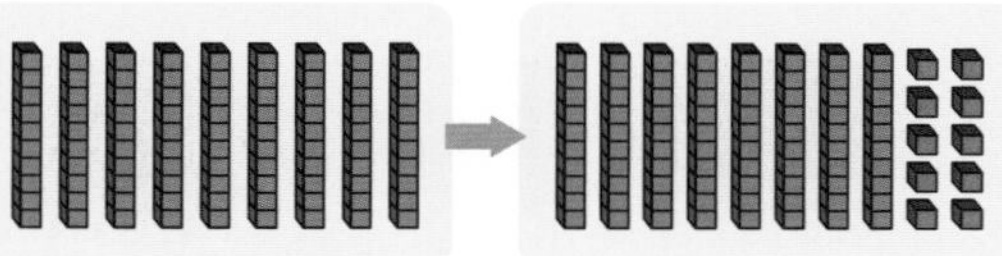

90 − 62 = ☐

⑩ 

50 − 36 = ☐

2 DAY A

세로셈하기 (몇 십 - 몇 십 몇)

받아내림한 값을 꼭 적고 계산해야 해!
그래야 실수를 줄일 수 있어. 꼭 기억해!
십 모형 1개는 일 모형 10개와 같아.

빈칸 안에 알맞은 수를 써넣으세요.

예시

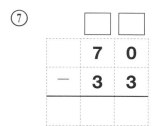

	4	10
	~~5~~	0
−	2	6
	2	4

① 80 − 37

	□	□
	8	0
−	3	7

② 30 − 27

	□	□
	3	0
−	2	7

③

	□	□
	2	0
−	1	5

④

	□	□
	4	0
−	1	9

⑤

	□	□
	8	0
−	7	7

⑥

	□	□
	3	0
−	1	9

⑦

	□	□
	7	0
−	3	3

⑧

	□	□
	4	0
−	2	7

⑨

	□	□
	6	0
−	2	2

⑩

	□	□
	9	0
−	5	6

⑪

	□	□
	5	0
−	2	7

⑫

	□	□
	8	0
−	4	8

⑬

	□	□
	3	0
−	2	3

⑭

	□	□
	6	0
−	3	7

2 DAY B

세로셈하기 (몇 십 - 몇 십 몇)

빈칸 안에 알맞은 수를 써넣으세요.

①

	4	0
−	2	6

②

	6	0
−	5	3

③

	8	0
−	5	9

④

	5	0
−	3	5

⑤

	7	0
−	3	6

⑥

	9	0
−	8	3

⑦

	3	0
−	1	8

⑧

	5	0
−	4	4

⑨

	6	0
−	2	7

⑩

	9	0
−	7	4

⑪

	7	0
−	5	8

⑫

	3	0
−	1	4

⑬

	7	0
−	3	9

⑭

	4	0
−	2	2

⑮

	2	0
−	1	6

3 DAY A

가로셈하기 (몇 십 - 몇 십 몇)

가로셈이 어려울 때는 가로셈을 세로셈으로 바꿔서 계산해 봐. 차분한 마음으로 일의 자리끼리 먼저 빼고, 뺄 수 없을 때는 십의 자리에서 받아내림 하자.

다음 식을 계산하세요.

① $40 - 19 =$ _____ ② $30 - 28 =$ _____ ③ $60 - 16 =$ _____

④ $60 - 34 =$ _____ ⑤ $70 - 24 =$ _____ ⑥ $40 - 24 =$ _____

⑦ $40 - 29 =$ _____ ⑧ $80 - 26 =$ _____ ⑨ $90 - 29 =$ _____

⑩ $70 - 37 =$ _____ ⑪ $90 - 43 =$ _____ ⑫ $60 - 47 =$ _____

⑬ $50 - 32 =$ _____ ⑭ $30 - 16 =$ _____ ⑮ $30 - 29 =$ _____

⑯ $70 - 57 =$ _____ ⑰ $80 - 53 =$ _____ ⑱ $20 - 13 =$ _____

⑲ $40 - 15 =$ _____ ⑳ $60 - 41 =$ _____ ㉑ $80 - 27 =$ _____

가로셈하기 (몇 십 - 몇 십 몇)

다음을 계산 하세요.

① 90 – 34 = ______ ② 40 – 28 = ______ ③ 70 – 46 = ______

④ 50 – 19 = ______ ⑤ 70 – 59 = ______ ⑥ 30 – 22 = ______

⑦ 50 – 27 = ______ ⑧ 90 – 82 = ______ ⑨ 80 – 76 = ______

⑩ 80 – 64 = ______ ⑪ 30 – 13 = ______ ⑫ 40 – 25 = ______

⑬ 20 – 14 = ______ ⑭ 20 – 18 = ______ ⑮ 20 – 11 = ______

⑯ 70 – 53 = ______ ⑰ 60 – 44 = ______ ⑱ 90 – 24 = ______

⑲ 90 – 38 = ______ ⑳ 50 – 31 = ______ ㉑ 60 – 39 = ______

4 DAY A

알맞은 수 찾기 (몇 십 - 몇 십 몇)

두 수를 뺀 답이 나와 있지? 답을 보고 빈칸에 들어갈 수를 생각해야 해. 받아내림을 했기 때문에 십의 자리를 잘 보고 빈칸에 알맞은 수를 써야 해.

빈칸에 알맞은 수를 써넣으세요.

예시

	5	0
−	3	2
	1	8

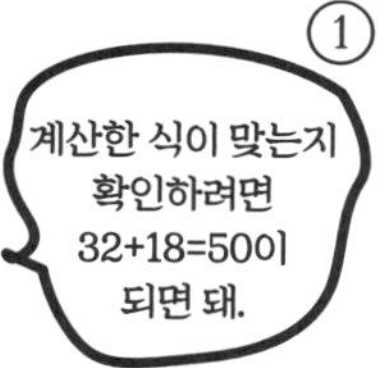

계산한 식이 맞는지 확인하려면 32+18=50이 되면 돼.

①

	4	0
−	□	7
	2	3

②

	7	0
−	□	9
	3	1

③

	□	0
−	3	6
	3	4

④

	5	0
−	□	5
	2	5

⑤

	□	0
−	4	7
	3	3

⑥

	7	0
−	□	4
	5	6

⑦

	□	0
−	2	7
	4	3

⑧

	□	0
−	4	3
	2	7

⑨

	9	0
−	□	8
	4	2

⑩

	□	0
−	3	9
	4	1

⑪

	□	0
−	2	8
	4	2

⑫

	□	0
−	3	9
	2	1

⑬

	8	0
−	□	6
	4	4

⑭

	5	0
−	□	6
	2	4

⑮

	6	0
−	1	□
	4	2

⑯

	□	0
−	5	3
	1	7

⑰

	8	0
−	□	7
	1	3

4 DAY B

알맞은 수 찾기 (몇 십 - 몇 십 몇)

빈칸에 알맞은 수를 써넣으세요.

①

	5	0
−	□	4
	2	6

②

	8	0
−	□	3
	3	7

③

	4	0
−	□	6
	1	4

④

	□	0
−	5	5
	1	5

⑤

	5	0
−	□	3
	2	7

⑥

	□	0
−	1	4
		6

⑦

	3	0
−	□	1
	1	9

⑧

	□	0
−	2	8
		2

⑨

	□	0
−	2	8
	2	2

⑩

	2	0
−	□	3
		7

⑪

	□	0
−	3	7
	4	3

⑫

	□	0
−	5	3
	2	7

⑬

	□	0
−	4	7
		3

⑭

	7	0
−	□	9
	3	1

⑮

	3	0
−	□	5
	1	5

⑯

	4	0
−	2	□
	1	9

⑰

	□	0
−	2	6
		4

⑱

	7	0
−	□	7
		3

5 DAY A

다양한 두 자리 수 계산

주어진 수를 잘 보면 규칙이 보일 거야. 앞으로 풀고 거꾸로 풀어보면서 주어진 수의 관계를 한 번 살펴 봐! 덧셈과 뺄셈은 서로 연결되어 있다는 걸 알 수 있을 거야.

빈칸에 들어갈 수를 쓰고 계산하세요.

47, 13, 60을 활용해서 식을 만들 수 있구나.

덧셈식을 풀어서
뺄셈식을 만들 수 있어.
덧셈식을 거꾸로 풀어봐.

	앞으로 풀기	거꾸로 풀기	숨겨져 있는 값 찾기
예시	47 + 13 = [60]	60 − 13 = [47]	60 − [47] = 13
①	81 + 9 = [ ]	90 − 9 = [ ]	90 − [ ] = 9
②	64 + 6 = [ ]	70 − 6 = [ ]	70 − [ ] = 6
③	43 + 7 = [ ]	50 − 7 = [ ]	50 − [ ] = 7
④	38 + 22 = [ ]	60 − 22 = [ ]	60 − [ ] = 22
⑤	64 + 26 = [ ]	90 − 26 = [ ]	90 − [ ] = 26
⑥	35 + 45 = [ ]	80 − 35 = [ ]	80 − [ ] = 35
⑦	26 + 44 = [ ]	70 − 26 = [ ]	70 − [ ] = 26
⑧	52 + 38 = [ ]	90 − 38 = [ ]	90 − [ ] = 38
⑨	47 + 43 = [ ]	90 − 47 = [ ]	90 − [ ] = 47
⑩	17 + 53 = [ ]	70 − 17 = [ ]	70 − [ ] = 17

5 DAY B

다양한 두 자리 수 계산

빈칸에 들어갈 수를 쓰세요.

	앞으로 풀기	거꾸로 풀기	숨겨져 있는 값 찾기
①	14 + 16 = □	30 − 16 = □	30 − □ = 16
②	34 + 26 = □	60 − 34 = □	60 − □ = 34
③	3 + 17 = □	20 − 17 = □	20 − □ = 17
④	12 + 28 = □	40 − 28 = □	40 − □ = 28
⑤	69 + 21 = □	90 − 69 = □	90 − □ = 69
⑥	14 + 46 = □	60 − 46 = □	60 − □ = 46
⑦	73 + 7 = □	80 − 73 = □	80 − □ = 73
⑧	5 + 25 = □	30 − 25 = □	30 − □ = 25
⑨	39 + 11 = □	50 − 39 = □	50 − □ = 39
⑩	74 + 16 = □	90 − 74 = □	90 − □ = 74
⑪	11 + 59 = □	70 − 59 = □	70 − □ = 59
⑫	18 + 22 = □	40 − 22 = □	40 − □ = 22

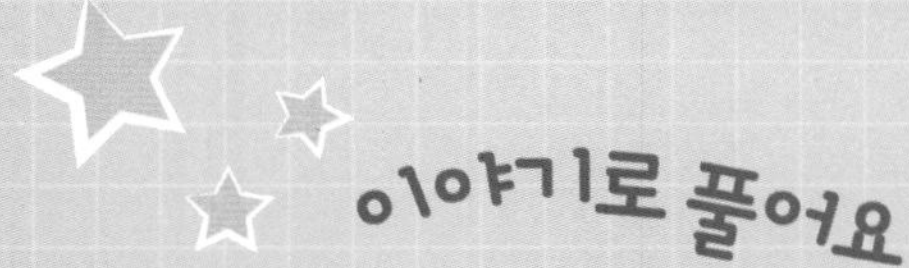

석이와 애봉이가 뺄셈 문제를 풀고 있습니다.
석이와 애봉이가 푼 문제를 여러분이 채점해주세요.
틀린 문제가 있으면 올바른 답으로 고쳐주세요.

예시 40 – 12 = 28은 맞아요.
올바른 답 :

예시 60 – 36 = 34은 틀려요.
올바른 답 : 60 – 36 = 24

① 60 – 37 = 23은 ______
올바른 답 :

② 70 – 47 = 23은 ______
올바른 답 :

③ 50 – 16 = 44는 ______
올바른 답 :

④ 80 – 68 = 22는 ______
올바른 답 :

⑤ 70 – 39 = 41은 ______
올바른 답 :

⑥ 20 – 18 = 2는 ______
올바른 답 :

⑦ 90 – 48 = 42는 ______
올바른 답 :

⑧ 50 – 39 = 21은 ______
올바른 답 :

07. 불우이웃 돕기

우리 마을의 불우이웃에게 줄 빵을 만들자!
꽉
허겁 지겁
일단 잔뜩 만들자!!

완성! 휴우 75개나 만들었다.

우리 마을의 불우이웃은 18명인데
ㅎㅎ 엄청 남겠네.

바보.
…!

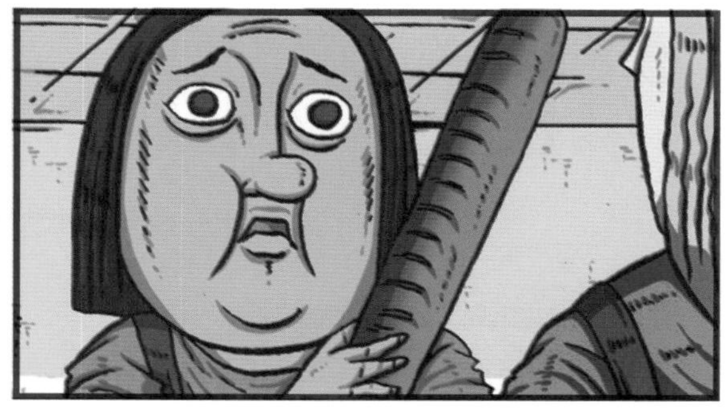

75개에서 불우이웃에게 18개를 주고
남는 건 다 내가 먹으면 돼

빵 75개에서 18개를
나눠주면
남는 건 몇 개지?

받아내림이 있는
뺄셈 할 줄 알지?
75-18
어떻게 하는지 알려 줘.

모르면 물어보자!

제일 중요한 건 십 모형 1개는 일 모형 10개라는 거야.

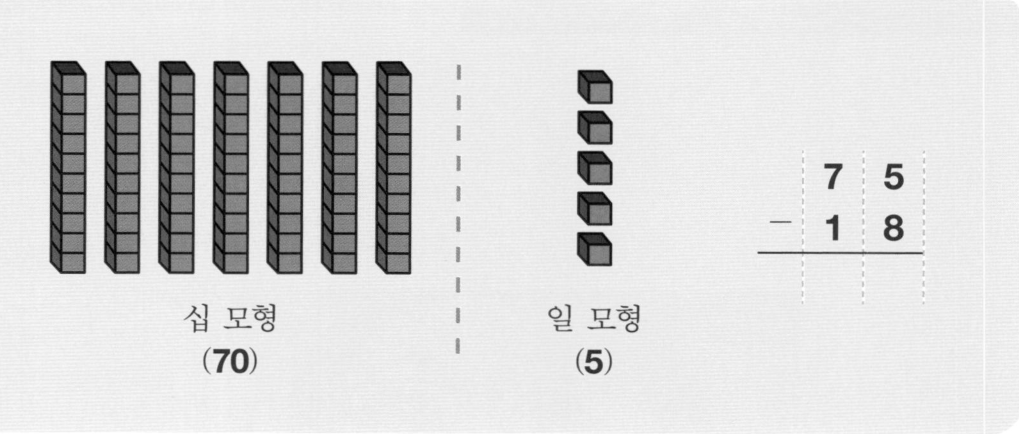
7 5
− 1 8
십 모형
(70)
일 모형
(5)

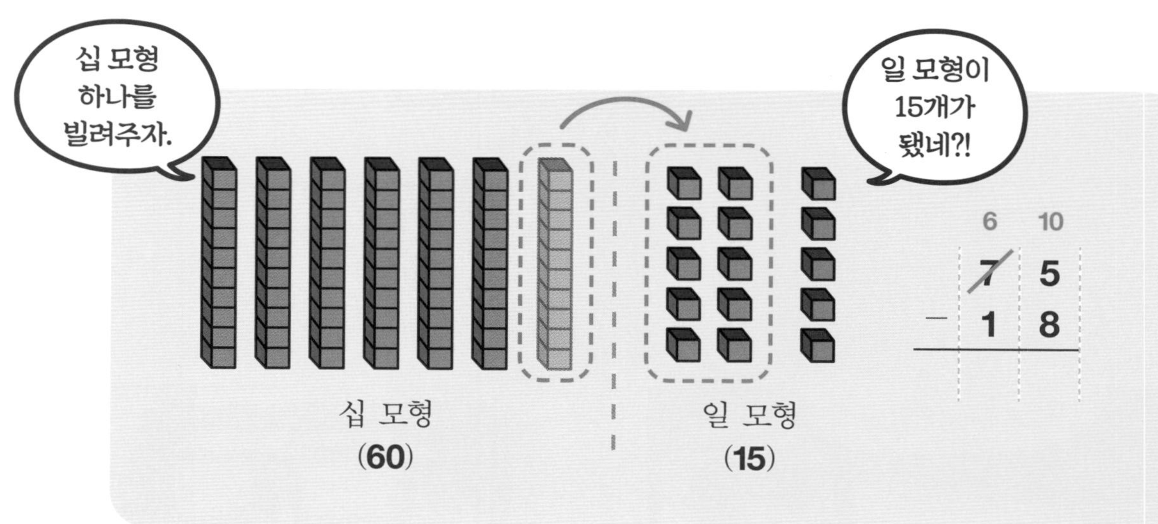
십 모형 하나를 빌려주자.
일 모형이 15개가 됐네?!
6 10
7 5
− 1 8
십 모형
(60)
일 모형
(15)

어차피 둘 다 75네?!
빌려줬을 뿐…

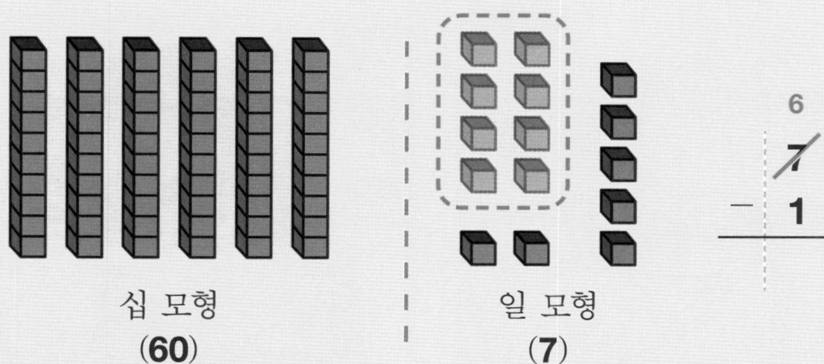

일 모형
15개에서
8개를 빼면
7이 남고

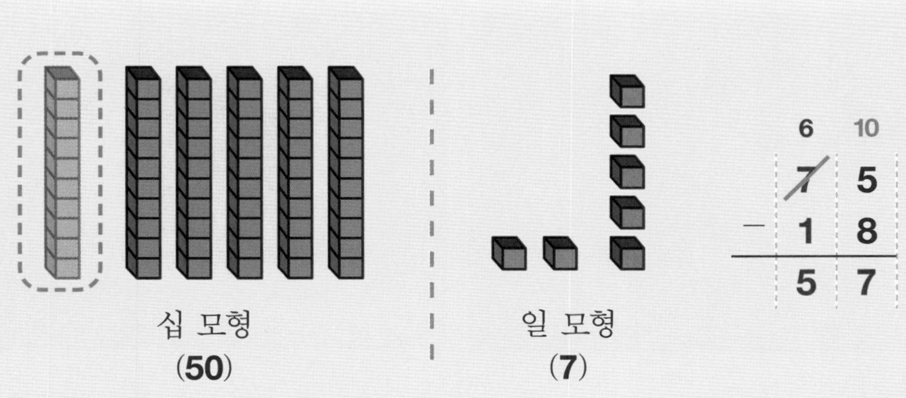

남은 십 모형 6개에서
십 모형 1개를 빼면
답은 57이지.

이해가 되려나?

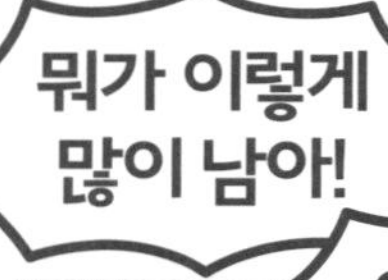

7일 째

7일 동안 빵만 먹었네, 사람 살려!

몇 개 남았더라?
뺄셈공부 해야겠다.

마음의 꿀팁

일의 자리끼리 뺄 수 없을 때는 받아내림을 해야 해!
십의 자리에서 십 모형 1개를 빌려와서 일 모형 10개로 바꿔서 계산하자.

1 DAY A

세로셈하기 (몇 십 몇 - 몇 십 몇)

받아내림한 값을 적고 계산하면 실수를 줄일 수 있어.
계산하고 나서 꼭 다시 한 번 확인해 봐.
덧셈과 뺄셈은 계산 실수하기 쉽거든.

빈칸에 들어갈 수를 쓰고 뺄셈을 계산하세요.

예시

	5	10
	~~6~~	4
−	2	5
	3	9

① 53 − 36

② 32 − 15

③ 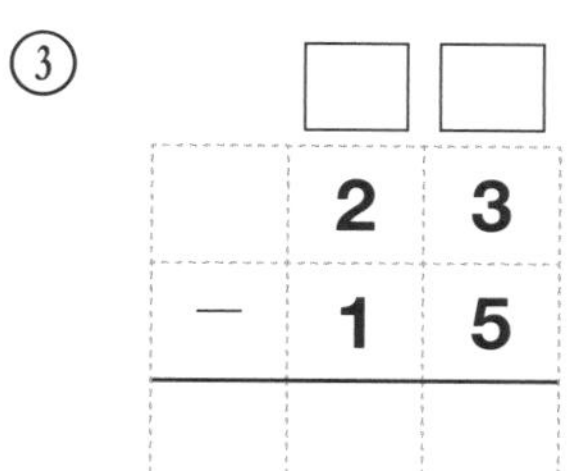
23 − 15

④ 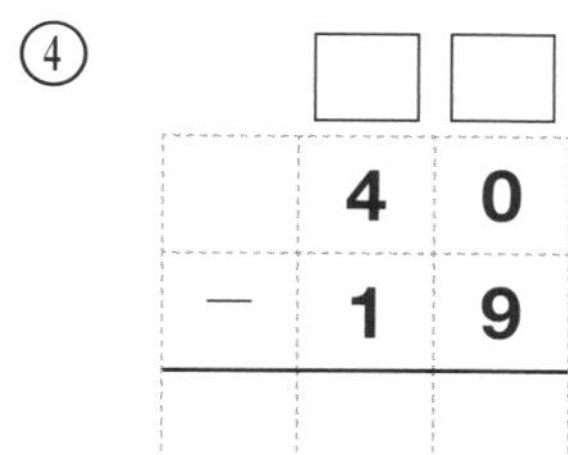
40 − 19

⑤ 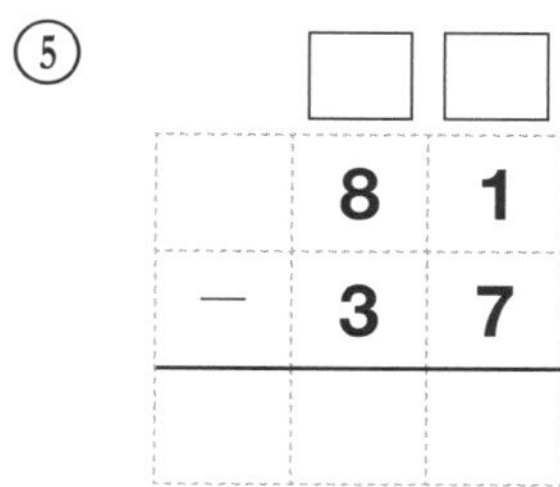
81 − 37

⑥ 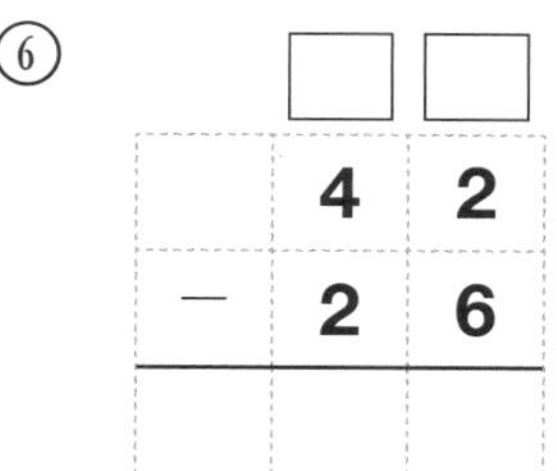
42 − 26

⑦ 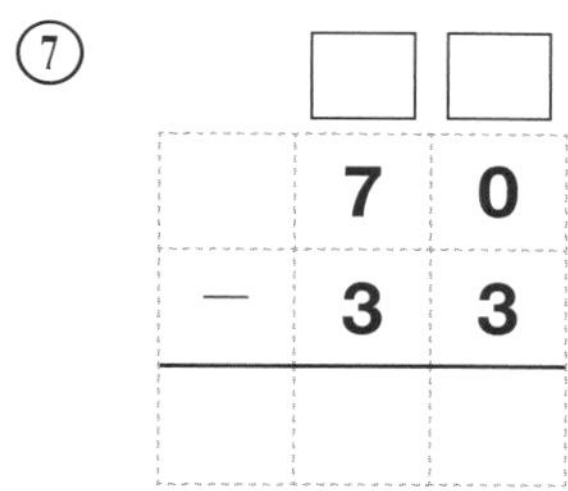
70 − 33

⑧ 45 − 27

⑨ 63 − 25

⑩ 90 − 56

⑪ 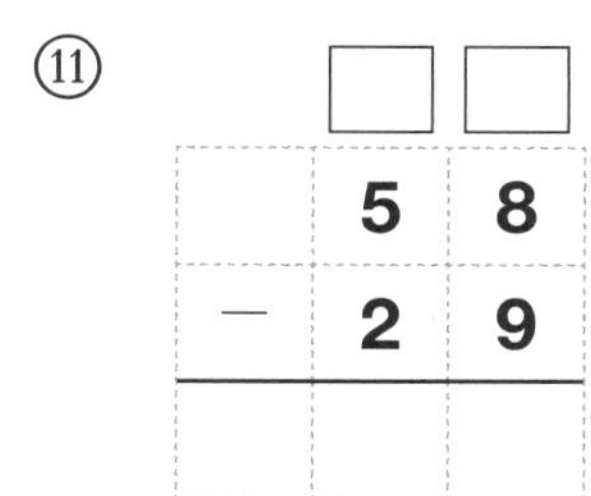
58 − 29

⑫ 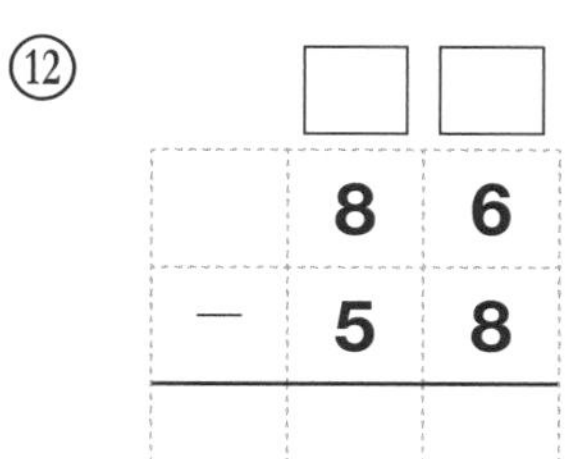
86 − 58

⑬ 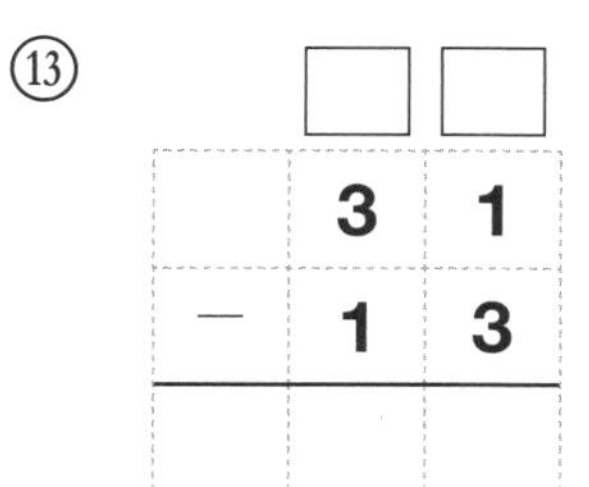
31 − 13

⑭ 66 − 27

1 DAY B

세로셈하기 (몇십몇 - 몇십몇)

빈칸에 들어갈 수를 쓰고 뺄셈을 계산하세요.

①

	□	□
	9	0
−	6	3

②

	□	□
	3	4
−	1	6

③

	□	□
	4	3
−	2	6

④

	□	□
	4	2
−	3	5

⑤

	□	□
	8	2
−	5	8

⑥

	□	□
	3	6
−	1	9

⑦

	□	□
	6	6
−	4	8

⑧

	□	□
	2	0
−	1	4

⑨

	□	□
	8	5
−	7	6

⑩

	□	□
	3	7
−	1	8

⑪

	□	□
	3	5
−	2	9

⑫

	□	□
	2	6
−	1	7

⑬

	□	□
	6	5
−	5	9

⑭

	□	□
	6	0
−	5	3

⑮

	□	□
	9	3
−	5	4

2 DAY A

가로셈하기 (몇 십 몇 - 몇 십 몇)

한 가지 방법보다는 다양한 방법을 이용해서 풀어야 수학을 잘할 수 있어.
이제까지 배운 방법을 한 번 이용해 보는 건 어때?

다음 식을 계산하세요.

① $42 - 19 =$ ______　② $37 - 18 =$ ______　③ $76 - 38 =$ ______

④ $61 - 35 =$ ______　⑤ $62 - 24 =$ ______　⑥ $83 - 47 =$ ______

⑦ $45 - 36 =$ ______　⑧ $83 - 36 =$ ______　⑨ $91 - 29 =$ ______

⑩ $71 - 27 =$ ______　⑪ $74 - 45 =$ ______　⑫ $85 - 56 =$ ______

⑬ $56 - 38 =$ ______　⑭ $53 - 26 =$ ______　⑮ $54 - 15 =$ ______

⑯ $92 - 27 =$ ______　⑰ $82 - 54 =$ ______　⑱ $67 - 28 =$ ______

⑲ $44 - 15 =$ ______　⑳ $96 - 48 =$ ______　㉑ $53 - 24 =$ ______

가로셈하기 (몇 십 몇 - 몇 십 몇)

다음 식을 계산하세요.

① 30 – 22 = ______ ② 22 – 14 = ______ ③ 54 – 25 = ______

④ 75 – 38 = ______ ⑤ 42 – 35 = ______ ⑥ 27 – 18 = ______

⑦ 57 – 49 = ______ ⑧ 31 – 27 = ______ ⑨ 33 – 16 = ______

⑩ 25 – 18 = ______ ⑪ 81 – 59 = ______ ⑫ 87 – 38 = ______

⑬ 56 – 27 = ______ ⑭ 37 – 28 = ______ ⑮ 53 – 15 = ______

⑯ 85 – 58 = ______ ⑰ 23 – 14 = ______ ⑱ 28 – 19 = ______

⑲ 67 – 38 = ______ ⑳ 92 – 48 = ______ ㉑ 45 – 37 = ______

식 만들기 (몇 십 몇 - 몇 십 몇)

수 카드를 하나씩 넣어서 계산해 봐.
일의 자리끼리 뺄셈이 안 될 때는 십의 자리에서 받아내림을 해야 하는 것도 잊지 마.

수 카드를 한 번씩 모두 사용하여 안에 알맞은 수를 써넣으세요.

예시

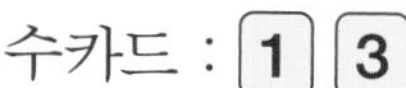

수카드 : 1 3

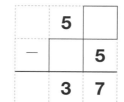

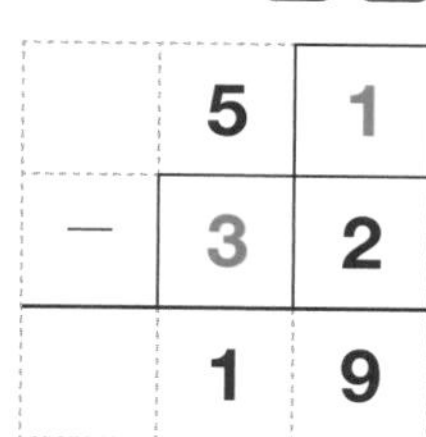

	5	1
−	3	2
	1	9

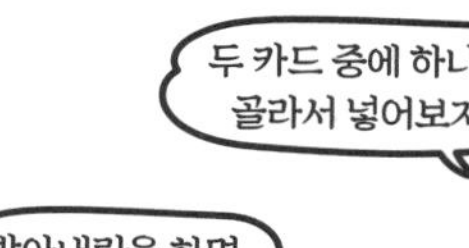
두 카드 중에 하나를
골라서 넣어보자.

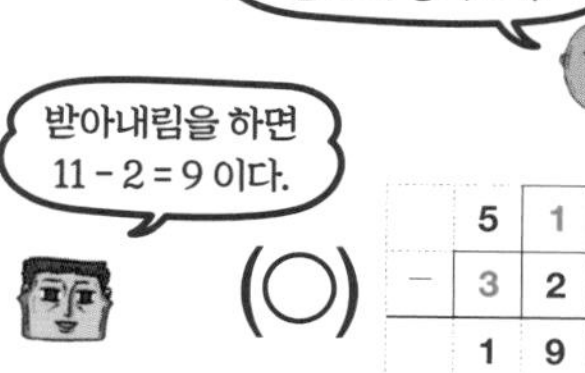
받아내림을 하면
11 - 2 = 9 이다.
(○)
5 1
− 3 2
1 9

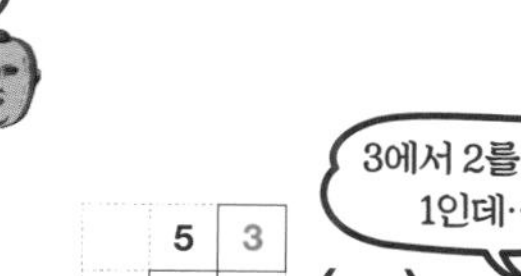
5 3
− 1 2
1 9
(×)
3에서 2를 빼면
1인데…

① 수카드 : 3 4

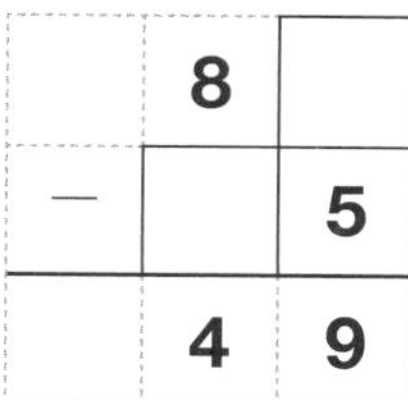

	8	
−		5
	4	9

② 수카드 : 2 3

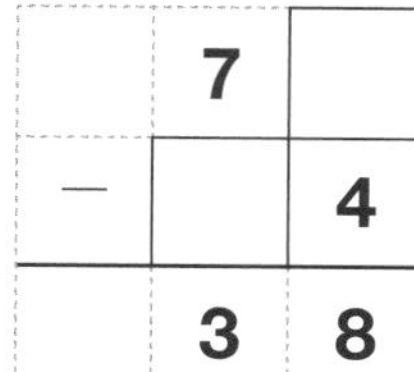

	7	
−		4
	3	8

③ 수카드 : 5 6

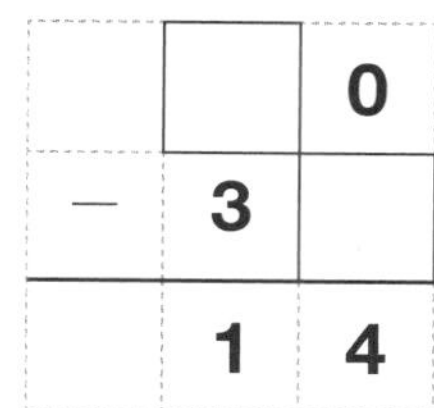

		0
−	3	
	1	4

④ 수카드 : 1 2

	5	
−		5
	2	6

⑤ 수카드 : 4 6

	6	
−		7
	1	9

⑥ 수카드 : 7 9

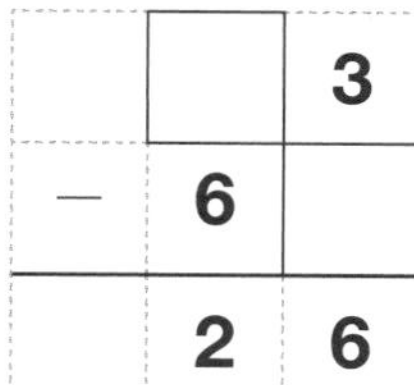

		3
−	6	
	2	6

⑦ 수카드 : 6 9

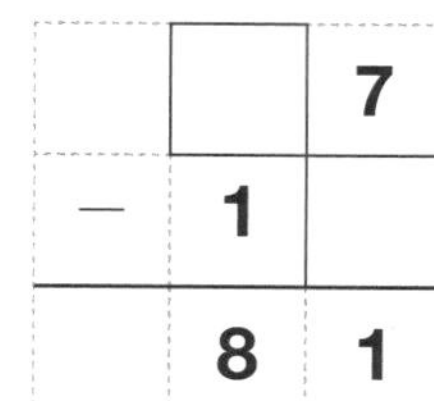

		7
−	1	
	8	1

⑧ 수카드 : 3 6

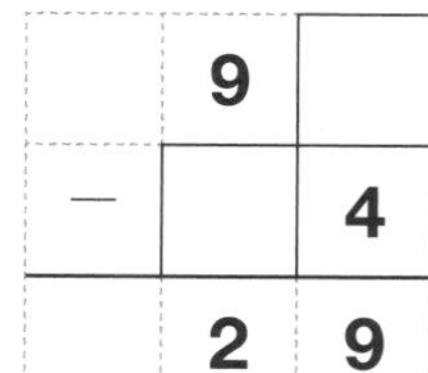

	9	
−		4
	2	9

⑨ 수카드 : 1 3

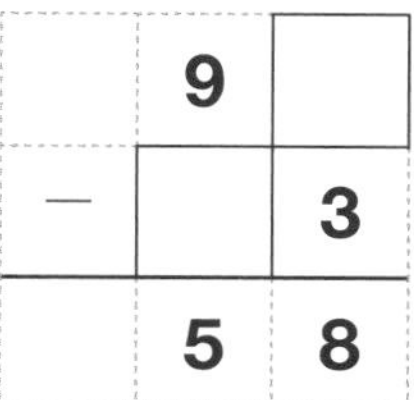

	9	
−		3
	5	8

⑩ 수카드 : 3 5

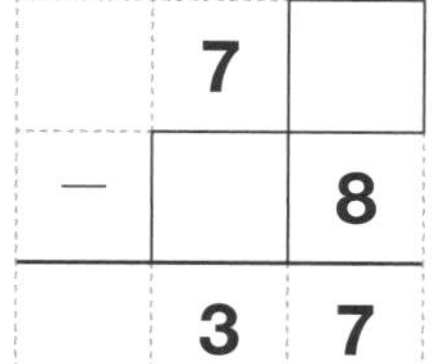

	7	
−		8
	3	7

⑪ 수카드 : 1 2

	5	
−		5
	3	7

⑫ 수카드 : 6 7

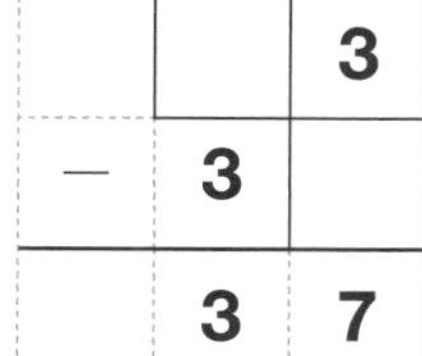

		3
−	3	
	3	7

3 DAY B

식 만들기 (몇십몇 - 몇십몇)

수 카드를 한 번씩 모두 사용하여 안에 알맞은 수를 써넣으세요.

① 수카드 : 1 2

	3	
−		6
	1	6

② 수카드 : 3 4

	6	
−		7
	2	7

③ 수카드 : 1 4

	2	
−		5
		9

④ 수카드 : 5 9

		0
−	7	
	1	5

⑤ 수카드 : 2 4

	8	
−		6
	5	8

⑥ 수카드 : 3 7

	5	
−		8
	1	9

⑦ 수카드 : 8 9

		4
−	3	
	5	6

⑧ 수카드 : 7 9

		2
−	1	
	7	5

⑨ 수카드 : 1 5

	9	
−		4
	3	7

⑩ 수카드 : 2 8

	4	
−		9
	1	9

⑪ 수카드 : 9 8

		1
−	4	
	4	3

⑫ 수카드 : 1 8

	4	
−		9
	2	9

⑬ 수카드 : 5 7

	7	
−		8
	1	9

⑭ 수카드 : 7 8

		5
−	2	
	5	8

⑮ 수카드 : 1 5

	8	
−		3
	2	8

⑯ 수카드 : 6 8

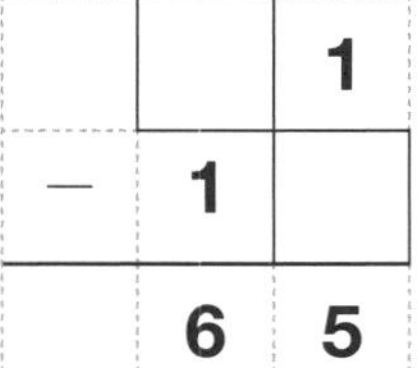

		1
−	1	
	6	5

4 DAY A

여러 가지 뺄셈 계산 (몇 십 몇 - 몇 십 몇)

63에서 24를 뺄 때 24의 십의 자릿값 20을 먼저 빼 봐!
그리고 나서 남은 일의 자리 4를 빼면 돼.
다양한 풀이를 잊지 말고 활용해 봐!

빈칸에 들어갈 수를 쓰세요.

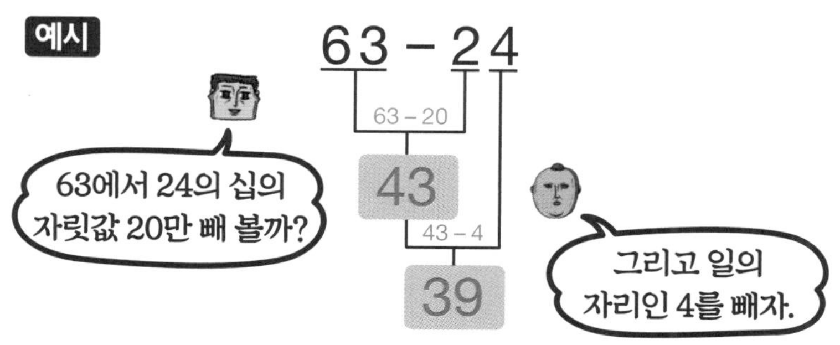

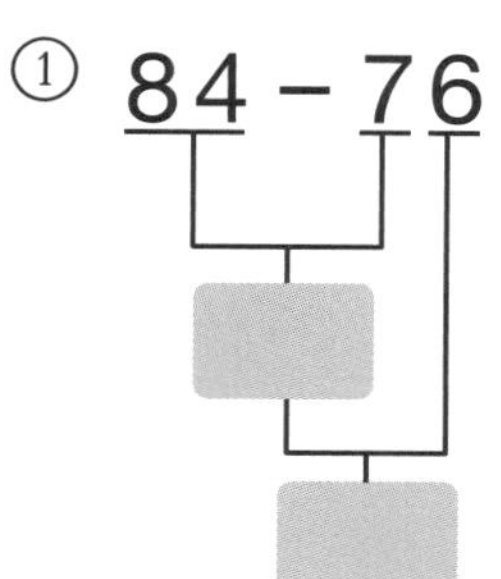

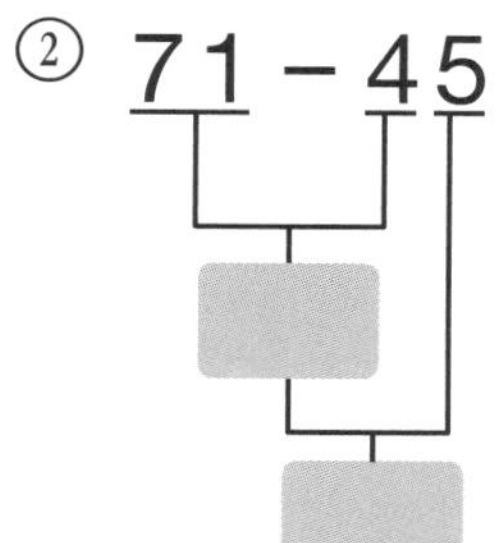

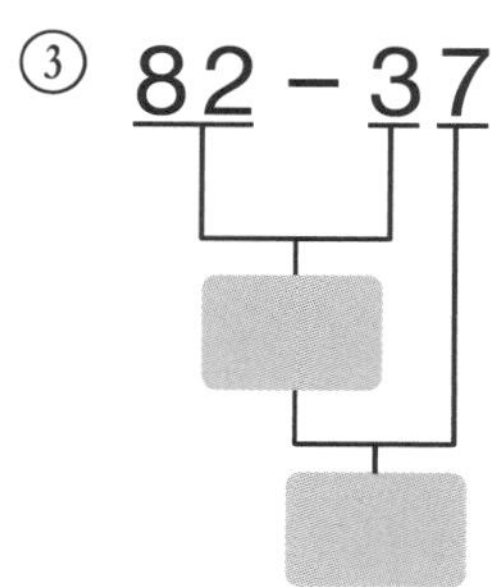

④ 86 - 39

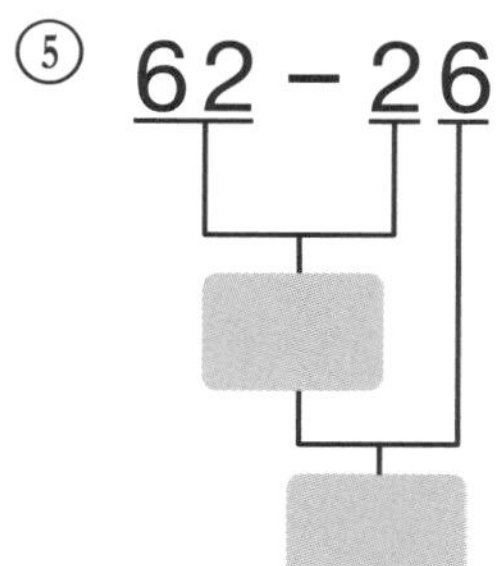

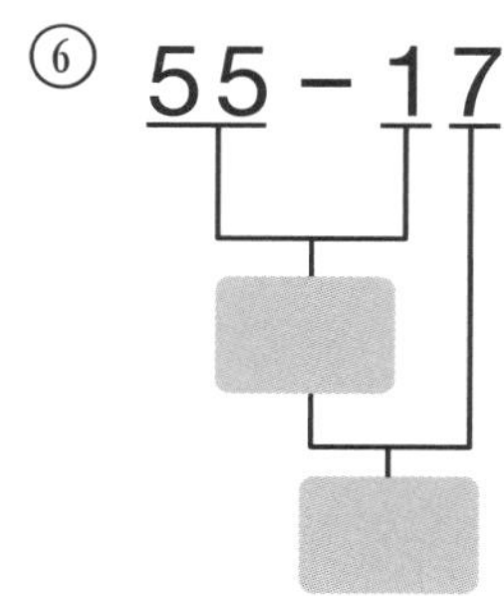

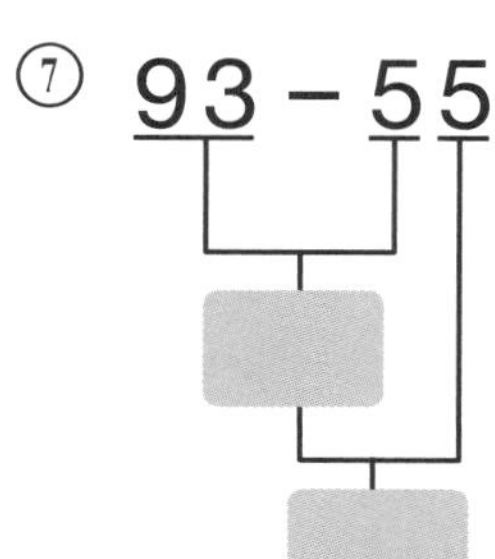

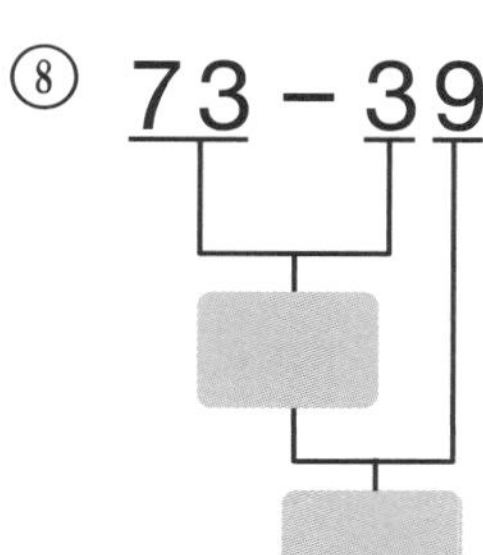

⑨ 64 - 28

여러 가지 뺄셈 계산 (몇 십 몇 - 몇 십 몇)

빈칸에 들어갈 수를 쓰세요.

① 38 - 29

② 24 - 16

③ 67 - 38

④ 86 - 57

⑤ 78 - 49

⑥ 41 - 28

⑦ 32 - 16

⑧ 50 - 22

⑨ 94 - 78

⑩ 75 - 47

⑪ 82 - 35

⑫ 63 - 47

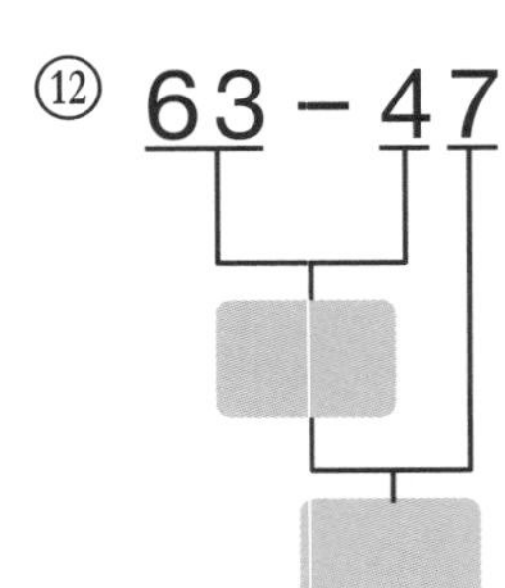

5 DAY A

다양한 두 자리 수 계산

덧셈과 뺄셈은 서로 연결되어 있어! 그렇기 때문에
덧셈식을 뺄셈식으로 뺄셈식을 덧셈식으로 바꿀 수 있지!
우리 함께 덧셈식과 뺄셈식을 풀고 규칙을 찾아볼까?

빈칸에 들어갈 수를 쓰세요.

	앞으로 풀기	거꾸로 풀기	숨겨져 있는 값 찾기
①	58 + 24 = □	82 − 24 = □	82 − □ = 24
②	64 + 28 = □	92 − 64 = □	92 − □ = 64
③	38 + 46 = □	84 − 46 = □	84 − □ = 46
④	15 + 27 = □	42 − 27 = □	42 − □ = 27
⑤	29 + 33 = □	62 − 29 = □	62 − □ = 29
⑥	32 + 39 = □	71 − 39 = □	71 − □ = 39
⑦	43 + 48 = □	91 − 43 = □	91 − □ = 43
⑧	26 + 37 = □	63 − 26 = □	63 − □ = 26
⑨	14 + 39 = □	53 − 14 = □	53 − □ = 14
⑩	37 + 18 = □	55 − 37 = □	55 − □ = 37
⑪	26 + 38 = □	64 − 38 = □	64 − □ = 38
⑫	66 + 16 = □	82 − 16 = □	82 − □ = 16

5 DAY B

다양한 두 자리 수 계산

빈칸에 들어갈 수를 쓰세요.

	앞으로 풀기	거꾸로 풀기	숨겨져 있는 값 찾기
①	18 + 34 = □	52 − 34 = □	52 − □ = 34
②	18 + 29 = □	47 − 18 = □	47 − □ = 18
③	47 + 18 = □	65 − 47 = □	65 − □ = 47
④	33 + 7 = □	40 − 33 = □	40 − □ = 33
⑤	26 + 9 = □	35 − 26 = □	35 − □ = 26
⑥	17 + 64 = □	81 − 64 = □	81 − □ = 64
⑦	19 + 6 = □	25 − 19 = □	25 − □ = 19
⑧	55 + 7 = □	62 − 55 = □	62 − □ = 55
⑨	27 + 46 = □	73 − 46 = □	73 − □ = 46
⑩	28 + 3 = □	31 − 28 = □	31 − □ = 28
⑪	37 + 16 = □	53 − 37 = □	53 − □ = 37
⑫	9 + 19 = □	28 − 19 = □	28 − □ = 19

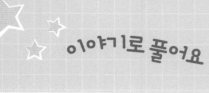

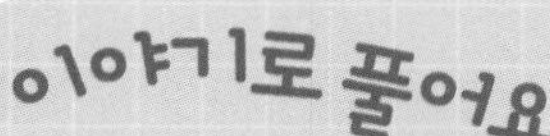

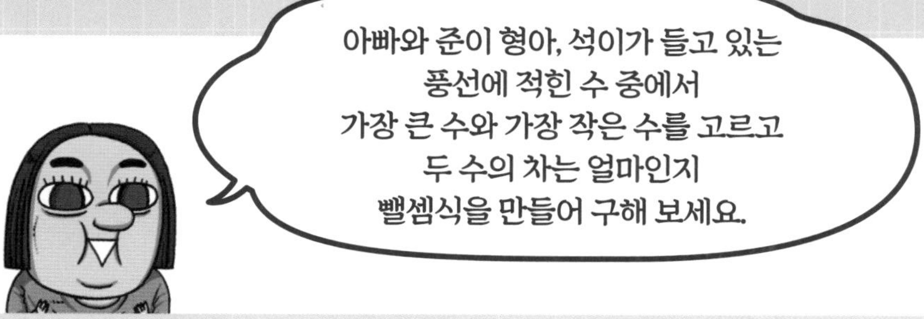

아빠와 준이 형아, 석이가 들고 있는
풍선에 적힌 수 중에서
가장 큰 수와 가장 작은 수를 고르고
두 수의 차는 얼마인지
뺄셈식을 만들어 구해 보세요.

63 48 54

	□	□
−	□	□
	□	□

08. 구독자 수 늘리기 대작전!

요즘 동영상을 올리는 게 인기라는데

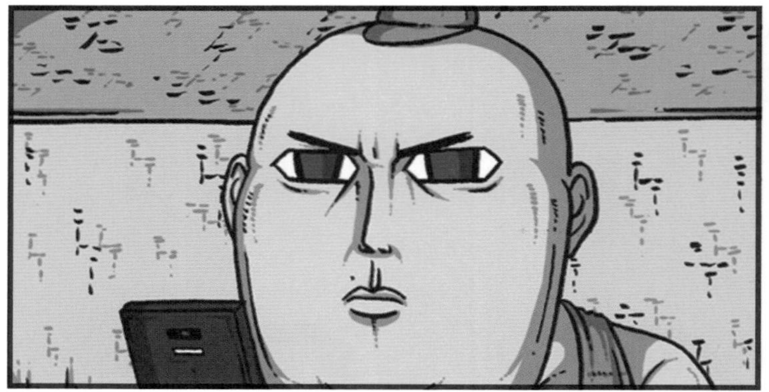

나도 한 번 해볼까?

그래서 먹방도 하고

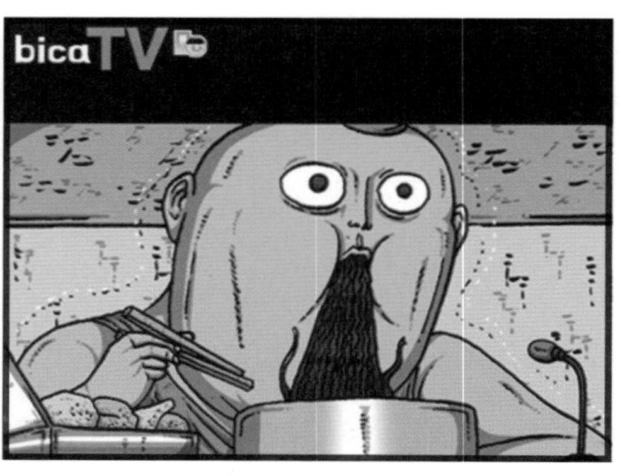

춤추는 영상도 올렸다.

bicaTV

형! 형 동영상 구독자가 35명 더 늘었던데?!
뭐? 어제까지 27명이었는데!
응, 전부 몇 명이냐면…

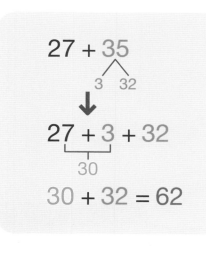

27 + 35

3　32

↓

27 + 3 + 32

30

30 + 32 = 62

27의 일의 자리 7에 맞춰서 35를 가르기 하자.

35를 가르기 해서 계산하기 쉽게 바꾸면 바로 알 수 있지!

62명이라니… 곧 100명 넘겠네! 껄껄!

왜 얄밉지?

하지만 며칠 뒤 감기에 걸리고…

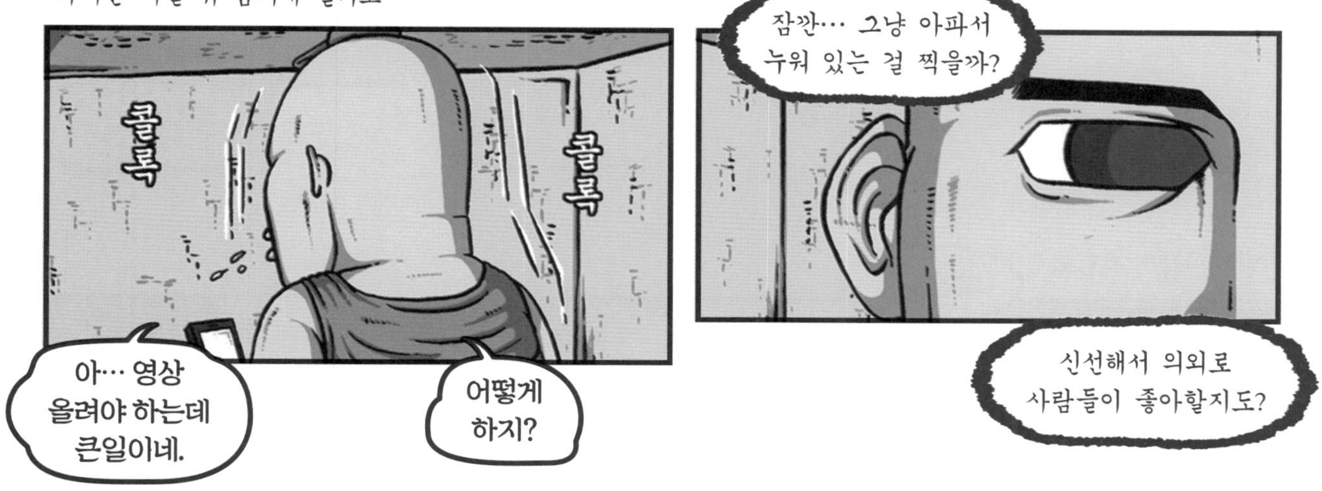

콜록

콜록

아… 영상 올려야 하는데 큰일이네.

어떻게 하지?

잠깐… 그냥 아파서 누워 있는 걸 찍을까?

신선해서 의외로 사람들이 좋아할지도?

실패

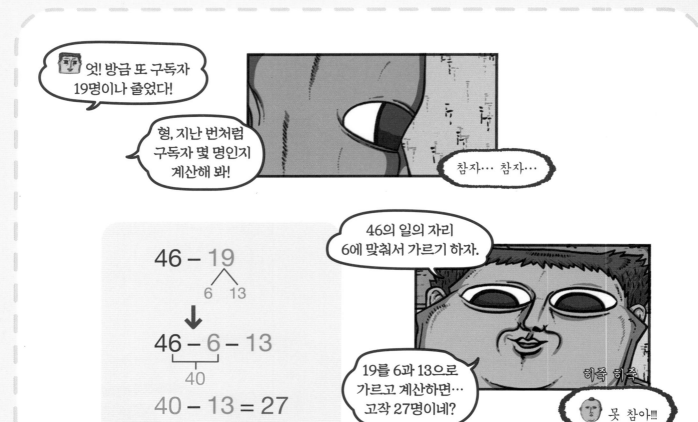

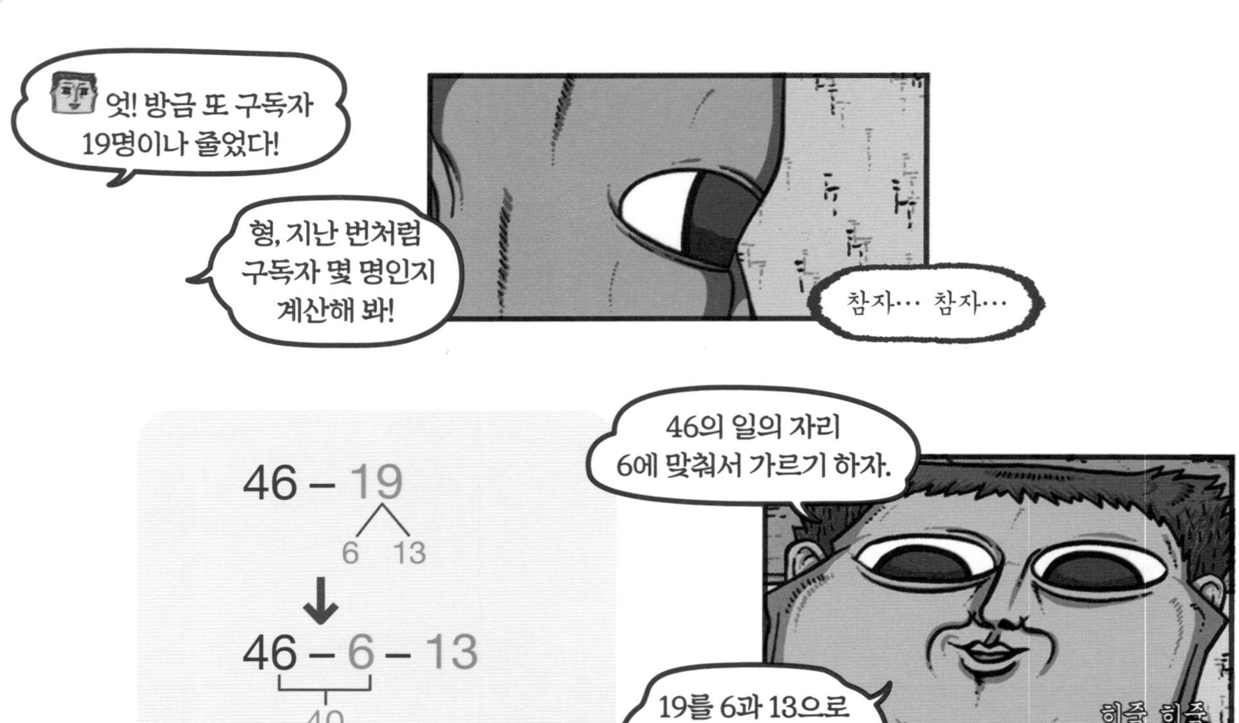

엇! 방금 또 구독자 19명이나 줄었다!
형, 지난 번처럼 구독자 몇 명인지 계산해 봐!
참자… 참자…
46 – 19
6 13
46 – 6 – 13
40
40 – 13 = 27
46의 일의 자리 6에 맞춰서 가르기 하자.
19를 6과 13으로 가르고 계산하면… 고작 27명이네?
히죽 히죽
못 참아!!!

결국 우리는 싸웠고
미안해…
나도 미안.
형은 영상을 올리지 않기로 결심을…
외-로-워요 외-로-워요-
들썩 들썩
한 게 아니었다!
누가 형 좀 말렸으면….

마음의 꿀팁

46-19를 할 때 46의 일의 자리가 6이기 때문에 19에서 6을 가르고 계산하면 46-6=40이 되어서 계산이 편해! 일의 자리를 똑같이 맞춰서 빼면 계산할 때 좋겠지?

1 DAY A 다양한 두 자리 수 덧셈

29와 13의 십의 자리 10을 먼저 계산하고 남은 일의 숫자 3을 더하면 돼. 두 자리 수 + 두 자리 수가 어려울 때 이 방법으로도 계산해 봐!

빈칸에 알맞은 수를 쓰세요.

예시

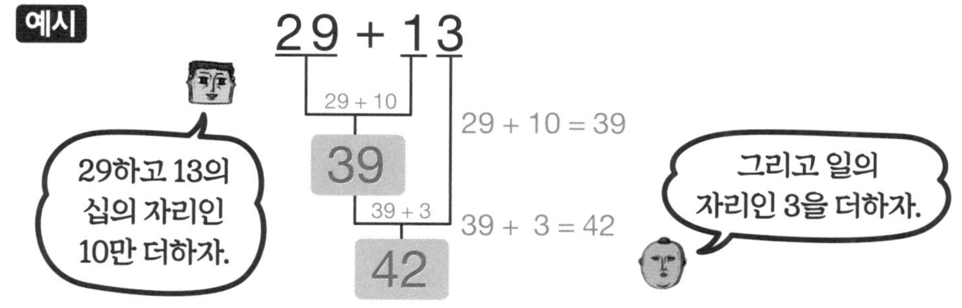

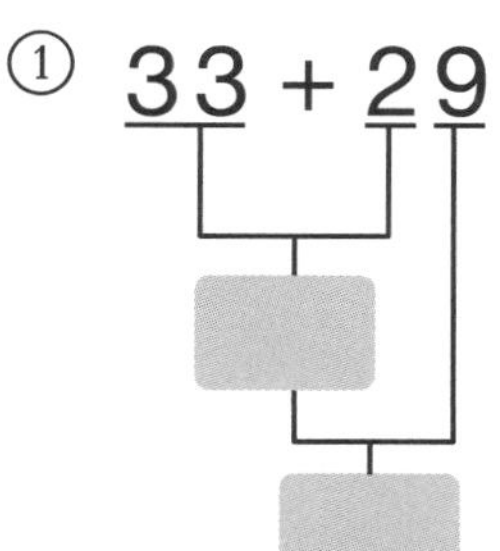

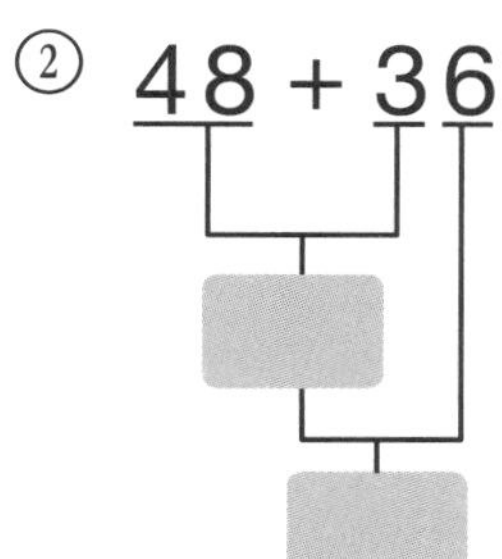

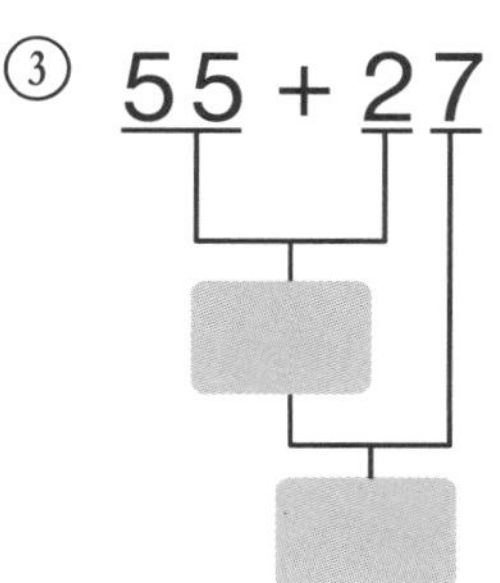

④ 77 + 15

⑤ 43 + 28

⑥ 57 + 39

⑦ 24 + 28

⑧ 19 + 45

⑨ 23 + 49

1 DAY B

다양한 두 자리 수 덧셈

빈칸에 알맞은 수를 쓰세요.

① 89 + 14

② 77 + 14

③ 68 + 25

④ 32 + 39

⑤ 58 + 28

⑥ 65 + 26

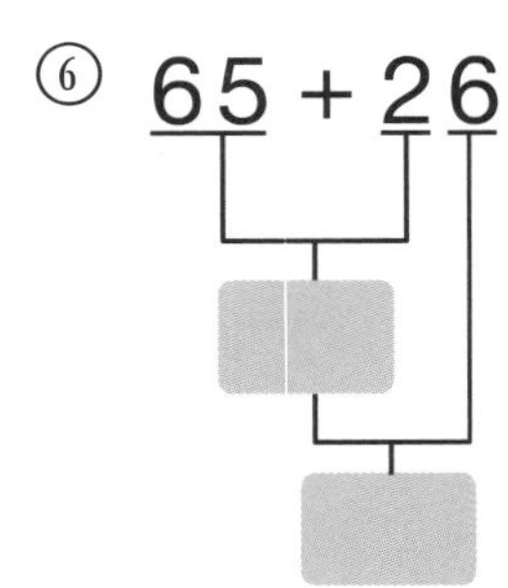

⑦ 29 + 84

⑧ 16 + 79

⑨ 44 + 37

⑩ 25 + 47

⑪ 52 + 38

⑫ 66 + 25

모으기 가르기와 덧셈

37을 왜 4와 33으로 가르기했는지 알아야 해.
이유는 26+4=30을 만들기 위해서 (몇 십 몇)보다는
(몇 십)이 덧셈할 때 좀 더 편하기 때문이겠지?

빈칸에 알맞은 수를 쓰세오.

예시

26 + 37
= 26 + [4] + 33
= [30] + 33
= [63]

① 46 + 28
= 46 + [ ] + 24
= [ ] + 24
= [ ]

② 33 + 59
= 33 + [ ] + 52
= [ ] + 52
= [ ]

③ 44 + 37
= 44 + [ ] + 31
= [ ] + 31
= [ ]

④ 52 + 39
= 52 + [ ] + 31
= [ ] + 31
= [ ]

⑤ 66 + 16
= 66 + [ ] + 12
= [ ] + 12
= [ ]

⑥ 79 + 14
= 79 + [ ] + 13
= [ ] + 13
= [ ]

⑦ 55 + 28
= 55 + [ ] + 23
= [ ] + 23
= [ ]

모으기 가르기와 덧셈

빈칸에 알맞은 수를 쓰세오.

① $62 + 19$
$= 62 + \square + 11$
$= \square + 11$
$= \square$

② $22 + 49$
$= 22 + \square + 41$
$= \square + 41$
$= \square$

③ $53 + 29$
$= 53 + \square + 22$
$= \square + 22$
$= \square$

④ $58 + 34$
$= 58 + \square + 32$
$= \square + 32$
$= \square$

⑤ $42 + 39$
$= 42 + \square + 31$
$= \square + 31$
$= \square$

⑥ $68 + 25$
$= 68 + \square + 23$
$= \square + 23$
$= \square$

⑦ $37 + 55$
$= 37 + \square + 52$
$= \square + 52$
$= \square$

⑧ $25 + 67$
$= 25 + \square + 62$
$= \square + 62$
$= \square$

3 DAY A

다양한 두 자리 수 뺄셈

(두 자리 수) - (두 자리 수)를 할 때 두 자리 수와 다른 두 자리 수의 십의 자리를 먼저 빼고 남은 일의 자리를 빼도 답은 똑같아.

다음 식을 계산하세요.

① 30 - 19

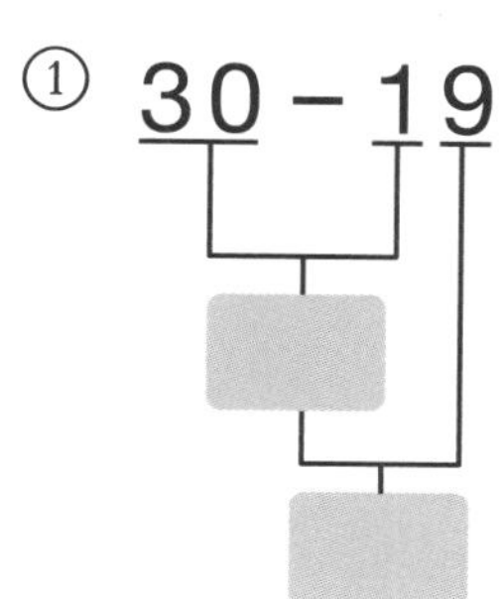

② 50 - 23

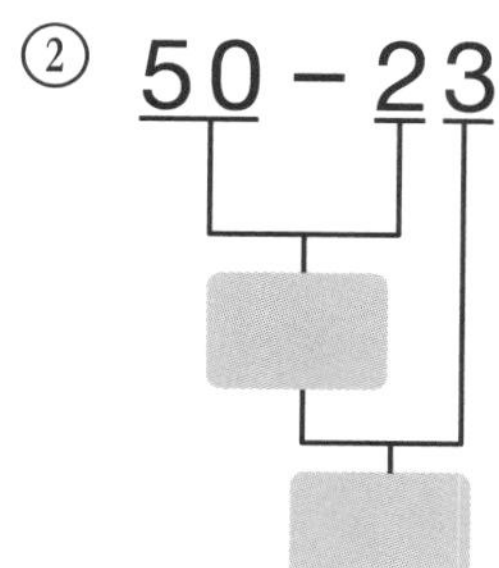

③ 75 - 45

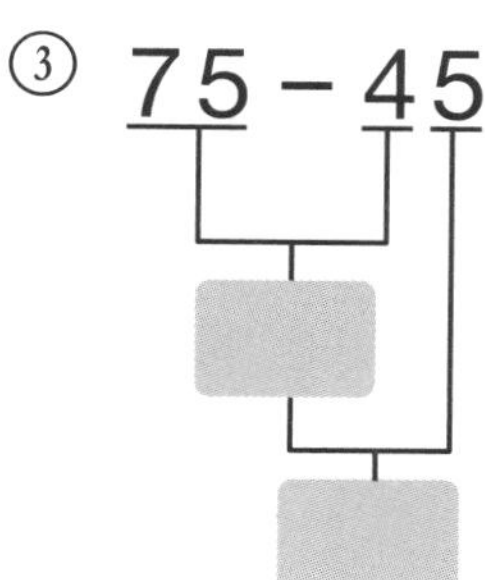

④ 60 - 36

⑤ 92 - 54

⑥ 75 - 39

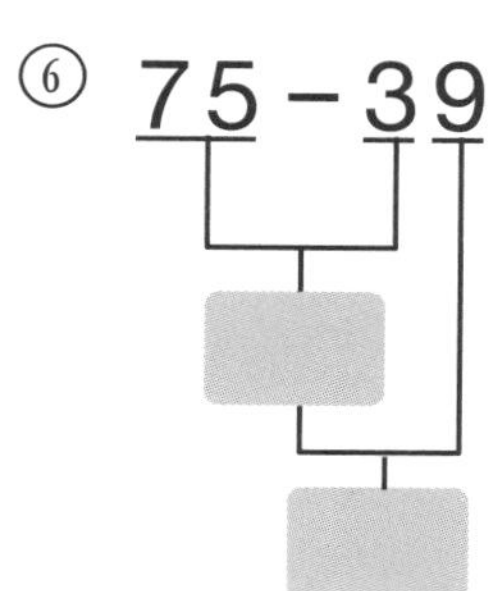

⑦ 44 - 25

⑧ 83 - 48

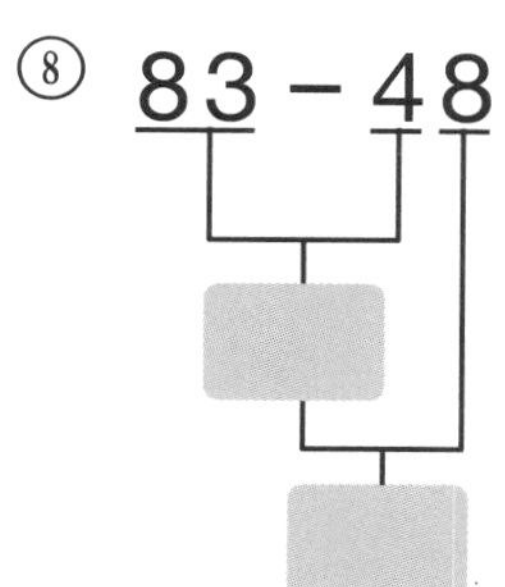

⑨ 90 - 31

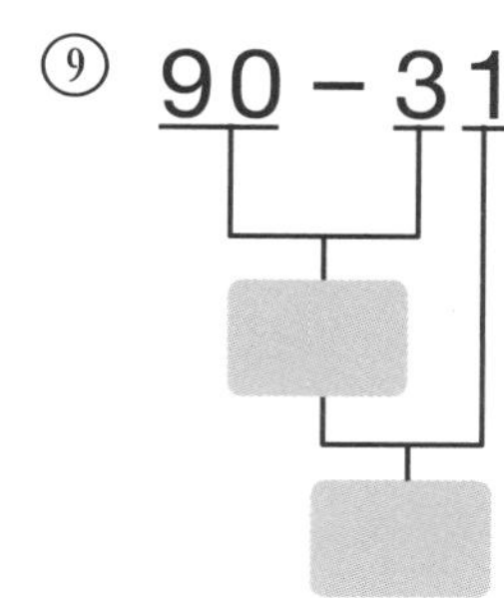

⑩ 82 - 35

⑪ 53 - 24

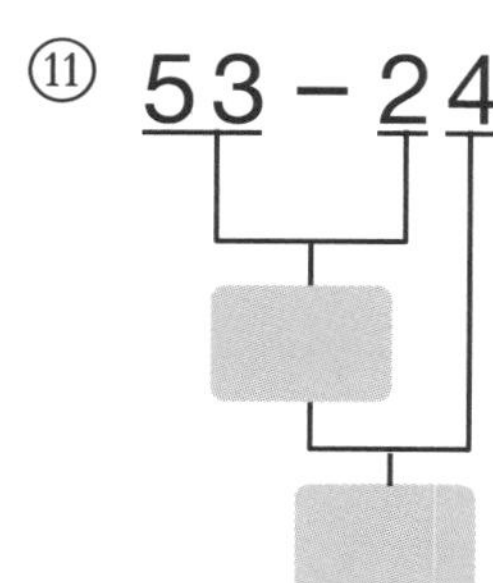

⑫ 64 - 49

3 DAY B

다양한 두 자리 수 뺄셈

 다음을 계산하세요.

① 91 − 28

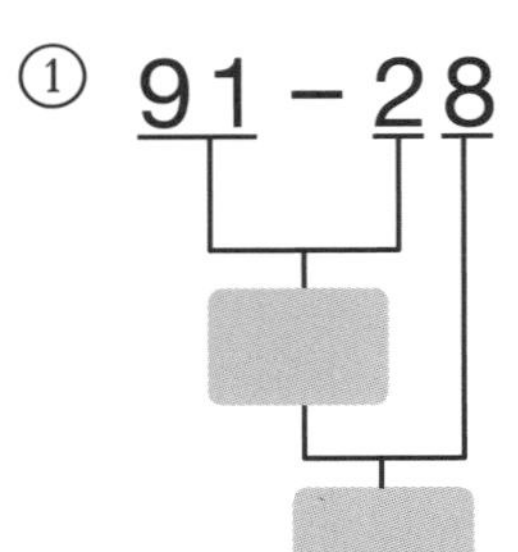

② 78 − 19

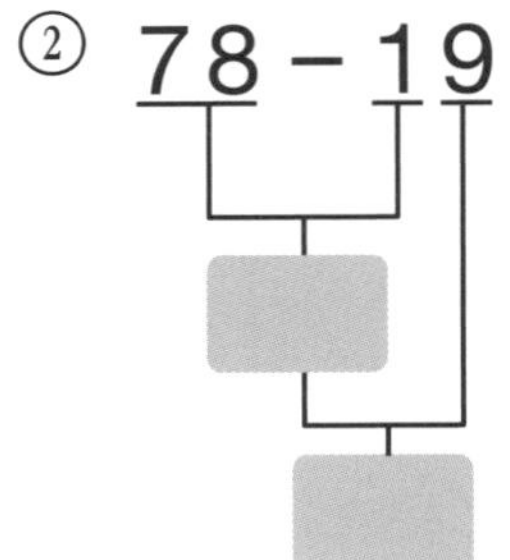

③ 43 − 25

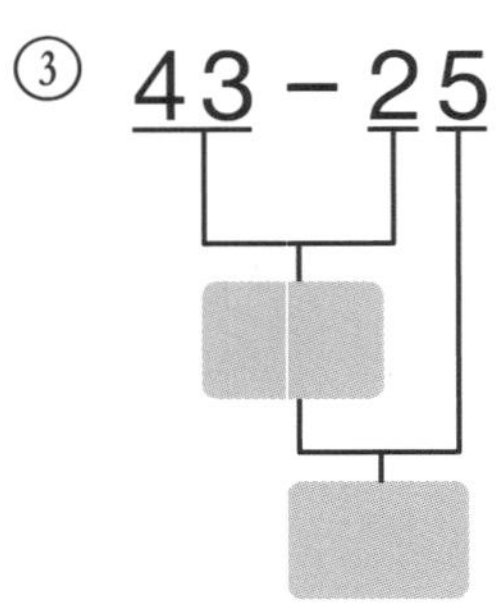

④ 80 − 63

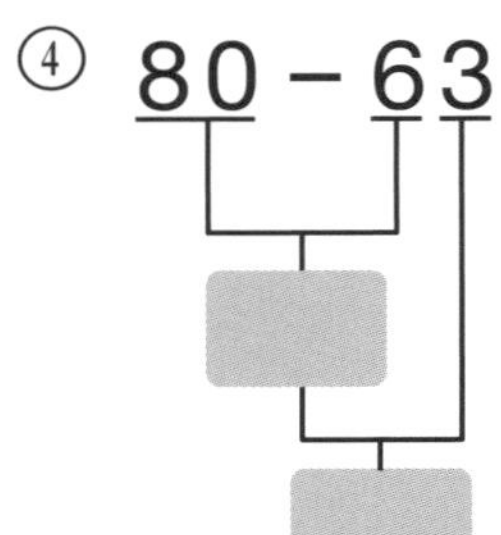

⑤ 47 − 18

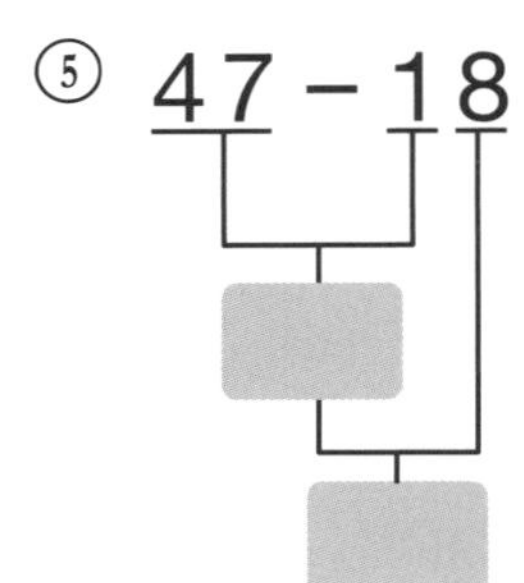

⑥ 65 − 37

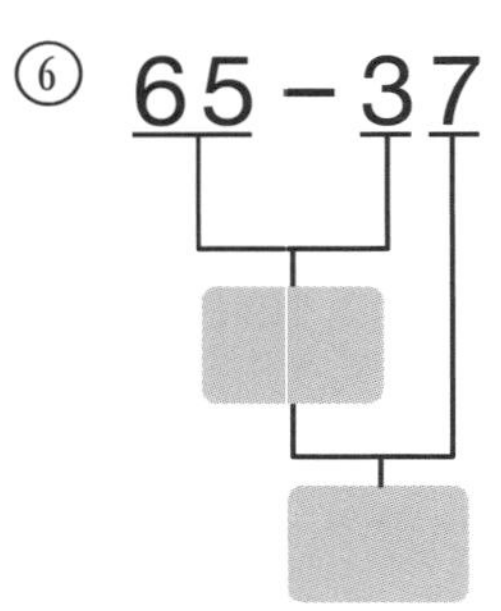

⑦ 94 − 78

⑧ 38 − 19

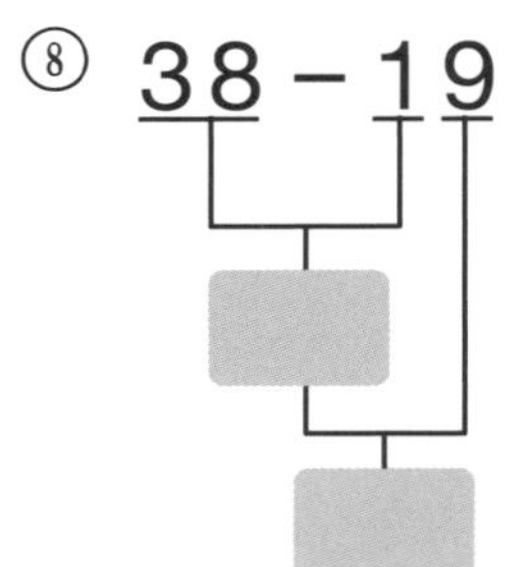

⑨ 71 − 34

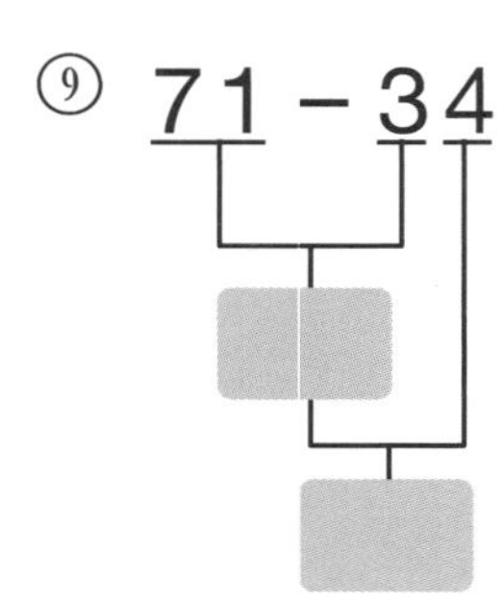

⑩ 65 − 46

⑪ 21 − 17

⑫ 45 − 18

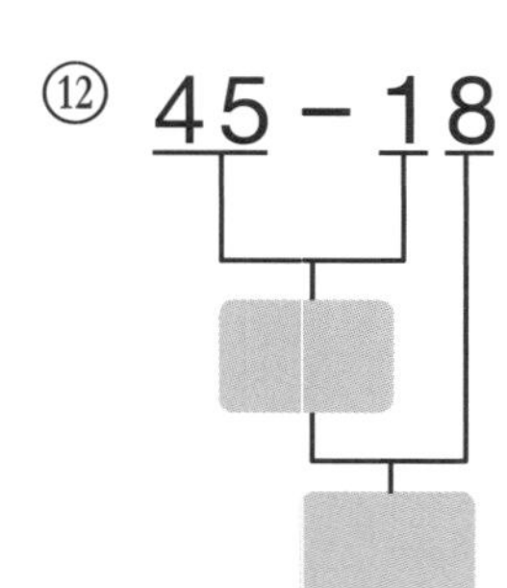

모으기 가르기와 덧셈

왜 17을 14와 3으로 가르기할까?
34의 일의 자리가 4지? 14의 일의 자리도 4로 만들어야
두 수를 뺐을 때 일의 자리가 0이 되어 (몇 십 몇)을
(몇 십)으로 만들 수 있어.

빈칸에 들어갈 수를 쓰고 계산하세요.

예시

34 − 17
= 34 − [14] − 3
= [20] − 3
= [17]

17을 14와 3으로 가르기 하자!
34에서 14를 빼면 20이 돼.
20에서 3을 빼는 건 쉽지!

① 50 − 33
= 50 − [ ] − 3
= [ ] − 3
= [ ]

② 62 − 28
= 62 − [ ] − 6
= [ ] − 6
= [ ]

③ 76 − 47
= 76 − [ ] − 1
= [ ] − 1
= [ ]

④ 92 − 33
= 92 − [ ] − 1
= [ ] − 1
= [ ]

⑤ 73 − 56
= 73 − [ ] − 3
= [ ] − 3
= [ ]

⑥ 65 − 59
= 65 − [ ] − 4
= [ ] − 4
= [ ]

모으기 가르기와 덧셈

빈칸에 들어갈 수를 쓰고 계산하세요.

① 42 − 25
= 42 − ☐ − 3
= ☐ − 3
= ☐

② 27 − 19
= 27 − ☐ − 2
= ☐ − 2
= ☐

③ 52 − 27
= 52 − ☐ − 5
= ☐ − 5
= ☐

④ 38 − 19
= 38 − ☐ − 1
= ☐ − 1
= ☐

⑤ 73 − 47
= 73 − ☐ − 4
= ☐ − 4
= ☐

⑥ 54 − 16
= 54 − ☐ − 2
= ☐ − 2
= ☐

⑦ 75 − 38
= 75 − ☐ − 3
= ☐ − 3
= ☐

⑧ 34 − 15
= 34 − ☐ − 1
= ☐ − 1
= ☐

5 DAY A

여러 가지 덧셈과 뺄셈

화살표 방향을 보고 침착하게 계산해 보자!
이제까지 배웠던 다양한 방법을 활용해서
계산해 보는 건 어떨까?

덧셈 방향과 뺄셈 방향을 보고 빈칸에 알맞은 수를 쓰세요.

예시

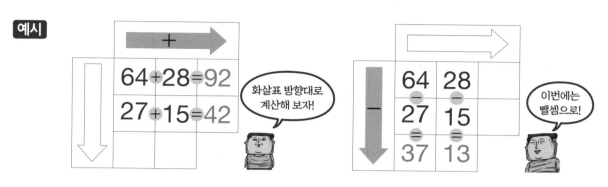

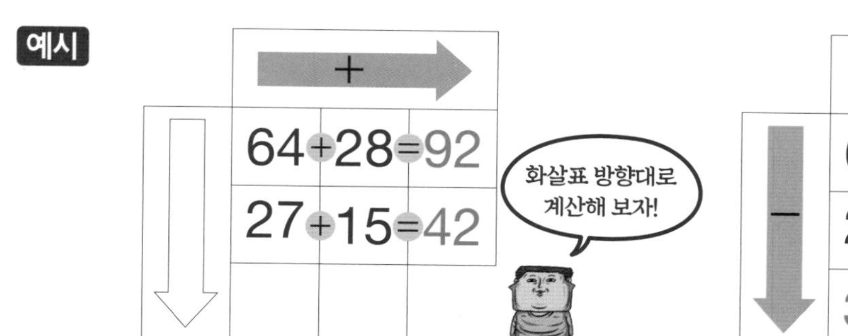

① 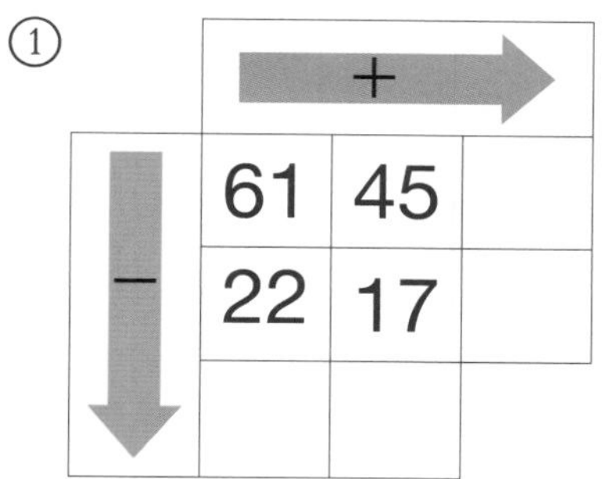

② 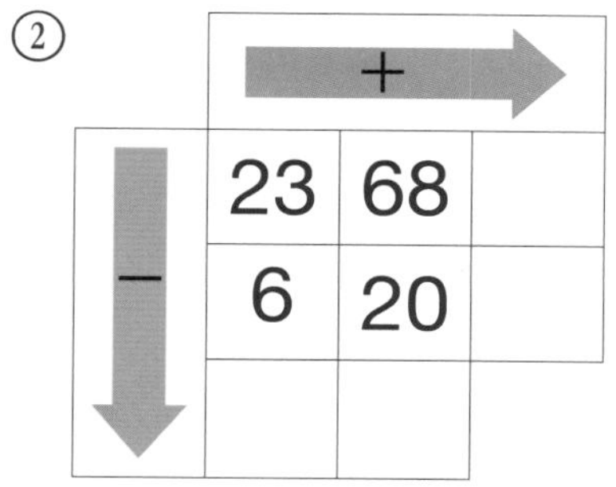

③ 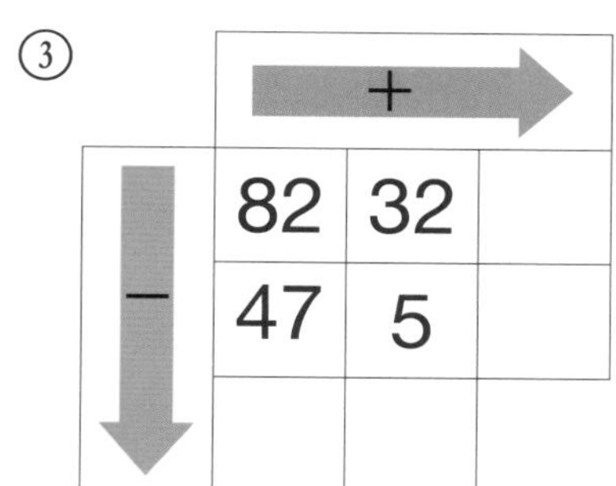

④ 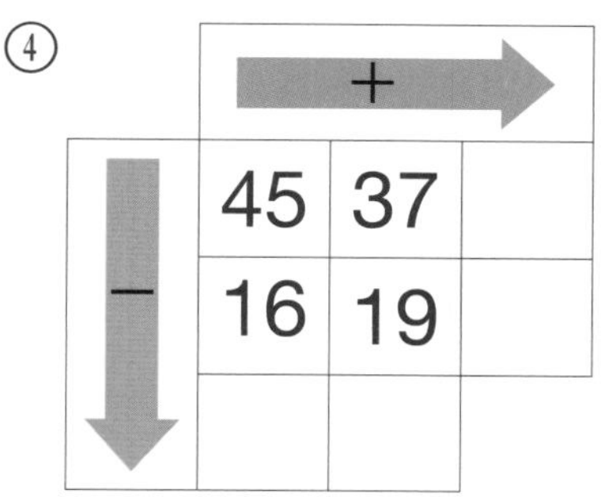

⑤ 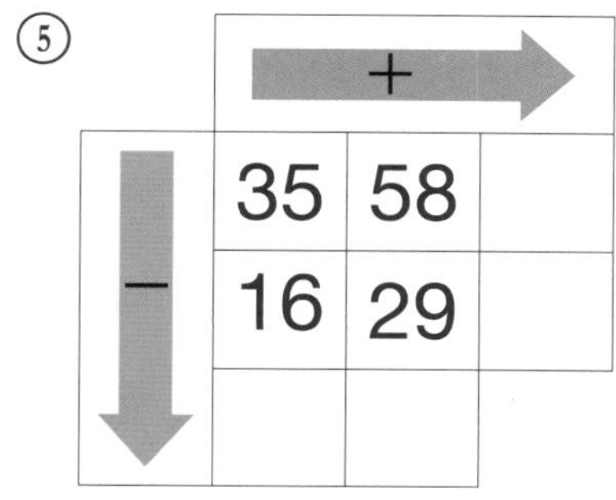

⑥ 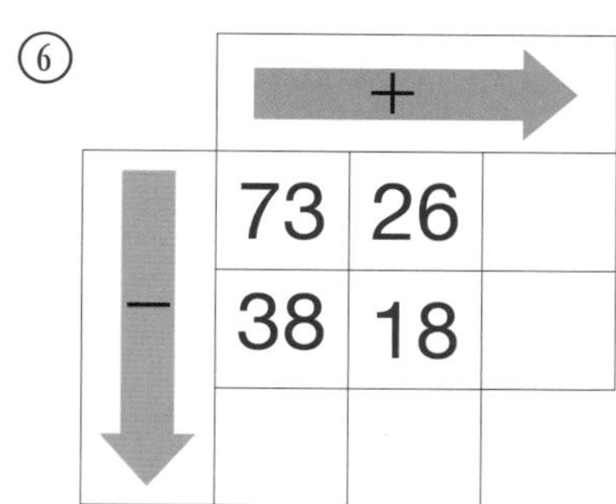

여러 가지 덧셈과 뺄셈

덧셈 방향과 뺄셈 방향을 보고 빈칸에 알맞은 수를 쓰세요.

①
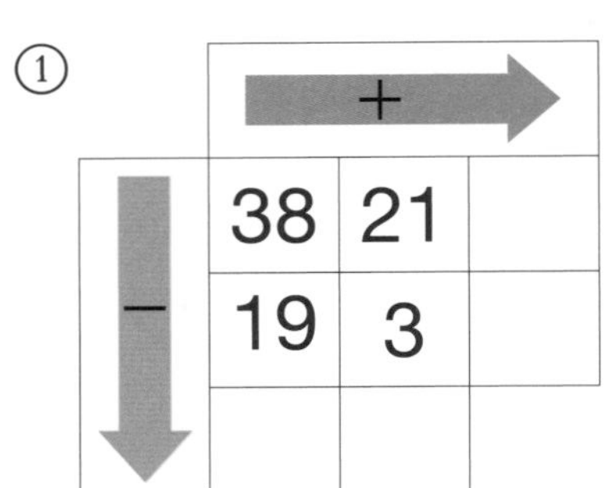

②
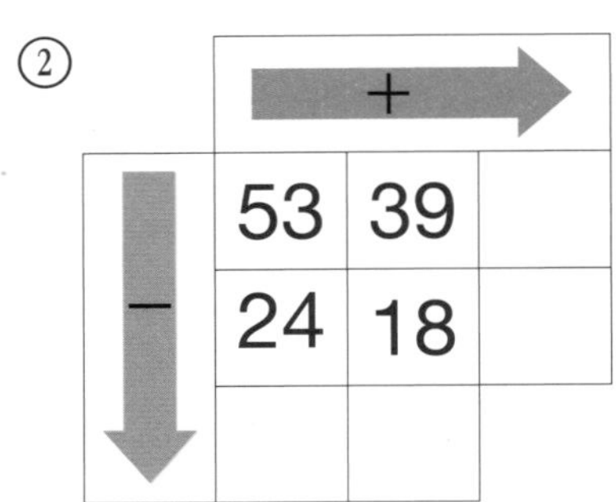

③
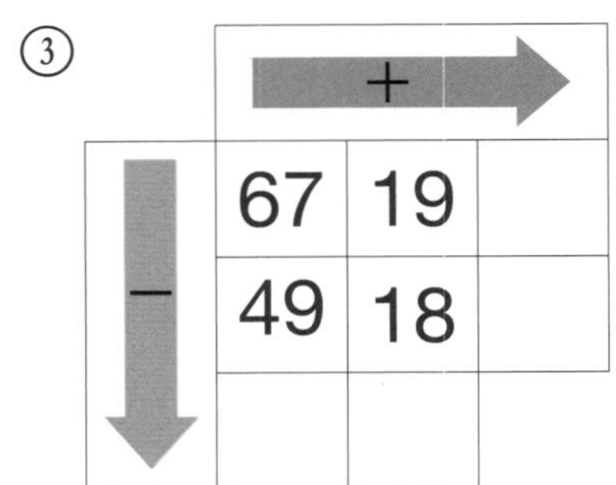

④
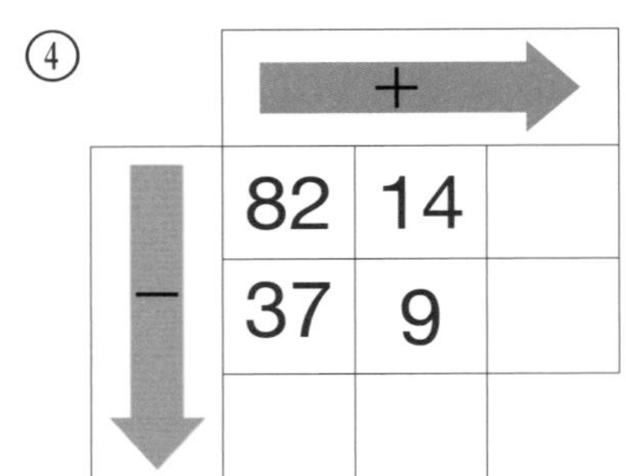

⑤
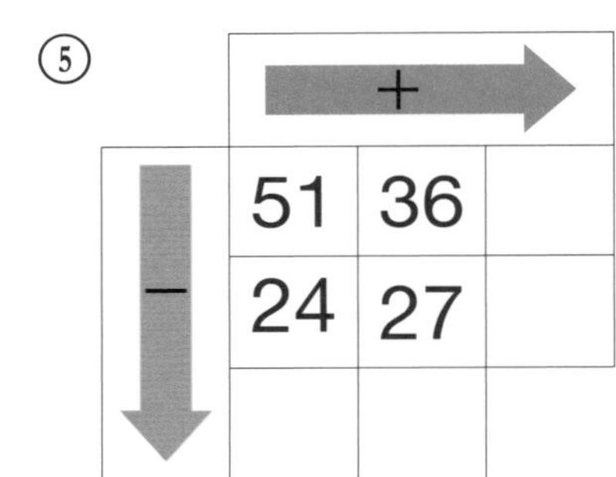

⑥
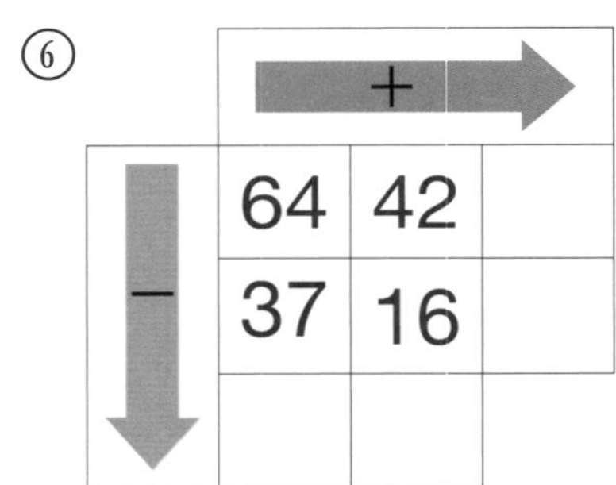

⑦
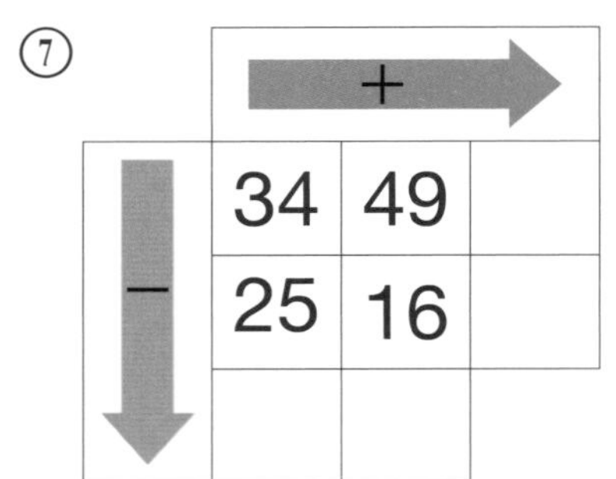

⑧
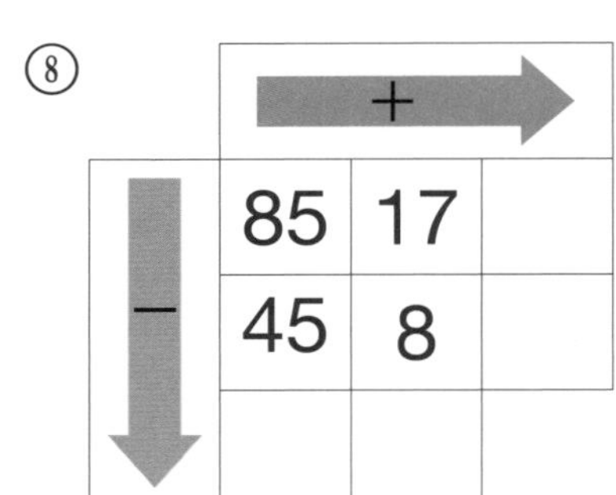

⑨
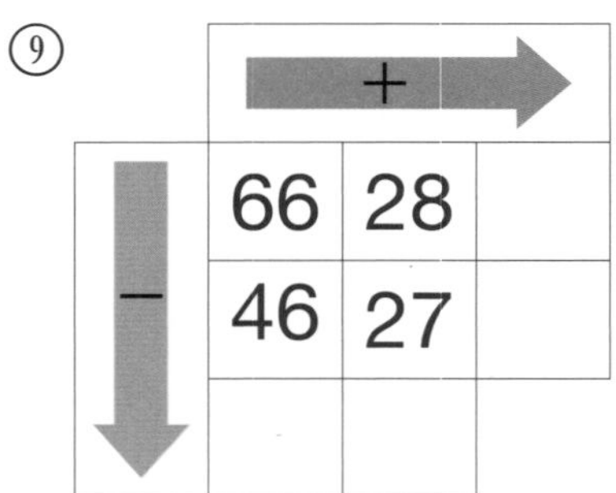

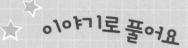

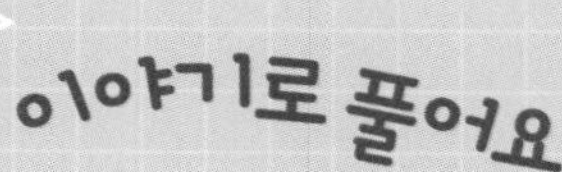

합 또는 차를 구하고
오른쪽에서 그 수를 찾아 색칠해 보세요.

81 − 48 = ____

64 + 37 = ____

92 − 27 = ____

33 + 48 = ____

86 − 48 = ____

77 + 48 = ____

36 − 18 = ____

53 − 25 = ____

37 + 55 = ____

101	81	33
28	137	100
65	41	61
18	50	59
125	38	92

색칠하면
어떤 모양이 나올까?
차근차근 계산해 봐야겠다.

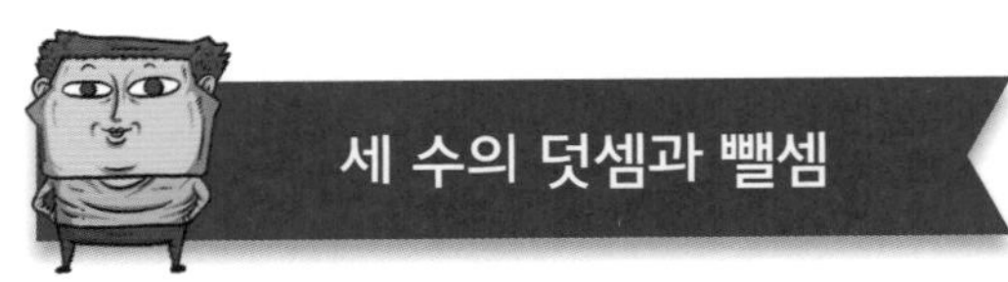

09. 애봉아! 과자 좀 그만 먹어!

애봉이는 과자를 엄청 좋아한다.

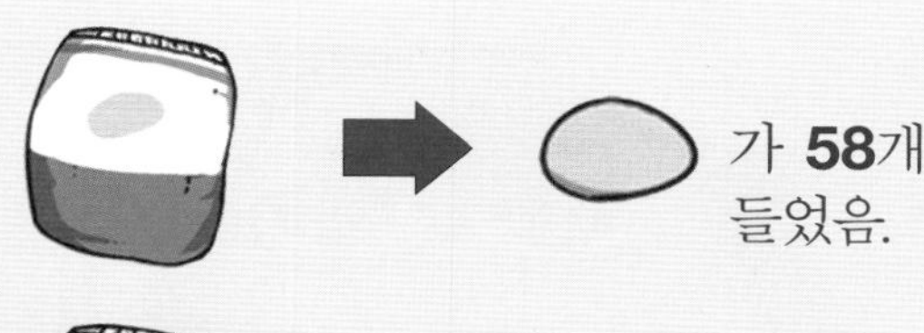
가 **58**개
들었음.

가 **35**개
들었음.

석이에게는 ( )를 **16**개 줄 거임.

$$58 + 35 - 16 = ?$$

감자 과자는
58개 들어 있고,
새우 과자는 35개
들어 있네.
진
지

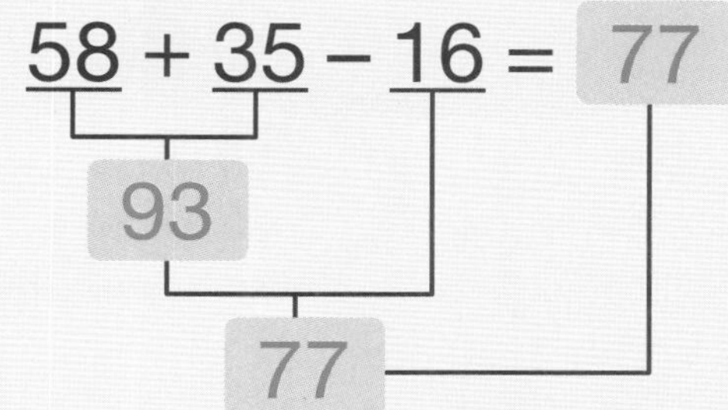

침착하게 순서대로
계산하자… 58 + 35 = 93
모든 과자의 수는 93이고,
93개에서 석이 줄
16개를 빼면…77!
과자
준다더니
뭐해?

석아, 과자는 몸에
안 좋으니까
넌 16개만 먹어.

너무한 거 아니냐?

다음 날
오, 오늘부터
과자 줄일 거야!
에이, 설마…
이젠 정말
조금만
먹겠어.

딱 한 종류 샀어.
맛만 보고 너 다 줄게.

레알 부라우니 비스킷

98개나 들어 있는데
너무 많은 거
아니야?

음… 무슨 맛인지
잘 모르겠네.

오도독
오도독

우유랑 먹어야
맛있는 건가?

지금 그거
49개째인데…!

음… 아니다,
그냥 먹는 게
더 맛있네.

우유랑
먹으니 별로…

우유랑 같이
11개나 더 먹어놓고!?

98 − 49 − 11 = 38

49

38

다음 날

오늘부터는
과자 대신! 채소 위주의
간식을 먹겠어!

곡식

채소

채소를 좋아하던 동물

채소를 먹고 자란 동물의 일부

……

애봉이의 과자 줄이기는 계속된다.

마음의 꿀팁

세 수의 덧셈과 뺄셈은 앞에서부터 차근차근 계산하는 게 좋아!
그래야 실수를 하지 않고 계산할 수 있어!
앞의 두 수를 먼저 계산하고 그 결과를 적은 후 남은 수 하나와 계산해 봐!

1 DAY A 세 수의 덧셈과 뺄셈

세수의 덧셈과 뺄셈은 앞에서부터 차근차근 계산하는 게 가장 중요해! 세 수 중 두 수를 먼저 계산하고 그다음 수를 계산해보자

빈칸에 들어갈 수를 쓰고 계산하세요.

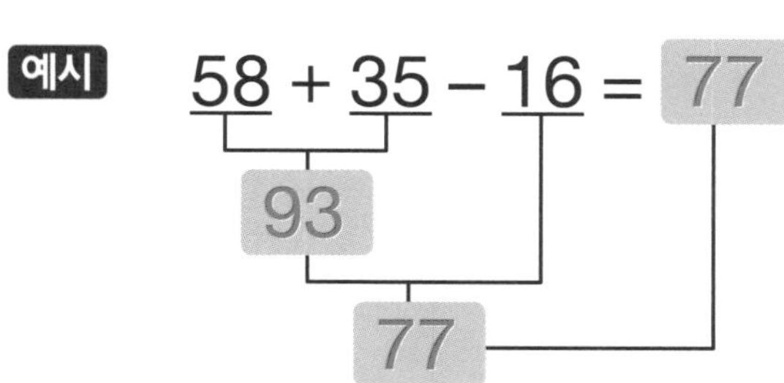

앞에서부터 차근차근 푸는 문제야. 덧셈과 뺄셈이 섞여 있으니 잘 살펴보자.

① 24 + 38 − 25 = □

② 81 − 49 + 66 = □

③ 48 + 29 − 33 = □

④ 54 − 38 + 64 = □

⑤ 23 + 37 − 14 = □

⑥ 35 − 29 + 33 = □

1 DAY B

세 수의 덧셈과 뺄셈

빈칸에 들어갈 수를 쓰고 계산하세요.

① 78 − 39 + 13 = ☐

② 22 + 39 − 15 = ☐

③ 61 − 23 + 35 = ☐

④ 80 + 12 − 49 = ☐

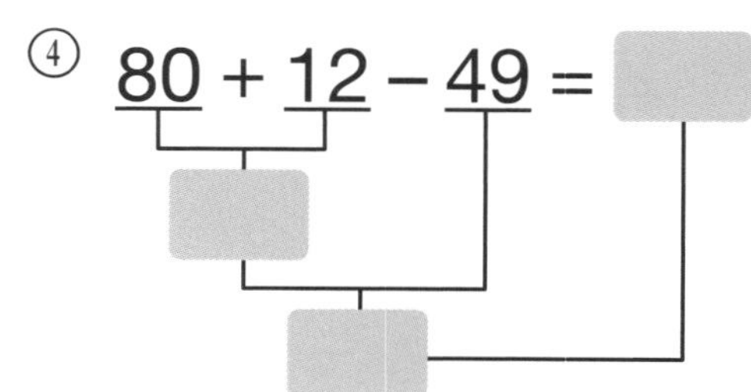

⑤ 21 − 19 + 58 = ☐

⑥ 33 + 48 − 26 = ☐

⑦ 56 − 27 + 34 = ☐

⑧ 73 + 19 − 14 = ☐

2 DAY A

세 수의 덧셈과 뺄셈

앞에서부터 차근차근 계산해야 해.
계산을 하고 나서 꼭 다시 한 번 풀어 봐.
세 수의 덧셈과 뺄셈은 실수하기 쉽거든.

빈칸에 들어갈 수를 쓰고 계산하세요.

① 31 + 49 − 22 = □

② 25 + 36 − 43 = □

③ 91 − 24 − 32 = □

④ 38 − 19 + 42 = □

⑤ 50 − 15 − 20 = □

⑥ 58 + 14 − 25 = □

⑦ 12 + 28 + 50 = □

⑧ 57 − 29 − 10 = □

세 수의 덧셈과 뺄셈

빈칸에 들어갈 수를 쓰고 계산하세요.

① $38 + 39 - 48 =$ ☐

② $64 - 18 - 32 =$ ☐

③ $49 + 23 - 35 =$ ☐

④ $93 - 55 + 49 =$ ☐

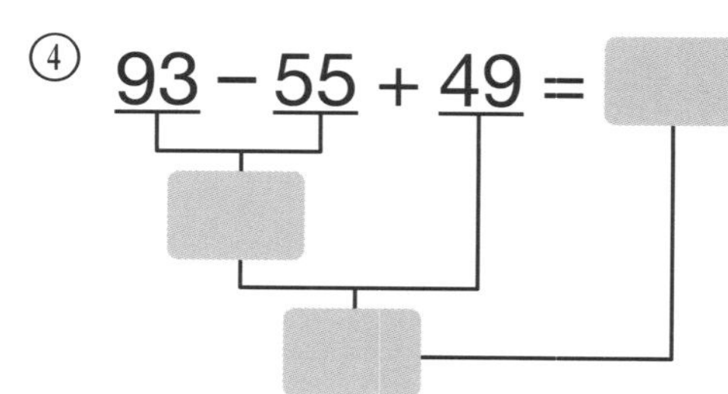

⑤ $39 + 14 + 27 =$ ☐

⑥ $53 - 26 - 21 =$ ☐

⑦ $84 - 35 + 27 =$ ☐

⑧ $15 + 69 - 25 =$ ☐

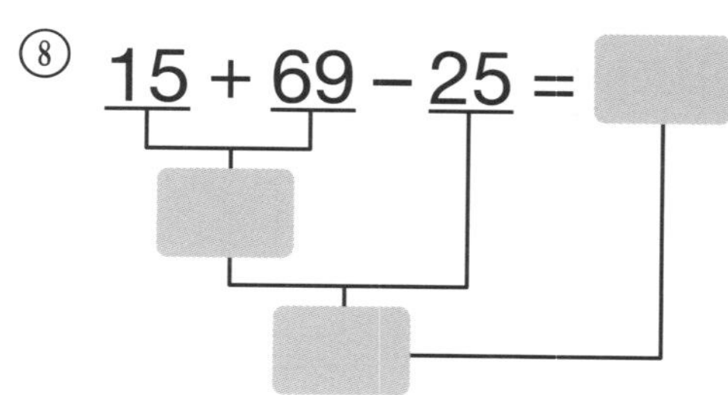

3 DAY A

빈칸에 알맞은 수 찾기

빈칸에 들어갈 수를 알기 위해서는 먼저
앞에 있는 두 수를 계산해야 해!
그리고 4장의 카드와 하나씩 비교해보자!

수 카드 중에서 한 장을 골라 빈칸에 알맞은 수를 쓰세요.

53 7 20 31

46 + 32 − □ = 25

78

46 − 32 + □ = 21

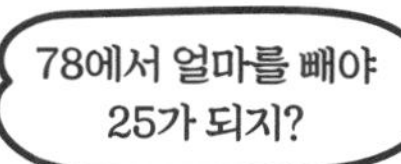

78에서 얼마를 빼야
25가 되지?

53 7 20 31

78-□=25니까
일의 자리 8에서 얼마를 빼면
25의 일의 자리 5가
나올지 생각해 봐.

앞에서부터
계산해 보자.

① 67 62 25 23

77 + 14 − □ = 29

77 − 14 − □ = 38

② 49 44 31 33

68 + 15 − □ = 34

68 − 15 − □ = 20

③ 31 15 10 30

49 + 25 − □ = 44

49 − 25 + □ = 34

④ 4 2 19 31

81 − 47 − □ = 15

81 − 47 + □ = 36

⑤ 52 17 19 22

63 + 29 − □ = 40

63 − 29 − □ = 15

⑥ 6 7 38 20

99 − 34 − □ = 27

99 − 34 + □ = 71

빈칸에 알맞은 수 찾기

수 카드를 한 번씩 사용하여 안에 알맞은 수를 써넣으세요.

① 7 9 37 43

73 + 18 − □ = 54

73 − 18 + □ = 64

② 55 52 35 38

43 + 27 − □ = 32

43 − 27 + □ = 71

③ 24 26 28 30

23 + 16 − □ = 11

23 − 16 + □ = 31

④ 28 12 30 15

38 + 27 − □ = 37

38 − 27 + □ = 23

⑤ 18 19 48 49

69 + 25 − □ = 46

69 − 25 + □ = 62

⑥ 17 30 19 28

49 − 23 − □ = 9

49 − 23 + □ = 54

⑦ 31 24 15 36

65 + 19 − □ = 48

65 − 19 + □ = 61

⑧ 11 12 49 50

57 − 38 − □ = 7

57 − 38 + □ = 68

4 DAY A

알맞은 기호 넣기

출발점에 적힌 숫자가 도착점에 적힌 숫자가 되려면 어떤 길로 가야 할지 생각해야 해. 수는 더하면 커지고 빼면 작아지는 원리를 이용해 봐.

올바른 식이 되도록 빈칸에 + 또는 −를 넣으세요.

예시

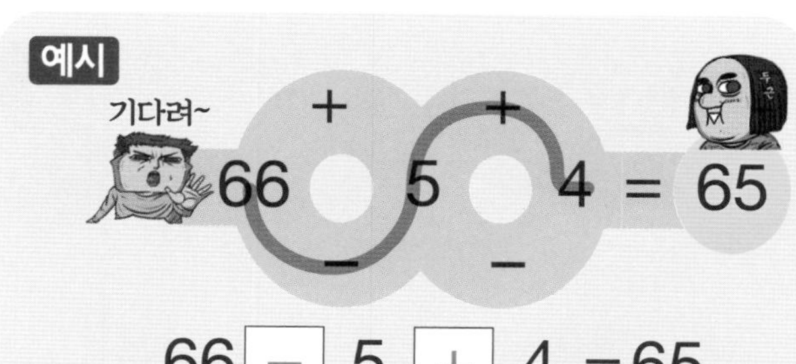

66 [−] 5 [+] 4 = 65

① 54 ☐ 9 ☐ 3 = 48

②

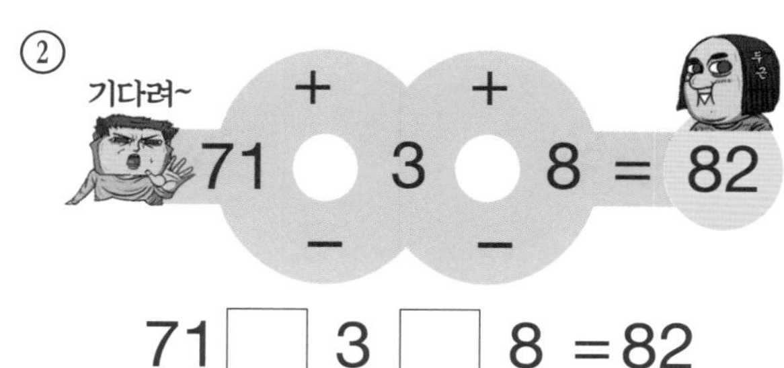

71 ☐ 3 ☐ 8 = 82

③

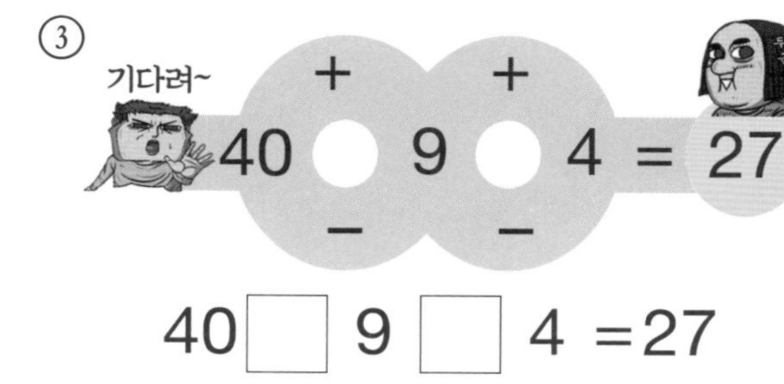

40 ☐ 9 ☐ 4 = 27

④

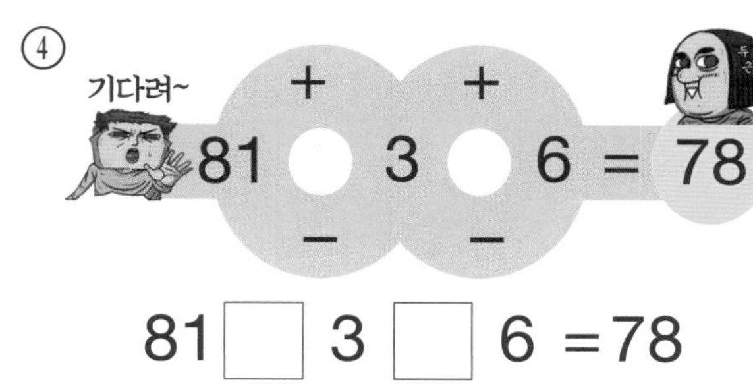

81 ☐ 3 ☐ 6 = 78

⑤

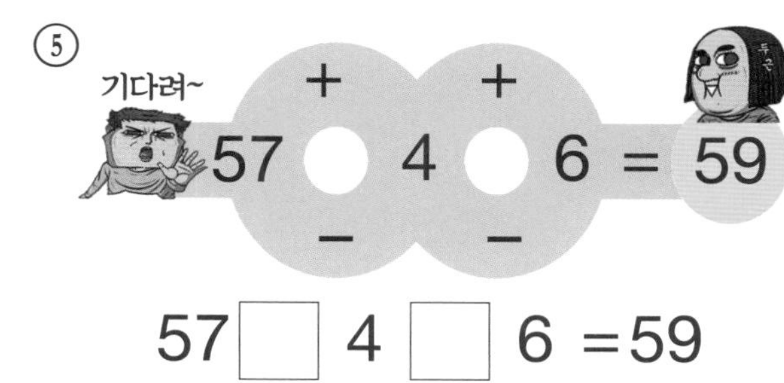

57 ☐ 4 ☐ 6 = 59

⑥

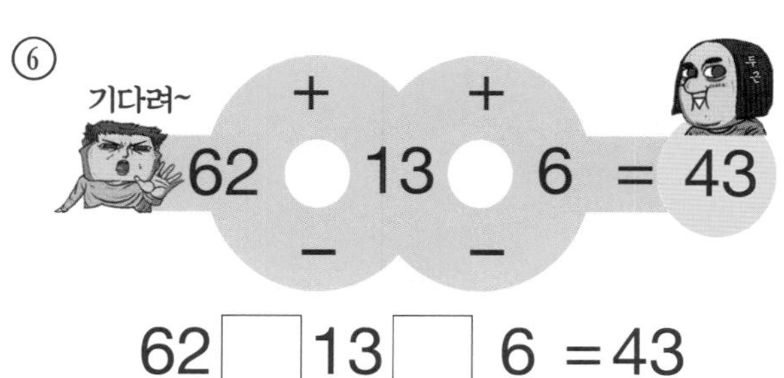

62 ☐ 13 ☐ 6 = 43

⑦

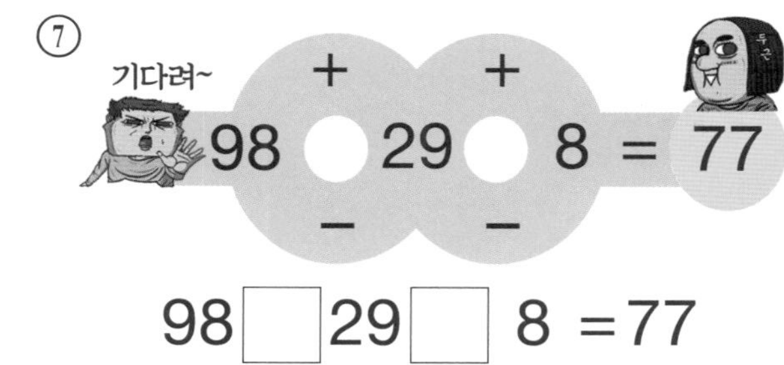

98 ☐ 29 ☐ 8 = 77

4 DAY B

알맞은 기호 넣기

올바른 식이 되도록 빈칸에 + 또는 −를 넣으세요.

①

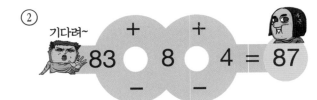

90 □ 22 □ 9 = 77

②

83 □ 8 □ 4 = 87

③

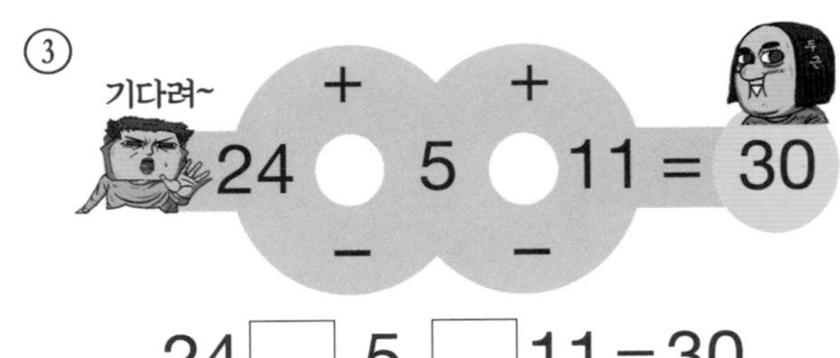

24 □ 5 □ 11 = 30

④

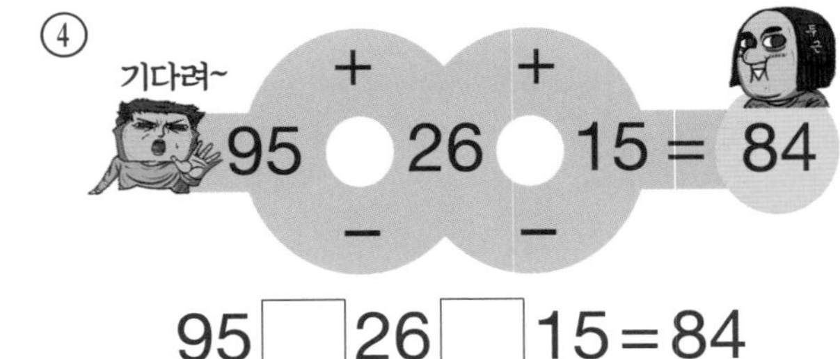

95 □ 26 □ 15 = 84

⑤

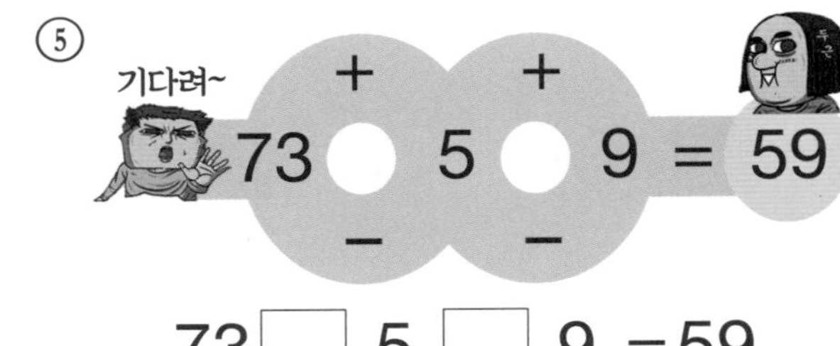

73 □ 5 □ 9 = 59

⑥

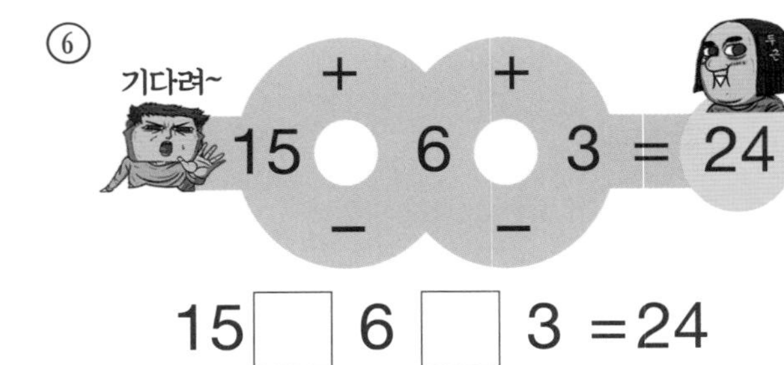

15 □ 6 □ 3 = 24

⑦

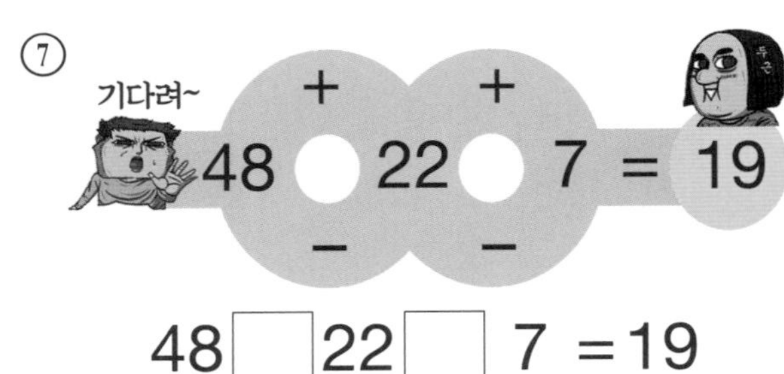

48 □ 22 □ 7 = 19

⑧

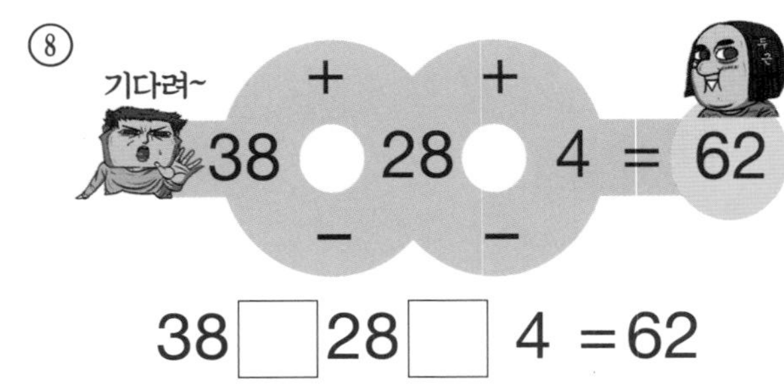

38 □ 28 □ 4 = 62

5 DAY A

세 수의 덧셈과 뺄셈

앞에서부터 차근차근 계산해 봐.
계산할 때 실수를 줄이기 위해서는
내가 푼 풀이를 꼭 확인해야 해!

다음 식을 계산하세요.

① $57 + 29 - 39 =$ ☐

② $62 - 38 + 14 =$ ☐

③ $14 + 59 - 25 =$ ☐

④ $77 - 38 + 29 =$ ☐

⑤ $25 + 59 - 35 =$ ☐

⑥ $45 + 28 - 29 =$ ☐

⑦ $77 + 19 - 46 =$ ☐

⑧ $53 + 18 - 27 =$ ☐

⑨ $94 + 8 - 42 =$ ☐

⑩ $51 - 22 + 39 =$ ☐

⑪ $28 + 5 - 11 =$ ☐

⑫ $48 + 19 - 26 =$ ☐

⑬ $63 + 8 - 37 =$ ☐

⑭ $15 + 46 - 33 =$ ☐

⑮ $45 + 28 - 51 =$ ☐

⑯ $16 + 45 - 35 =$ ☐

⑰ $21 + 19 - 10 =$ ☐

⑱ $48 + 18 - 38 =$ ☐

⑲ $27 + 18 - 19 =$ ☐

⑳ $21 + 31 - 21 =$ ☐

5 DAY B

세 수의 덧셈과 뺄셈

다음 식을 계산하세요.

① $74 + 17 - 23 =$ ☐

② $86 - 29 + 18 =$ ☐

③ $62 + 19 - 35 =$ ☐

④ $76 - 54 + 75 =$ ☐

⑤ $44 + 39 - 26 =$ ☐

⑥ $36 + 28 - 16 =$ ☐

⑦ $42 + 29 - 47 =$ ☐

⑧ $57 + 25 - 38 =$ ☐

⑨ $48 - 19 - 18 =$ ☐

⑩ $72 - 24 + 15 =$ ☐

⑪ $27 + 16 - 11 =$ ☐

⑫ $45 + 27 - 36 =$ ☐

⑬ $34 + 27 - 30 =$ ☐

⑭ $91 + 47 - 24 =$ ☐

⑮ $50 + 18 - 24 =$ ☐

⑯ $32 + 21 - 43 =$ ☐

⑰ $84 + 26 - 48 =$ ☐

⑱ $73 + 28 - 34 =$ ☐

⑲ $19 + 43 - 26 =$ ☐

⑳ $36 + 36 - 36 =$ ☐

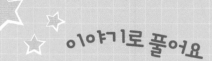

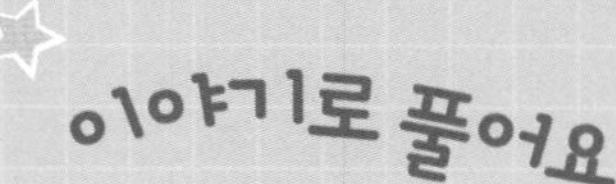
이야기로 풀어요

석이가 세 수의 덧셈과 뺄셈을 공부하다가 이해가 안 돼서 형한테 도와달라고 했습니다. 형의 설명을 잘 보고 문제를 풀 수 있도록 여러분이 도와주세요.

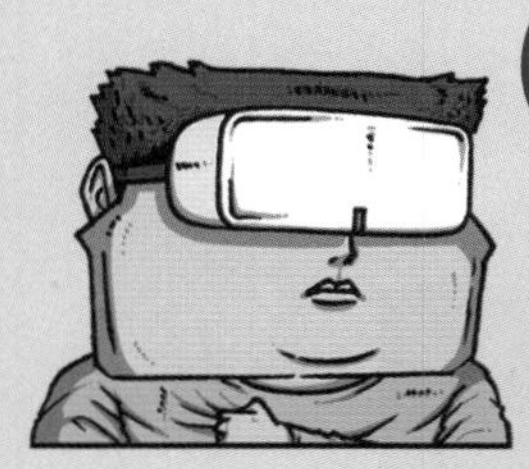
형… 나
세 수의 덧셈과 뺄셈이 너무 어려워서 앞이 안 보여…

형이 도와줄게. 안대 좀 벗을래?

석이가 푼 문제

수 카드 **28**, **31**, **43**, **18** 중에서 빈칸에 들어갈 수 있는 수를 고르세요.

$$45 + 12 - \square = 26$$

일의 자리만 먼저 계산해봐!
45의 5, 12의 2를 더하면 7이지?

7에서 얼마를 빼면 26의 6과 같아질까? 맞아 1을 빼면 되지. 자, 이제 수 카드 중에서 일의 자리가 1인 것을 골라서 계산해 봐.

여러분이 풀 문제

수 카드 **46**, **21**, **34**, **28** 중에서 빈칸에 들어갈 수 있는 수를 고르세요.

$$53 + 26 - \square = 45$$

곱셈

10. 아빠 통닭

석아, 준아.
이리 와 봐라.
내 할 말이 있다.
네
네

요새 주말이면
우리 가게에 주문이
많이 들어오니

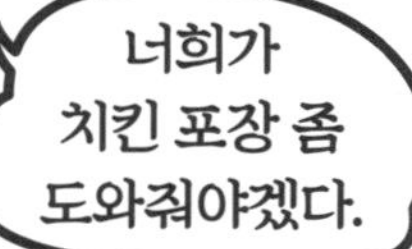
너희가
치킨 포장 좀
도와줘야겠다.

싫어요!
우리도 주말에
바쁜데!
하하
시간 많은 거
다 알아.

그리하여 시작된 가게 돕기…

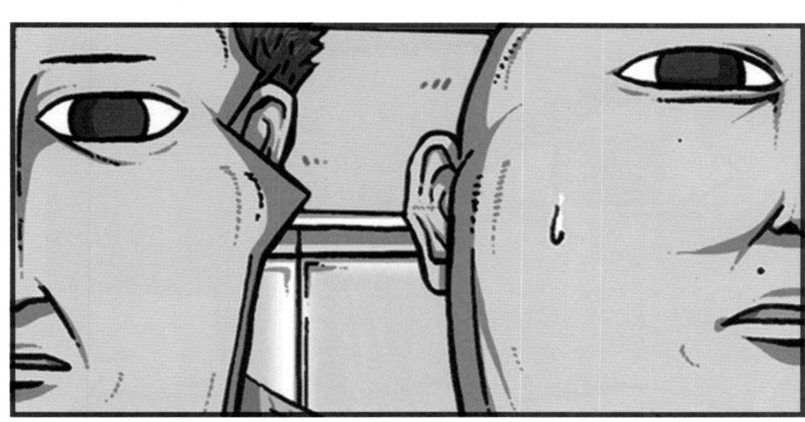

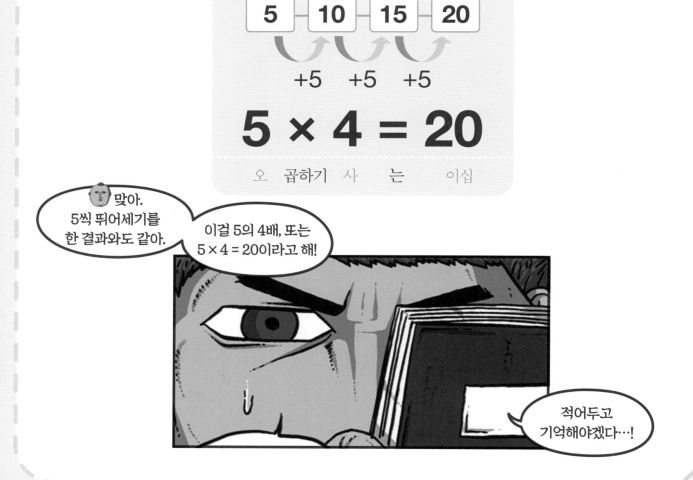

5 — 10 — 15 — 20

+5 +5 +5

$$5 \times 4 = 20$$

오 곱하기 사 는 이십

맞아.
5씩 뛰어세기를
한 결과와도 같아.

이걸 5의 4배, 또는
5 × 4 = 20이라고 해!

적어두고
기억해야겠다…!

아니, 이게 도대체
어떻게 된 일이지?
이렇게 네 개씩
다섯 묶음으로
다르게 만들 수도 있잖아!

걱정 마, 그렇게 해도
결과는 같거든!
내 생각을
읽었어!?

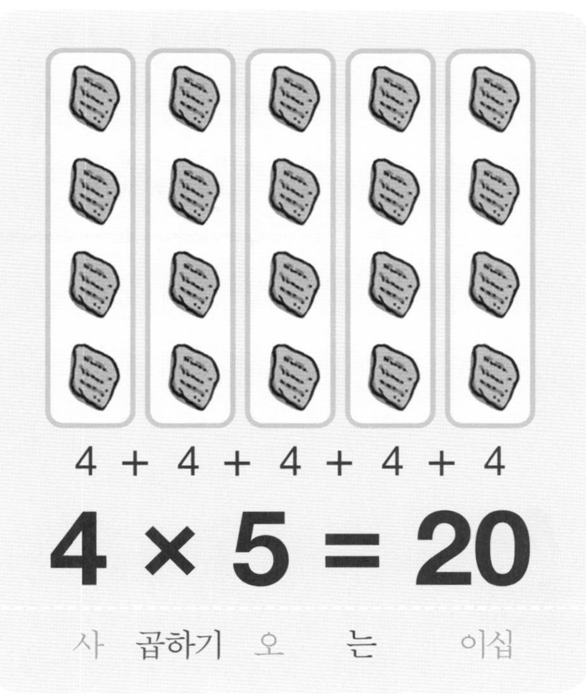
4 + 4 + 4 + 4 + 4
4 × 5 = 20
사 곱하기 오 는 이십

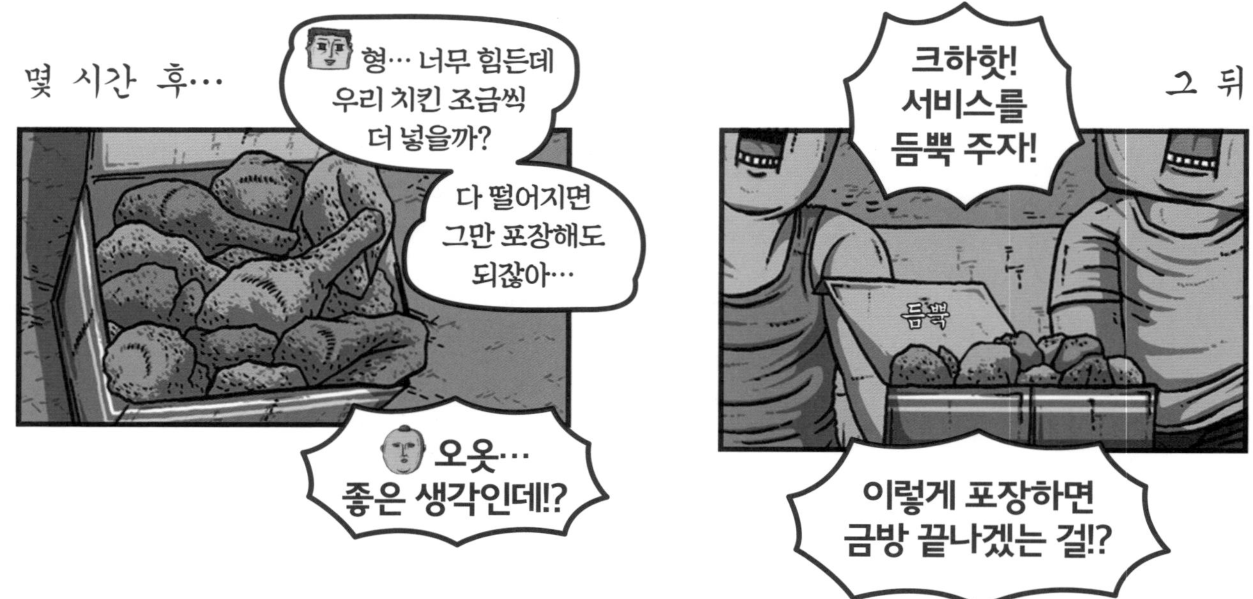

몇 시간 후…
형… 너무 힘든데 우리 치킨 조금씩 더 넣을까?
다 떨어지면 그만 포장해도 되잖아…
오옷… 좋은 생각인데!?
그 뒤
크하핫! 서비스를 듬뿍 주자!
듬뿍
이렇게 포장하면 금방 끝나겠는 걸!?

으아아아 아아~!!
뚜쉬
-아빠 통닭 후기-
서비스 대박! 주말에 시키면 더 주니까 꼭 주말에 시키세요!
★★★★★
★★★★★
주문이 엄청 늘었다!

마음의 꿀팁

곱셈은 같은 수를 여러 번 더하는 거야. 같은 수와 더하는 횟수만 알면 곱셈을 할 수 있어! 4×5는 숫자 4를 5번 더하라는 뜻이야! 5번 더하는 것보다 곱셈을 계산하는 게 훨씬 좋겠지?

1 DAY A

같은 수만큼 묶어 세기

하나씩 세어도 되지만 같은 수만큼 묶고 세어보자!
다양한 방법으로 묶어도 답은 똑같아.

다음 그림을 보고 같은 수만큼 묶고 몇 개인지 쓰세요.

예시

답 : 8

①

답 : ______

②

답 : ______

③

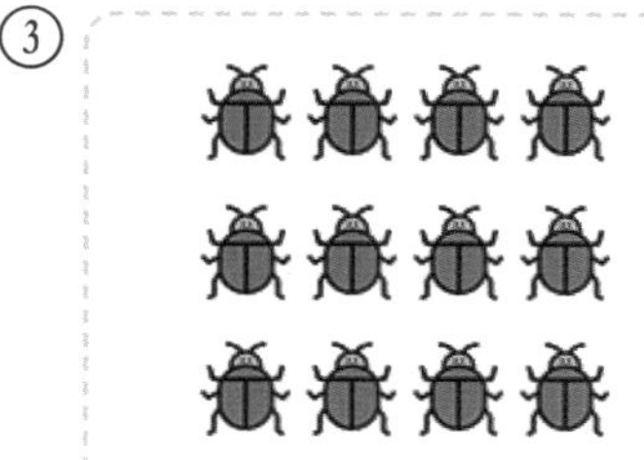

답 : ______

④

답 : ______

⑤

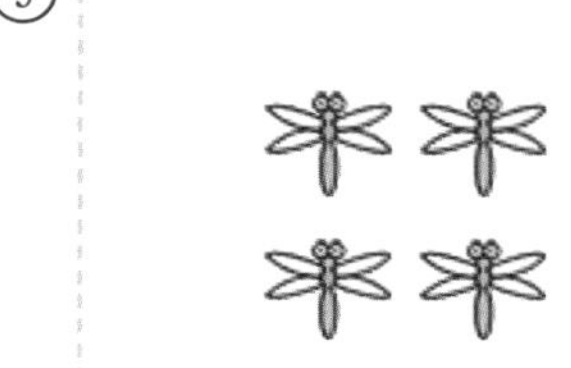

답 : ______

⑥

답 : ______

⑦

답 : ______

⑧

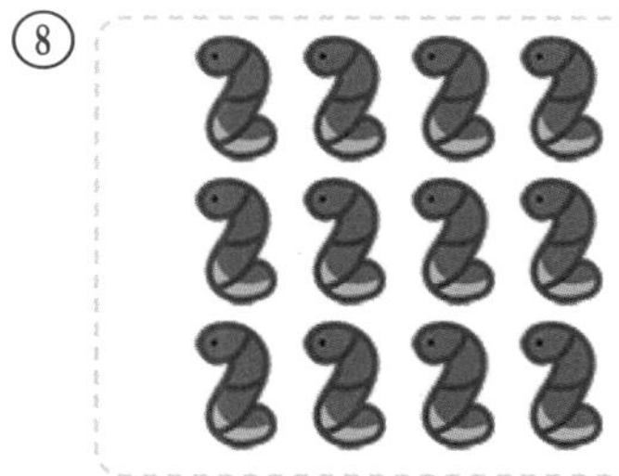

답 : ______

⑨

답 : ______

⑩

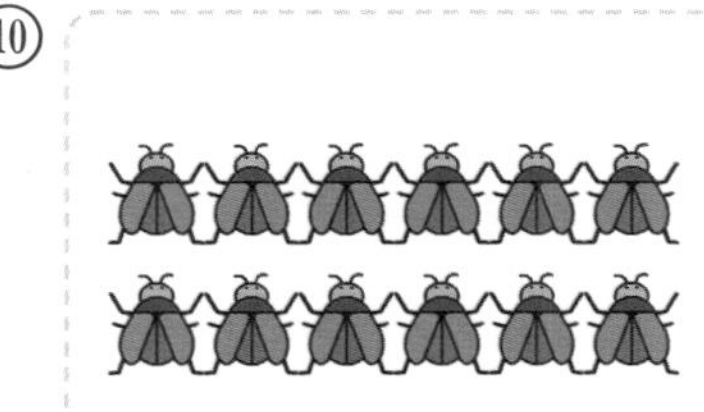

답 : ______

⑪

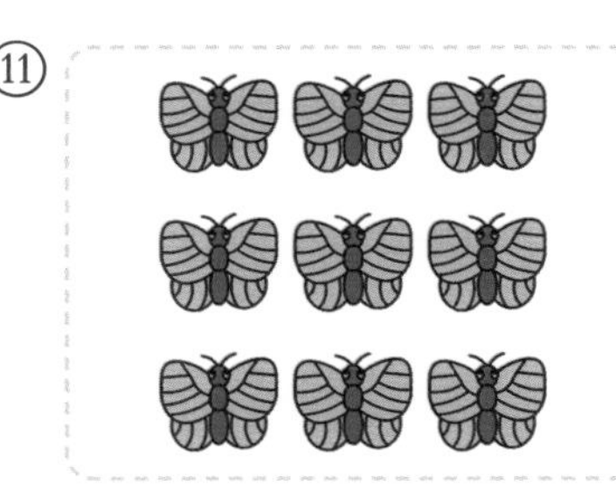

답 : ______

1 DAY B

같은 수만큼 묶어 세기

다음 그림을 보고 같은 수만큼 묶고 몇 개인지 쓰세요.

①

답 : ________

②

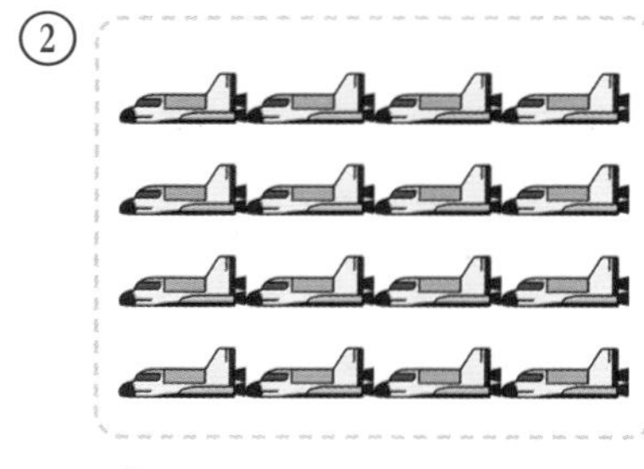

답 : ________

③

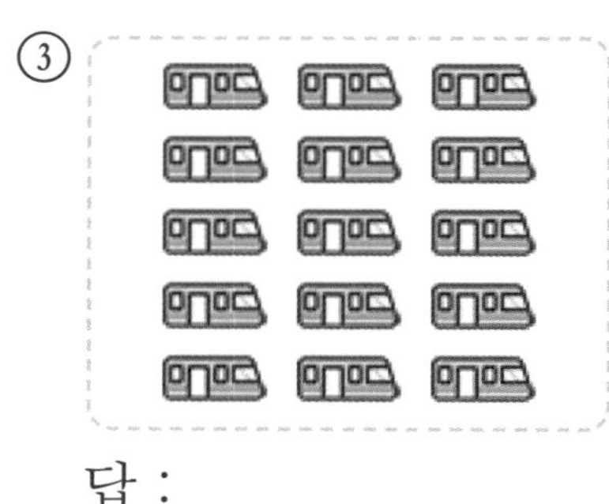

답 : ________

④

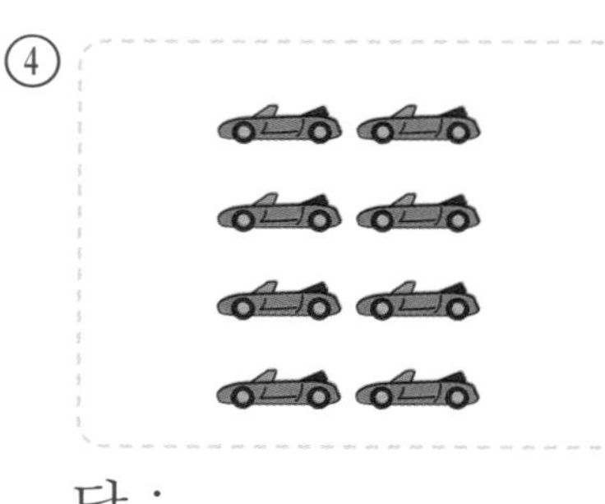

답 : ________

⑤

답 : ________

⑥

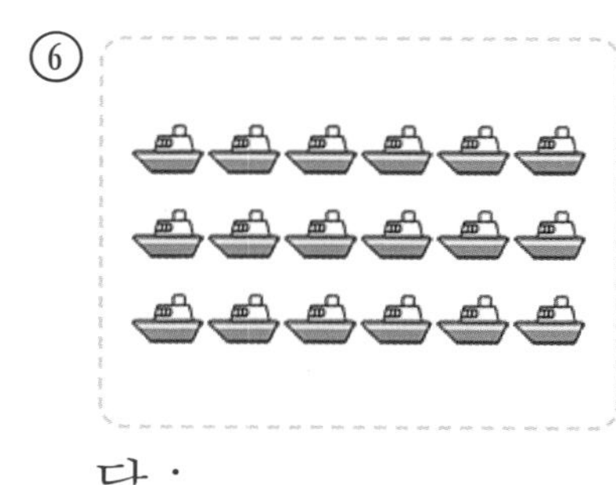

답 : ________

⑦

답 : ________

⑧

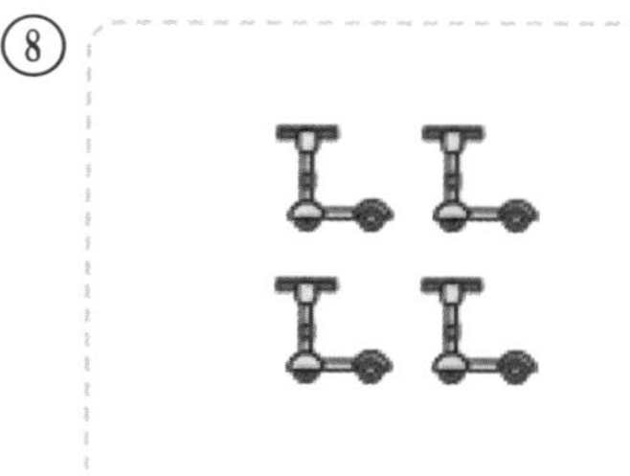

답 : ________

⑨

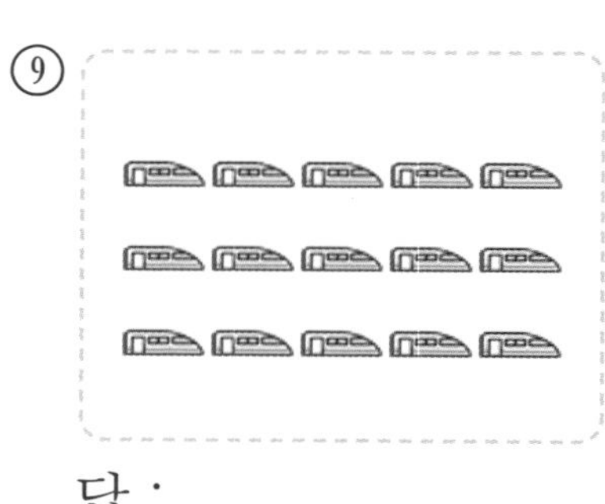

답 : ________

⑩

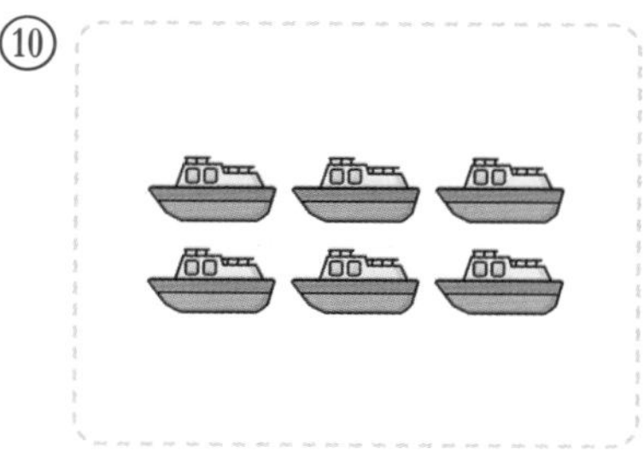

답 : ________

⑪

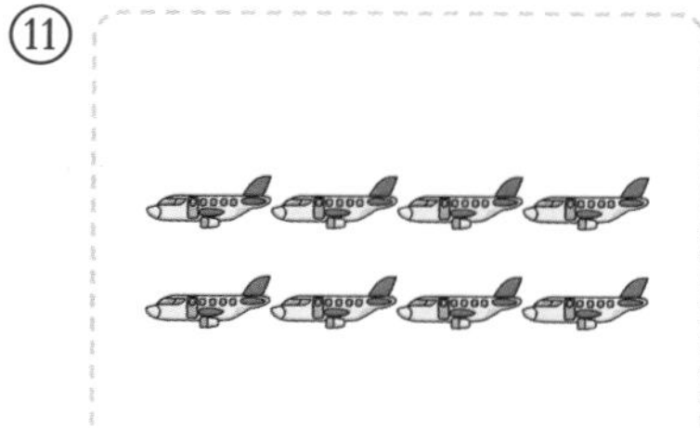

답 : ________

⑫

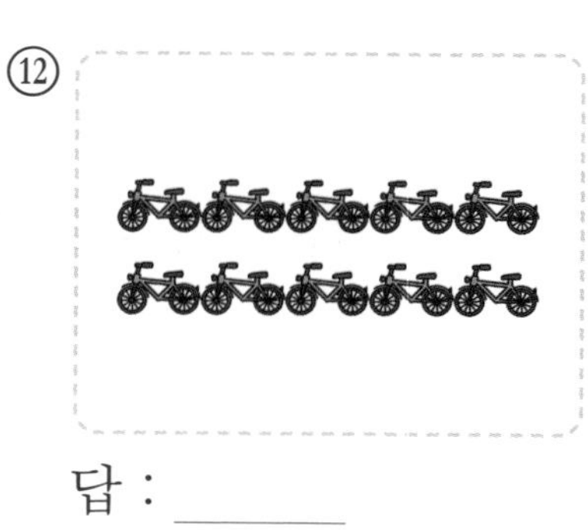

답 : ________

2 DAY A

묶음을 이용한 수 세기

곱셈은 같은 수를 여러 번 더하는 개념이 있기 때문에 같은 수 만큼 묶고 몇 묶음이 나왔는지를 아는 게 중요해!

문제를 읽고 빈칸에 들어갈 수를 쓰세요.

예시 오렌지의 수를 **5**씩 묶은 후 모두 몇 개인지 세어 보세요.

5씩 4 묶음.

오렌지의 수 : 20

5개씩 묶었더니 4개의 묶음이 나왔다.
그러면 오렌지는 모두 20개야.

5 +5 10 +5 15 +5 20

---

① 수박의 수를 **6**씩 묶은 후 모두 몇 개인지 세어 보세요.

6 ☐ ☐ ☐

6씩 ☐ 묶음.

수박의 수 : ____

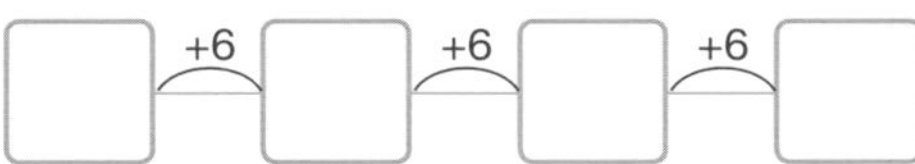

② 딸기의 수를 **2**씩 묶은 후 모두 몇 개인지 세어 보세요.

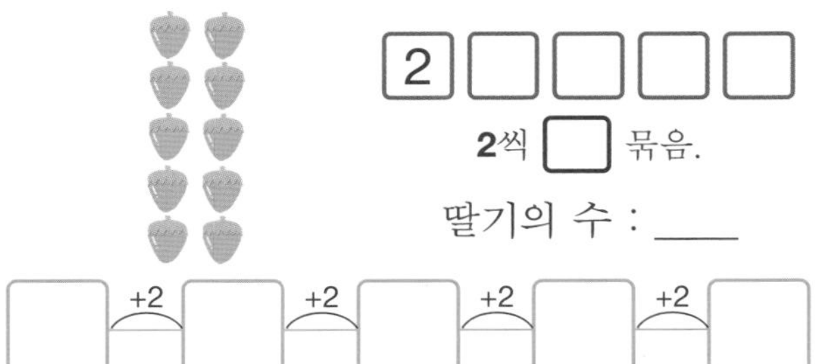

③ 레몬의 수를 **7**씩 묶은 후 모두 몇 개인지 세어 보세요.

7 ☐ ☐

7씩 ☐ 묶음.

레몬의 수 : ____

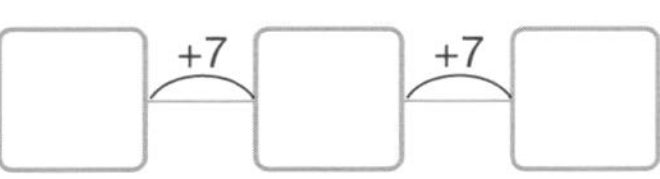

④ 오렌지의 수를 **8**씩 묶은 후 모두 몇 개인지 세어 보세요.

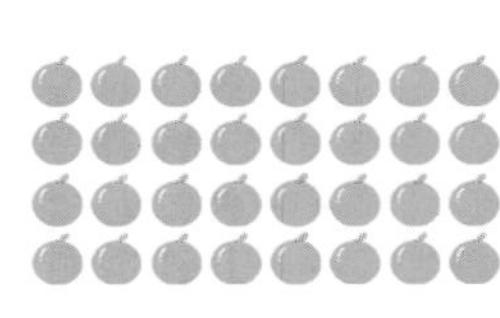

8 ☐ ☐ ☐

8씩 ☐ 묶음.

오렌지의 수 : ____

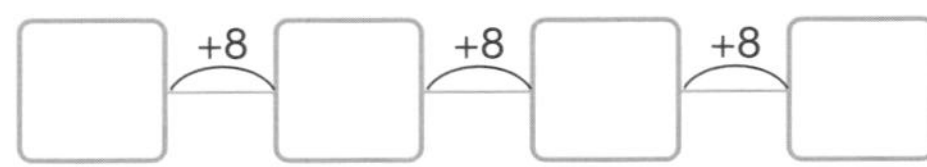

2 DAY B

묶음을 이용한 수 세기

문제를 읽고 빈칸에 들어갈 수를 쓰세요.

① 감의 수를 **6**씩 묶은 후 모두 몇 개인지 세어 보세요.

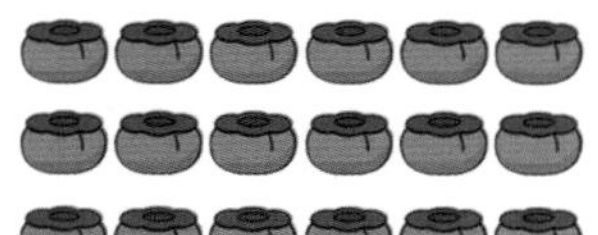

6 □ □

6씩 □ 묶음.

감의 수 : ____

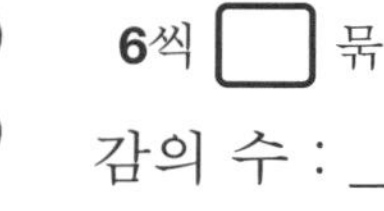

□ +6 □ +6 □

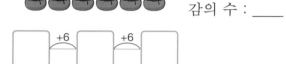

② 딸기의 수를 **3**씩 묶은 후 모두 몇 개인지 세어 보세요.

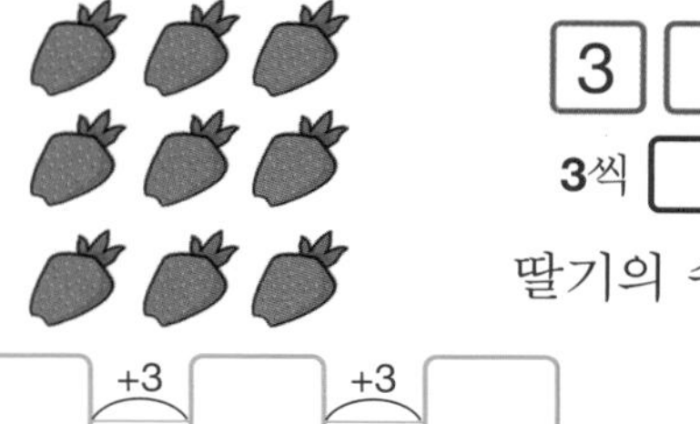

3 □ □

3씩 □ 묶음.

딸기의 수 : ____

□ +3 □ +3 □

③ 바나나의 수를 **5**씩 묶은 후 모두 몇 개인지 세어 보세요.

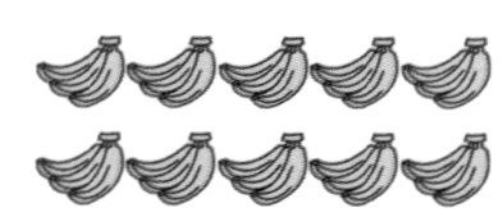

5 □

5씩 □ 묶음.

바나나의 수 : ____

□ +5 □

④ 사과의 수를 **9**씩 묶은 후 모두 몇 개인지 세어 보세요.

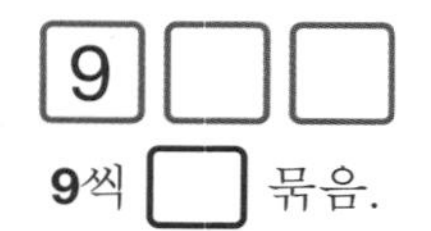

9 □ □

9씩 □ 묶음.

사과의 수 : ____

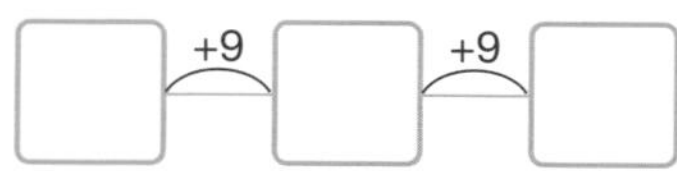

□ +9 □ +9 □

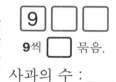

⑤ 포도의 수를 **8**씩 묶은 후 모두 몇 개인지 세어 보세요.

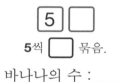

8 □ □

8씩 □ 묶음.

포도의 수 : ____

□ +8 □ +8 □

⑥ 체리의 수를 **4**씩 묶은 후 모두 몇 개인지 세어 보세요.

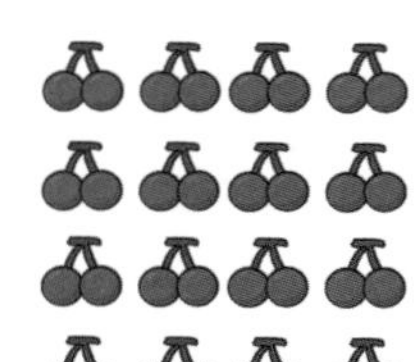

4 □ □ □

4씩 □ 묶음.

체리의 수 : ____

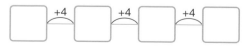

□ +4 □ +4 □ +4 □

3 DAY A

뛰어 세기로 곱셈하기

뛰어 세기를 할 때 같은 수만큼 몇 번 뛰었는지를 생각하면서 해야 해. 도착점의 수가 얼마가 될지 미리 한 번 생각해보고 계산해보는 것도 좋아.

문제를 읽고 빈칸에 들어갈 수를 쓰세요.

예시

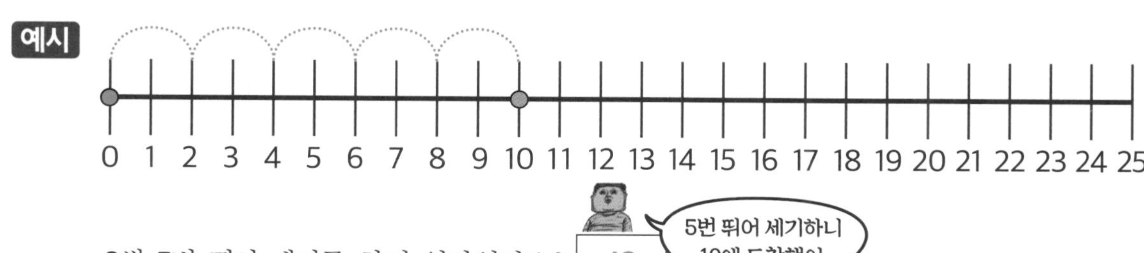

2씩 **5**번 뛰어 세기를 하면 얼마일까요? [10]

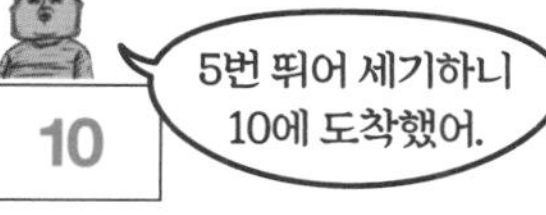

① 

5씩 **4**번 뛰어 세기를 하면 얼마일까요? [ ]

② 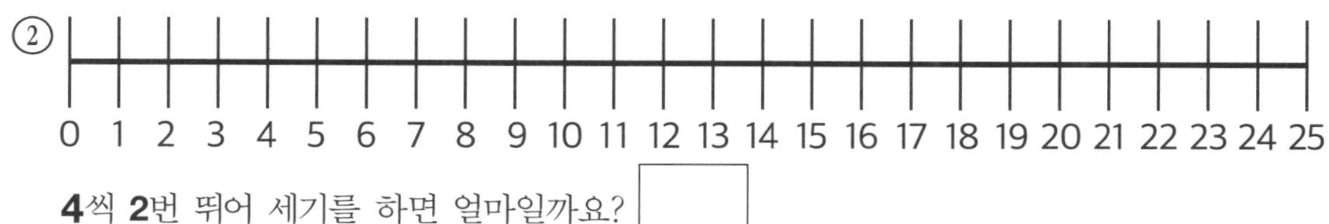

4씩 **2**번 뛰어 세기를 하면 얼마일까요? [ ]

③ 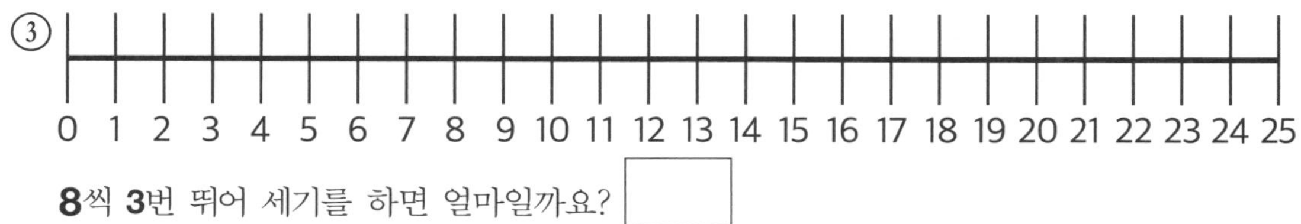

8씩 **3**번 뛰어 세기를 하면 얼마일까요? [ ]

④ 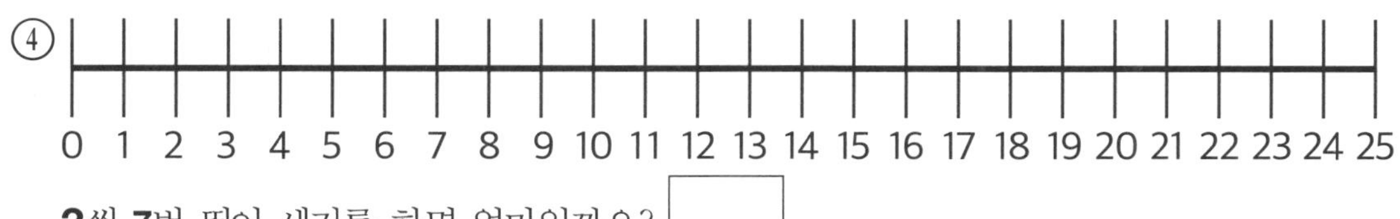

3씩 **7**번 뛰어 세기를 하면 얼마일까요? [ ]

뛰어 세기로 곱셈하기

문제를 읽고 빈칸에 들어갈 수를 쓰세요.

① 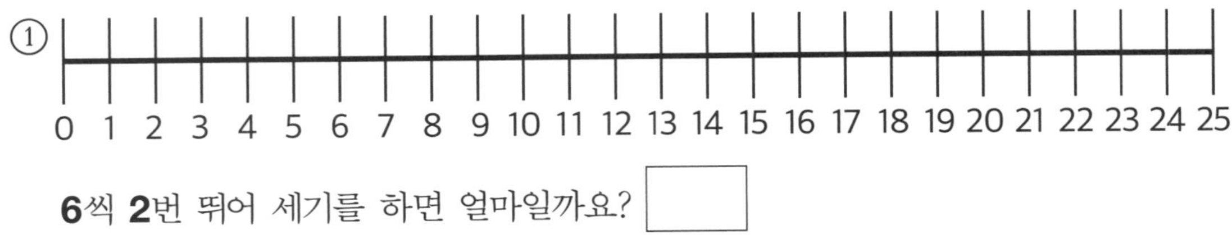

6씩 **2**번 뛰어 세기를 하면 얼마일까요? ☐

② 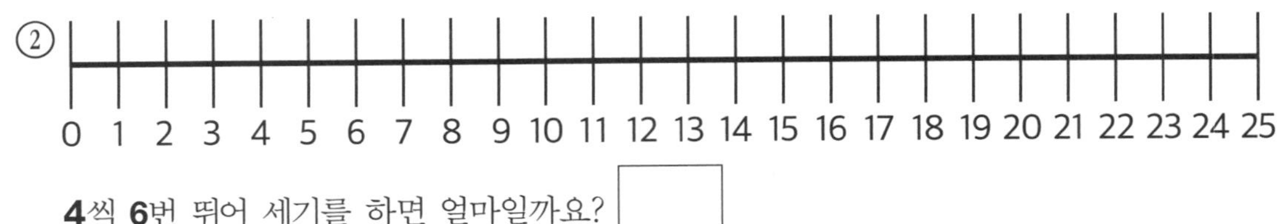

4씩 **6**번 뛰어 세기를 하면 얼마일까요? ☐

③ 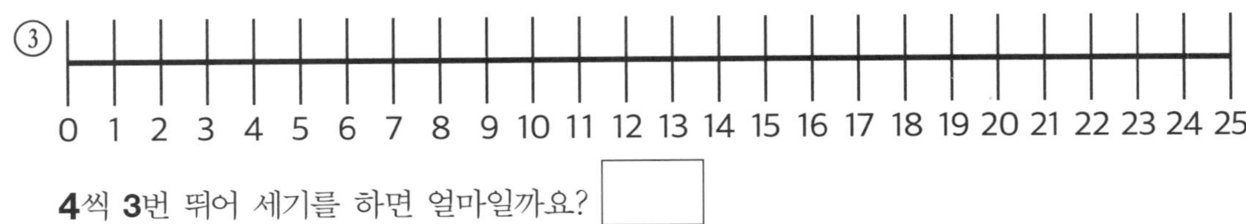

4씩 **3**번 뛰어 세기를 하면 얼마일까요? ☐

④ 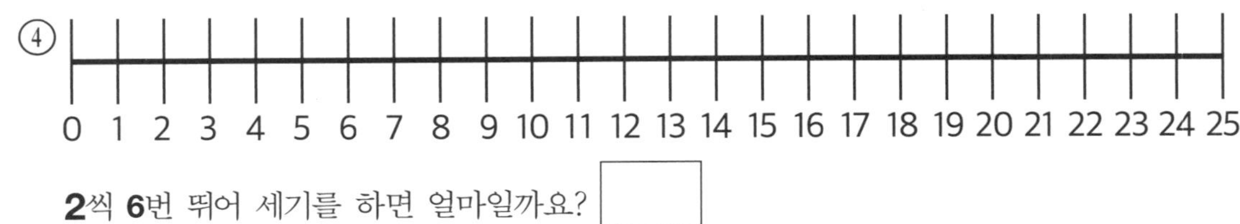

2씩 **6**번 뛰어 세기를 하면 얼마일까요? ☐

⑤ 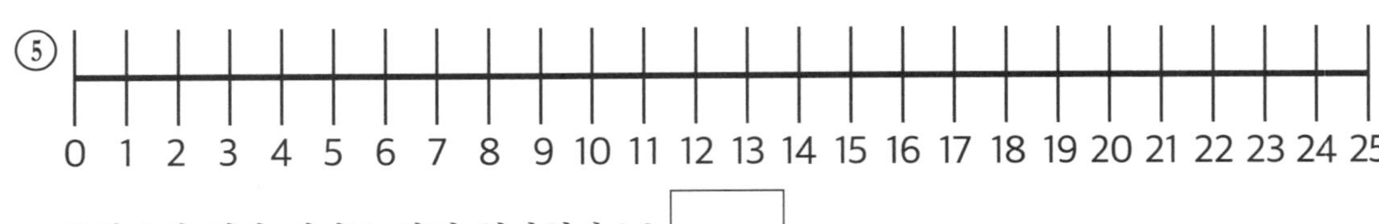

9씩 **2**번 뛰어 세기를 하면 얼마일까요? ☐

4 DAY A

(몇)의 (몇) 배 알기

곱셈은 덧셈으로 이루어져 있어!
같은 수를 몇 번 더할지 적은 후
곱셈으로 나타내보자.

문제를 읽고 빈칸에 들어갈 수를 쓰세요.

① 

4 + ☐ + ☐ = ☐

4의 **3**배는 ☐ 입니다. **4 × 3 =** ___

② 

5 + ☐ + ☐ + ☐ = ☐

5의 **4**배는 ☐ 입니다. **5 × 4 =** ___

③ 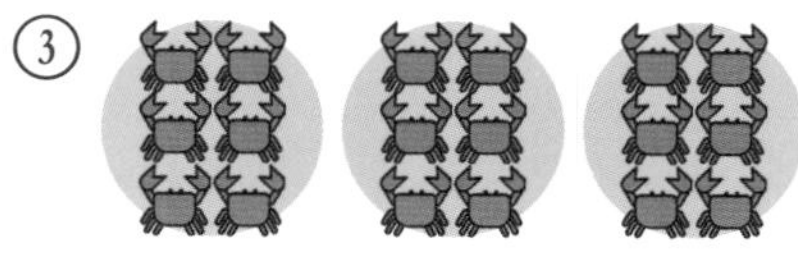

6 + ☐ + ☐ = ☐

6의 **3**배는 ☐ 입니다. **6 × 3 =** ___

④ 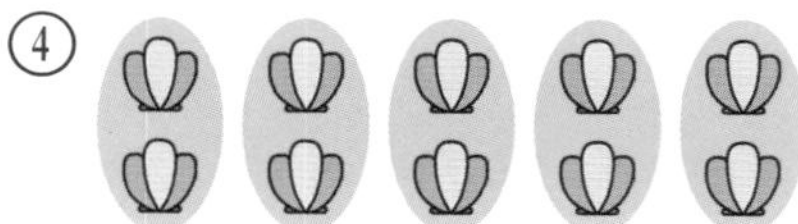

2 + ☐ + ☐ + ☐ + ☐ = ☐

2의 **5**배는 ☐ 입니다. **2 × 5 =** ___

⑤ 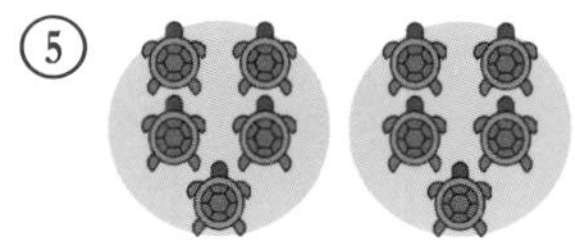

5 + ☐ = ☐

5의 **2**배는 ☐ 입니다. **5 × 2 =** ___

⑥ 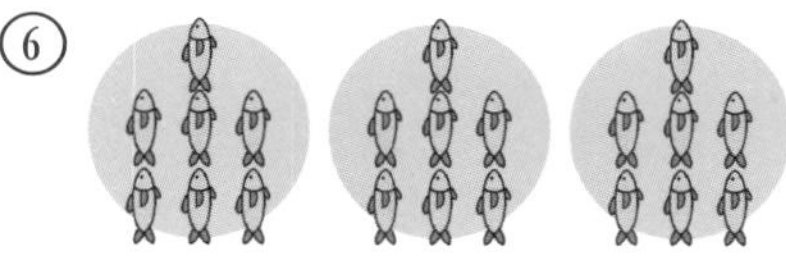

7 + ☐ + ☐ = ☐

7의 **3**배는 ☐ 입니다. **7 × 3 =** ___

⑦ 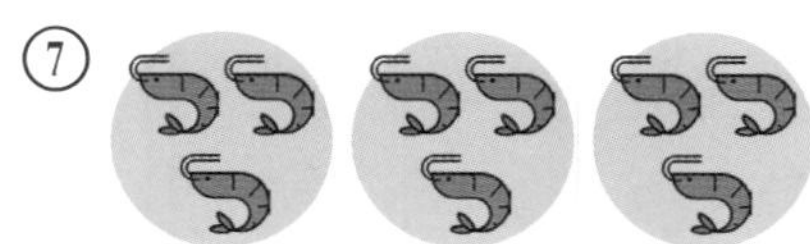

3 + ☐ + ☐ = ☐

3의 **3**배는 ☐ 입니다. **3 × 3 =** ___

⑧ 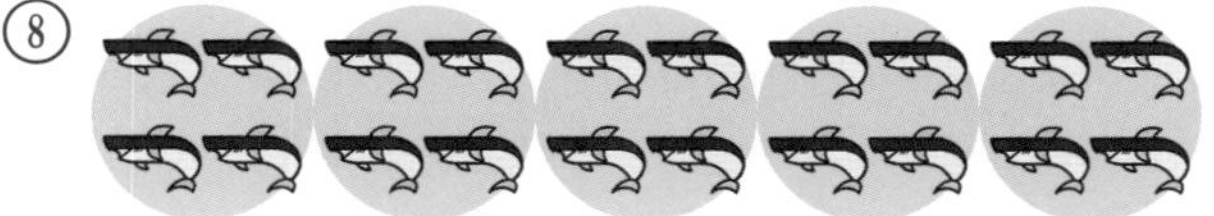

4 + ☐ + ☐ + ☐ + ☐ = ☐

4의 **5**배는 ☐ 입니다. **4 × 5 =** ___

4 DAY B

(몇)의 (몇) 배 알기

문제를 읽고 빈칸에 들어갈 수를 쓰세요.

① 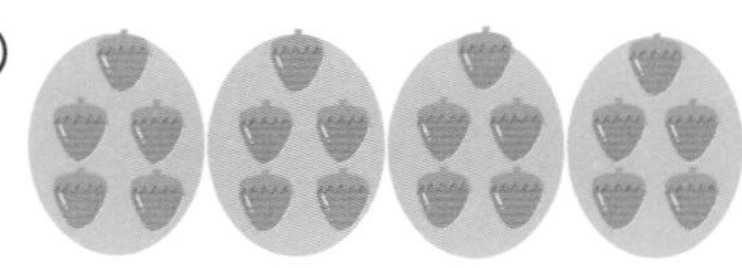

5 + ☐ + ☐ + ☐ = ☐

5의 **4**배는 ☐ 입니다. **5 × 4 =** ___

② 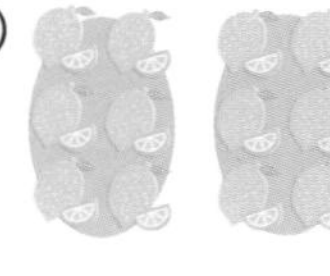

6 + ☐ + ☐ = ☐

6의 **3**배는 ☐ 입니다. **6 × 3 =** ___

③ 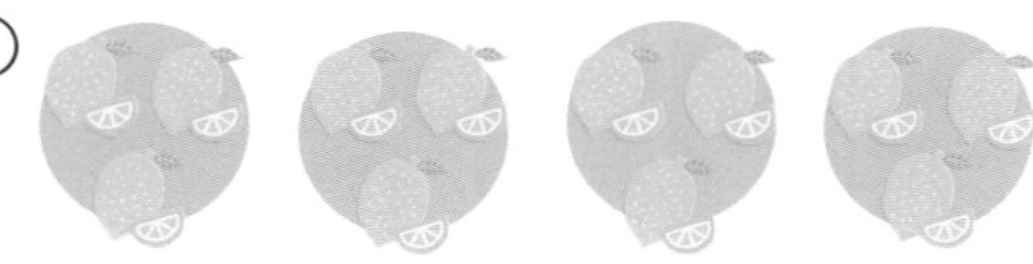

3 + ☐ + ☐ + ☐ = ☐

3의 **4**배는 ☐ 입니다. **3 × 4 =** ___

④ 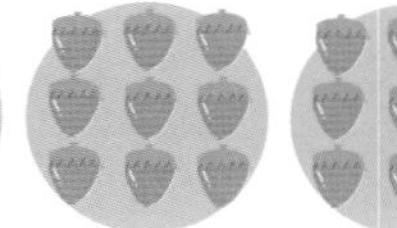

9 + ☐ + ☐ = ☐

9의 **3**배는 ☐ 입니다. **9 × 3 =** ___

⑤ 

7 + ☐ = ☐

7의 **2**배는 ☐ 입니다. **7 × 2 =** ___

⑥ 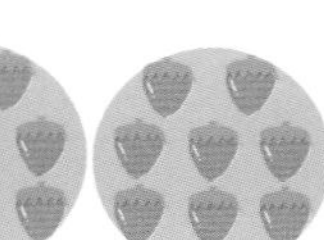 

8 + ☐ + ☐ + ☐ = ☐

8의 **4**배는 ☐ 입니다. **8 × 4 =** ___

⑦ 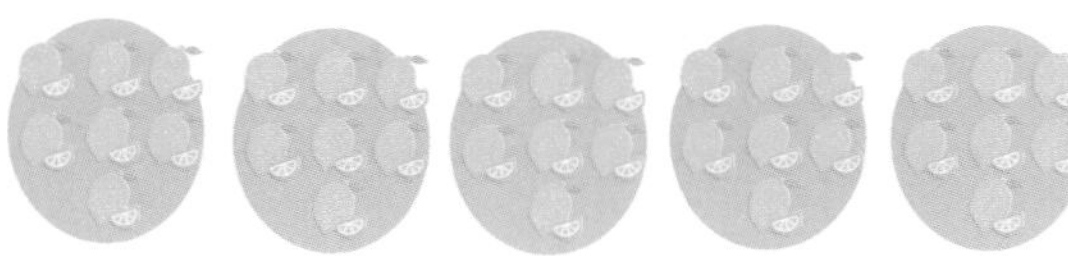

7 + ☐ + ☐ + ☐ + ☐ = ☐

7의 **5**배는 ☐ 입니다. **7 × 5 =** ___

⑧ 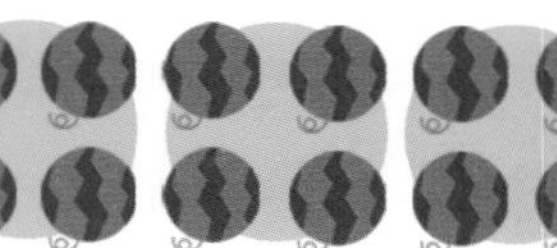

4 + ☐ + ☐ + ☐ = ☐

4의 **4**배는 ☐ 입니다. **4 × 4 =** ___

5 DAY A

같은 수를 더해 곱셈하기

같은 수를 몇 번 더할지 적은 후 곱셈으로 나타내면 계산이 편해. 같은 수를 여러 번 더하면 곱셈으로 나타낼 수 있다는 걸 잊지 마!

묶여 있는 풍선의 수를 보고 빈칸에 알맞은 수를 쓰세요.

예시

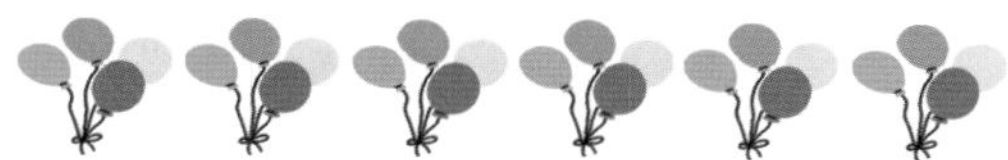

4 + [4] + [4] + [4] + [4] + [4] = [24]

4 × [6] = [24]

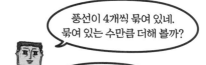

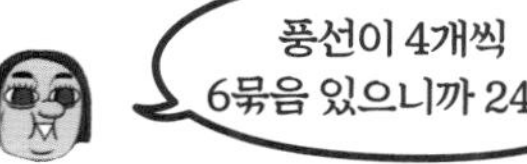

풍선이 4개씩 묶여 있네.
묶여 있는 수만큼 더해 볼까?
풍선이 4개씩
6묶음 있으니까 24개.

---

① 

2 + □ + □ + □ + □ = □

2 × □ = □

② 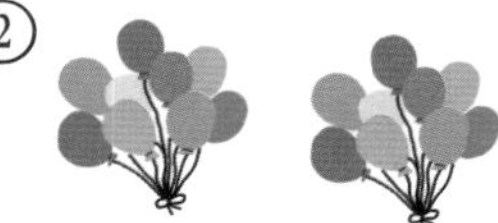

9 + □ = □

9 × □ = □

③ 

6 + □ + □ = □

6 × □ = □

④ 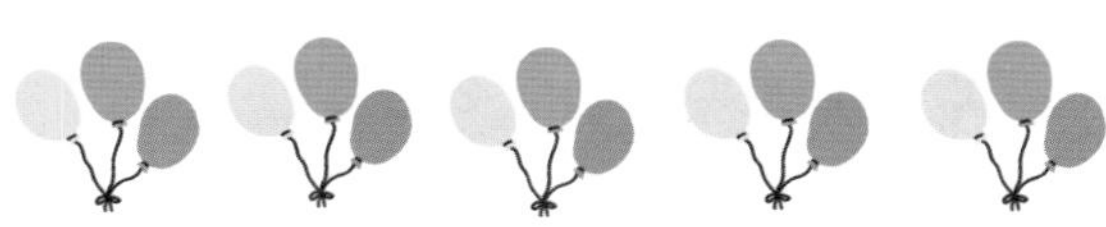

3 + □ + □ + □ + □ = □

3 × □ = □

⑤ 

7 + □ + □ + □ + □ = □

7 × □ = □

⑥ 

5 + □ + □ + □ + □ + □ + □ = □

5 × □ = □

같은 수를 더해 곱셈하기

묶여 있는 풍선의 수를 보고 빈칸에 알맞은 수를 쓰세요.

①

8 + ☐ + ☐ + ☐ = ☐

8 × ☐ = ☐

②

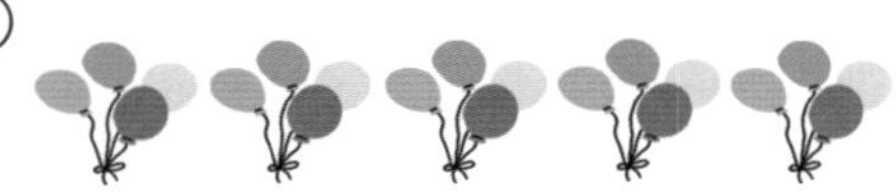

4 + ☐ + ☐ + ☐ + ☐ = ☐

4 × ☐ = ☐

③

6 + ☐ = ☐

6 × ☐ = ☐

④

2 + ☐ + ☐ + ☐ + ☐ + ☐ = ☐

2 × ☐ = ☐

⑤

8 + ☐ + ☐ = ☐

8 × ☐ = ☐

⑥

6 + ☐ + ☐ + ☐ = ☐

6 × ☐ = ☐

⑦

9 + ☐ + ☐ = ☐

9 × ☐ = ☐

⑧

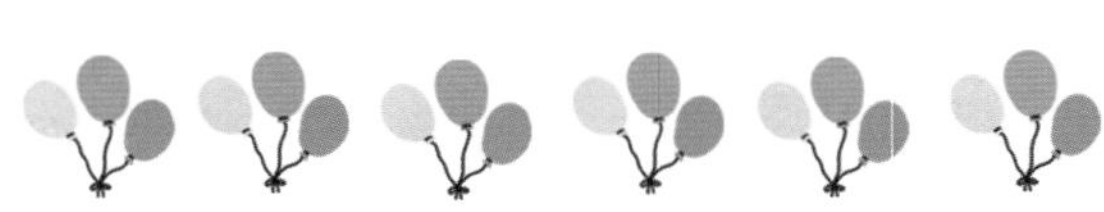

3 + ☐ + ☐ + ☐ + ☐ + ☐ = ☐

3 × ☐ = ☐

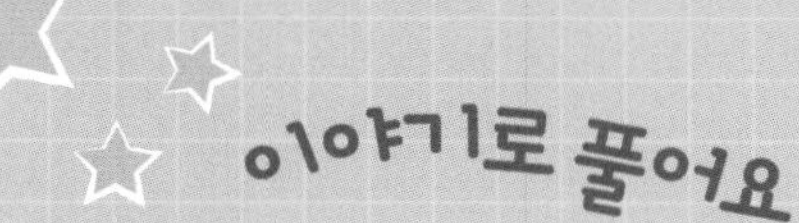

조석 가족들이 쌓은 모형의 수는
조석이 쌓은 모형의 수의 몇 배인지 또 몇 개인지
빈 칸에 써 넣으세요.

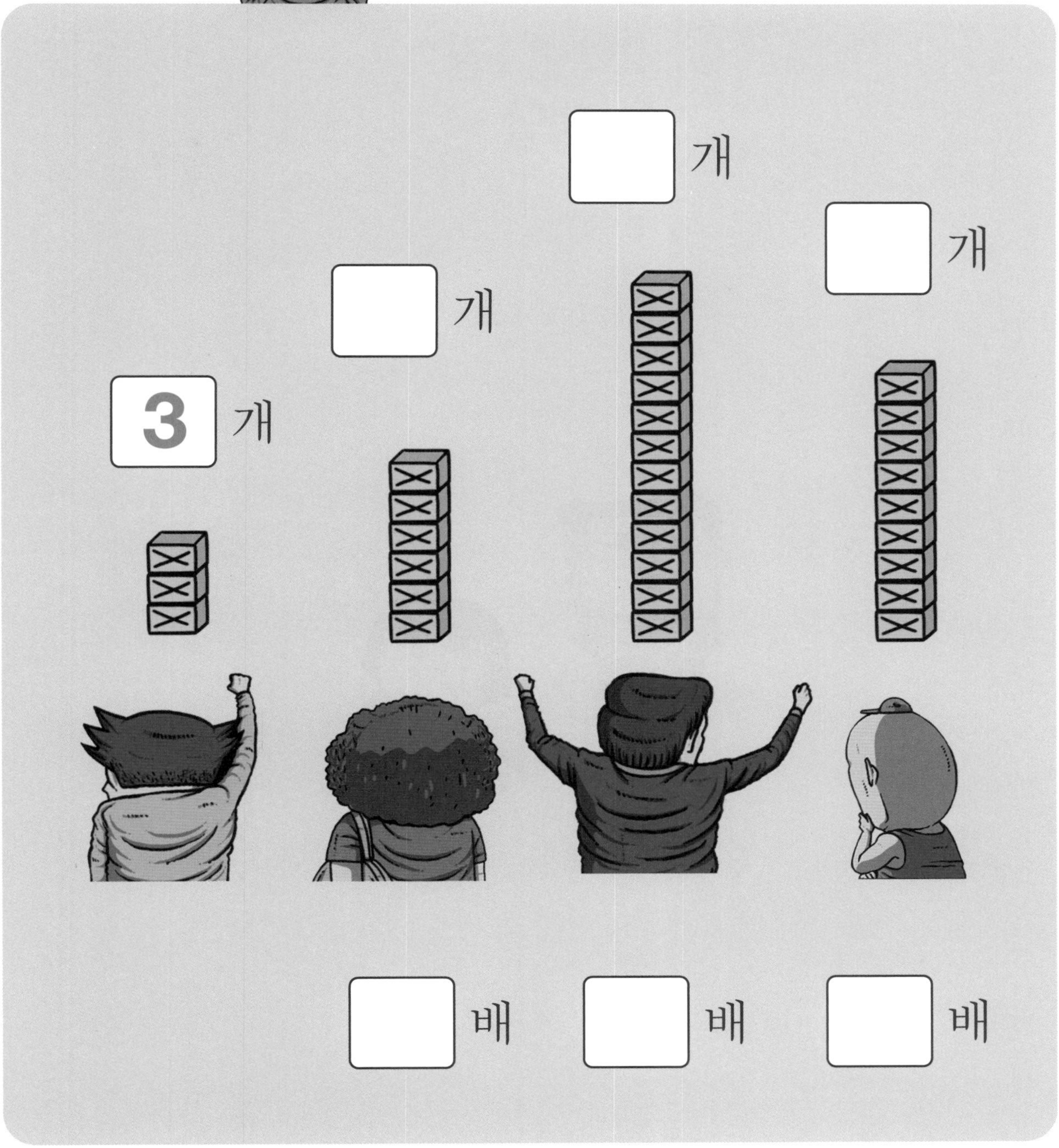

3 개

□ 개

□ 개

□ 개

□ 배 □ 배 □ 배

2학년 1권

- 정답 -

≫≫ 19쪽 정답

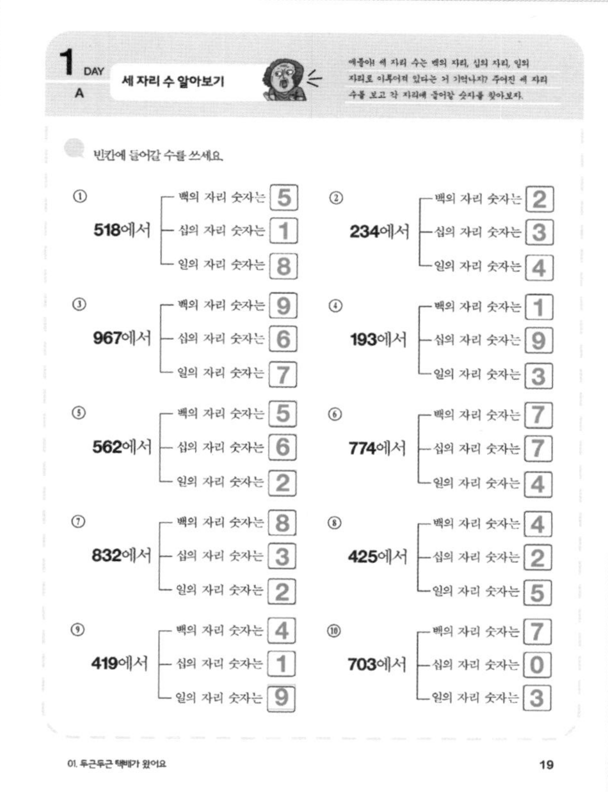

1 DAY A 세 자리 수 알아보기

애플아! 세 자리 수는 백의 자리, 십의 자리, 일의 자리로 이루어져 있다는 거 기억나지? 주어진 세 자리 수를 보고 각 자리에 들어갈 숫자를 찾아보자.

빈칸에 들어갈 수를 쓰세요.

번호	수	백의 자리 숫자는	십의 자리 숫자는	일의 자리 숫자는
①	518에서	5	1	8
②	234에서	2	3	4
③	967에서	9	6	7
④	193에서	1	9	3
⑤	562에서	5	6	2
⑥	774에서	7	7	4
⑦	832에서	8	3	2
⑧	425에서	4	2	5
⑨	419에서	4	1	9
⑩	703에서	7	0	3

01. 두근두근 택배가 왔어요 19

≫≫ 20쪽 정답

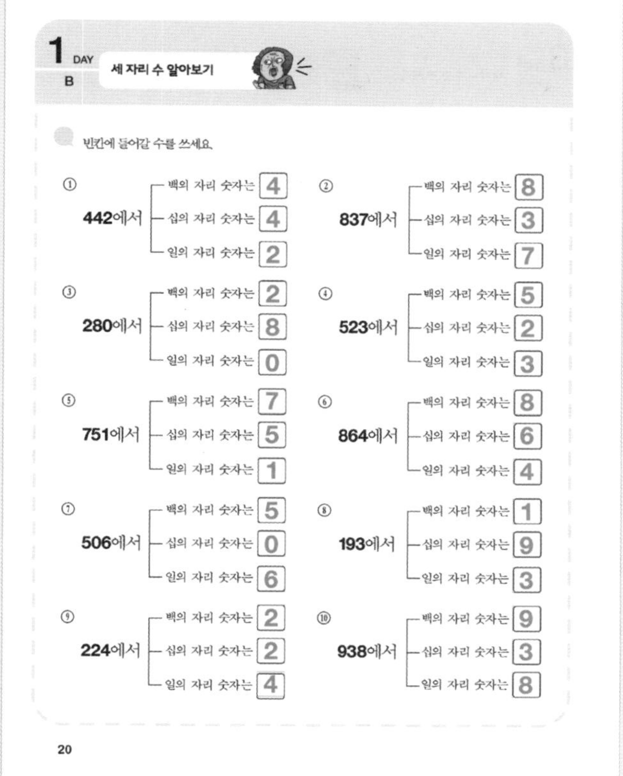

1 DAY B 세 자리 수 알아보기

빈칸에 들어갈 수를 쓰세요.

번호	수	백의 자리 숫자는	십의 자리 숫자는	일의 자리 숫자는
①	442에서	4	4	2
②	837에서	8	3	7
③	280에서	2	8	0
④	523에서	5	2	3
⑤	751에서	7	5	1
⑥	864에서	8	6	4
⑦	506에서	5	0	6
⑧	193에서	1	9	3
⑨	224에서	2	2	4
⑩	938에서	9	3	8

20

≫≫ 21쪽 정답

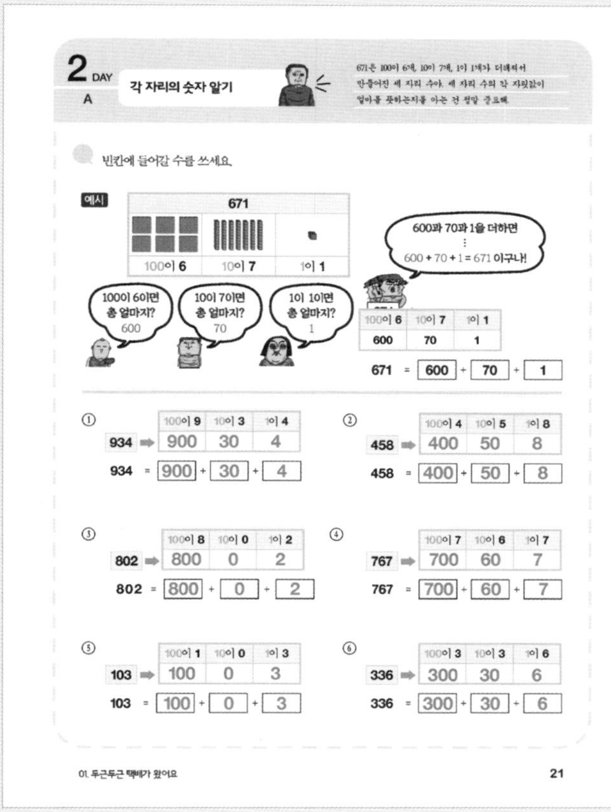

2 DAY A 각 자리의 숫자 알기

671은 100이 6개, 10이 7개, 1이 1개가 더해져서 만들어진 세 자리 수야. 세 자리 수의 각 자릿값이 얼마를 뜻하는지를 아는 건 정말 중요해.

빈칸에 들어갈 수를 쓰세요.

예시

671: 100이 6 / 10이 7 / 1이 1

100이 6	10이 7	1이 1
600	70	1

671 = 600 + 70 + 1

		100이	10이	1이	
①	934	9 → 900	3 → 30	4 → 4	934 = 900 + 30 + 4
②	458	4 → 400	5 → 50	8 → 8	458 = 400 + 50 + 8
③	802	8 → 800	0 → 0	2 → 2	802 = 800 + 0 + 2
④	767	7 → 700	6 → 60	7 → 7	767 = 700 + 60 + 7
⑤	103	1 → 100	0 → 0	3 → 3	103 = 100 + 0 + 3
⑥	336	3 → 300	3 → 30	6 → 6	336 = 300 + 30 + 6

01. 두근두근 택배가 왔어요 21

≫≫ 22쪽 정답

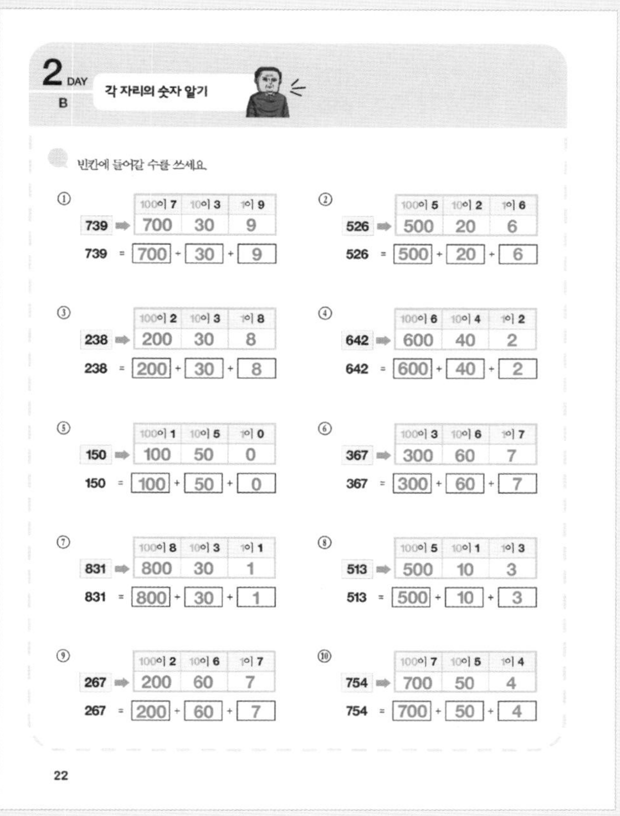

2 DAY B 각 자리의 숫자 알기

빈칸에 들어갈 수를 쓰세요.

		100이	10이	1이	
①	739	7 → 700	3 → 30	9 → 9	739 = 700 + 30 + 9
②	526	5 → 500	2 → 20	6 → 6	526 = 500 + 20 + 6
③	238	2 → 200	3 → 30	8 → 8	238 = 200 + 30 + 8
④	642	6 → 600	4 → 40	2 → 2	642 = 600 + 40 + 2
⑤	150	1 → 100	5 → 50	0 → 0	150 = 100 + 50 + 0
⑥	367	3 → 300	6 → 60	7 → 7	367 = 300 + 60 + 7
⑦	831	8 → 800	3 → 30	1 → 1	831 = 800 + 30 + 1
⑧	513	5 → 500	1 → 10	3 → 3	513 = 500 + 10 + 3
⑨	267	2 → 200	6 → 60	7 → 7	267 = 200 + 60 + 7
⑩	754	7 → 700	5 → 50	4 → 4	754 = 700 + 50 + 4

22

≫≫ 23쪽 정답

3 DAY A **세 자리 수 뛰어 세기**

뛰어 세기를 할 때는 얼마씩 커지는지 확인하고 커지는 수와 같은 자리의 수끼리 더해 나가면 쉽게 할 수 있어! 눈으로도 풀어보고 직접 연필로 써 가면서도 풀어 보자.

빈칸에 들어갈 수를 쓰세요.

예시

애봉아, 뛰어 세기가 뭐야?
270보다 10큰 수는 280이지? 280보다 10큰 수는 290이지? 290보다 10큰 수는 300이고. 이렇게 같은 수만큼 커지게 수를 세는 방법을 뛰어 세기라고 해.
10 큰 수 10 큰 수 10 큰 수 10 큰 수
270 - 280 - 290 - 300 - 310

① **20**씩 뛰어 세기 하세요.
850 - 870 - 890 - 910 - 930

② **10**씩 뛰어 세기 하세요.
150 - 160 - 170 - 180 - 190

③ **10**씩 뛰어 세기 하세요.
400 - 410 - 420 - 430 - 440

④ **100**씩 뛰어 세기 하세요.
200 - 300 - 400 - 500 - 600

⑤ **10**씩 뛰어 세기 하세요.
480 - 490 - 500 - 510 - 520

⑥ **20**씩 뛰어 세기 하세요.
610 - 630 - 650 - 670 - 690

⑦ **100**씩 뛰어 세기 하세요.
300 - 400 - 500 - 600 - 700

⑧ **10**씩 뛰어 세기 하세요.
770 - 780 - 790 - 800 - 810

01. 두근두근 택배가 왔어요 23

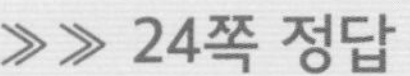

≫≫ 24쪽 정답

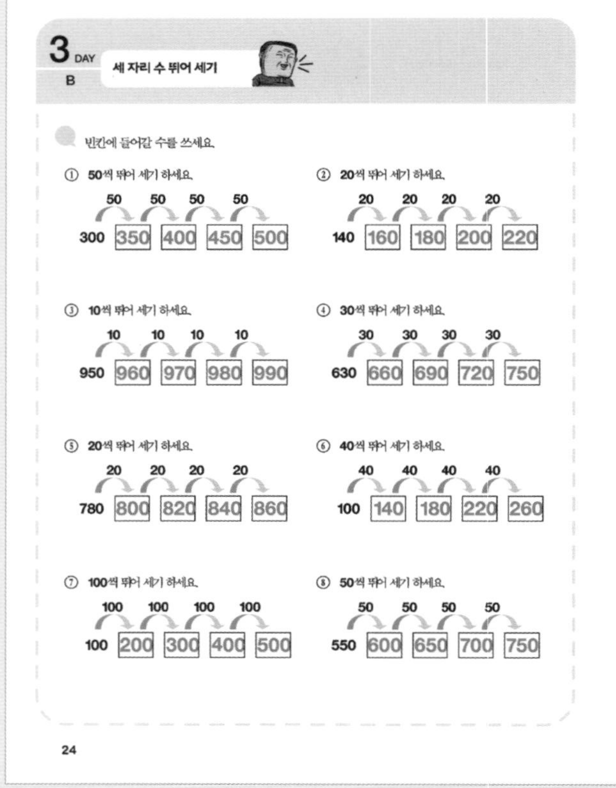

3 DAY B **세 자리 수 뛰어 세기**

빈칸에 들어갈 수를 쓰세요.

① **50**씩 뛰어 세기 하세요.
300 - 350 - 400 - 450 - 500

② **20**씩 뛰어 세기 하세요.
140 - 160 - 180 - 200 - 220

③ **10**씩 뛰어 세기 하세요.
950 - 960 - 970 - 980 - 990

④ **30**씩 뛰어 세기 하세요.
630 - 660 - 690 - 720 - 750

⑤ **20**씩 뛰어 세기 하세요.
780 - 800 - 820 - 840 - 860

⑥ **40**씩 뛰어 세기 하세요.
100 - 140 - 180 - 220 - 260

⑦ **100**씩 뛰어 세기 하세요.
100 - 200 - 300 - 400 - 500

⑧ **50**씩 뛰어 세기 하세요.
550 - 600 - 650 - 700 - 750

24

≫≫ 25쪽 정답

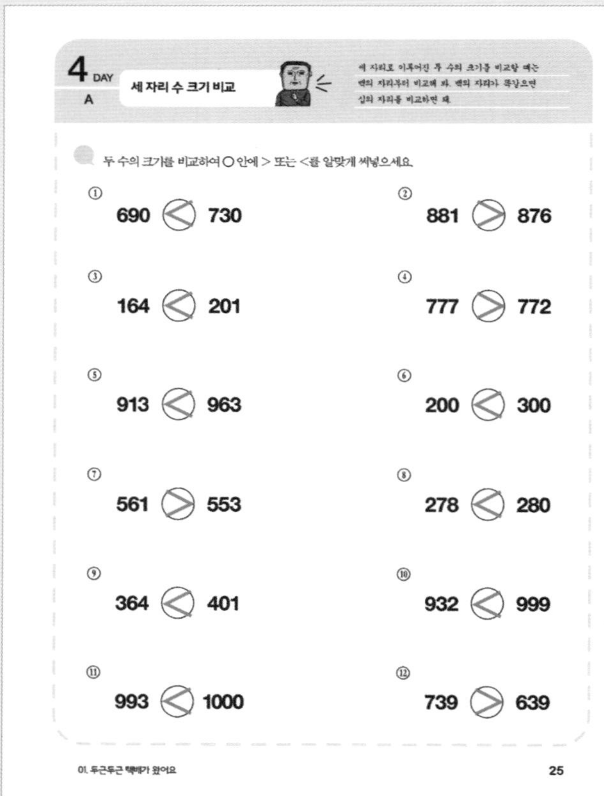

4 DAY A **세 자리 수 크기 비교**

세 자리로 이루어진 두 수의 크기를 비교할 때는 백의 자리부터 비교해 봐. 백의 자리가 똑같으면 십의 자리를 비교하면 돼.

두 수의 크기를 비교하여 ○ 안에 > 또는 <를 알맞게 써넣으세요.

① 690 < 730
② 881 > 876
③ 164 < 201
④ 777 > 772
⑤ 913 < 963
⑥ 200 < 300
⑦ 561 > 553
⑧ 278 < 280
⑨ 364 < 401
⑩ 932 < 999
⑪ 993 < 1000
⑫ 739 > 639

01. 두근두근 택배가 왔어요 25

≫≫ 26쪽 정답

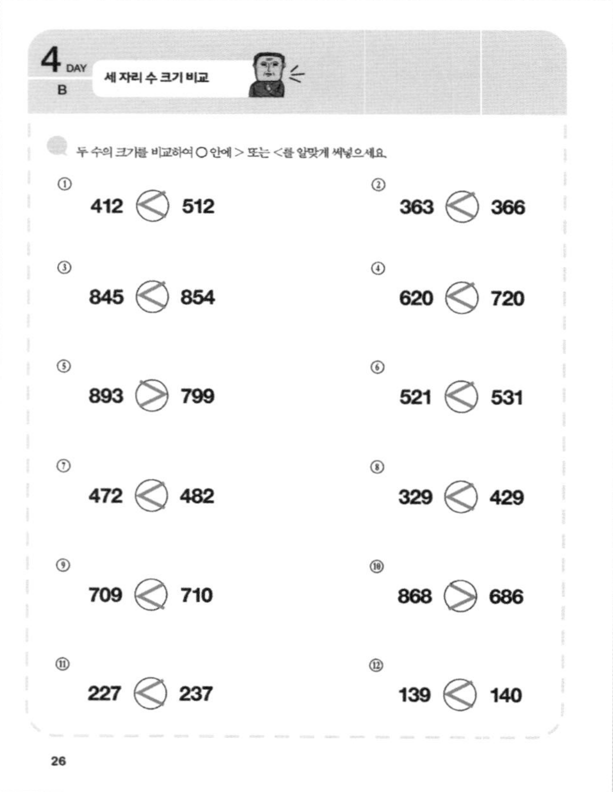

4 DAY B **세 자리 수 크기 비교**

두 수의 크기를 비교하여 ○ 안에 > 또는 <를 알맞게 써넣으세요.

① 412 < 512
② 363 < 366
③ 845 < 854
④ 620 < 720
⑤ 893 > 799
⑥ 521 < 531
⑦ 472 < 482
⑧ 329 < 429
⑨ 709 < 710
⑩ 868 > 686
⑪ 227 < 237
⑫ 139 < 140

26

≫≫ 27쪽 정답

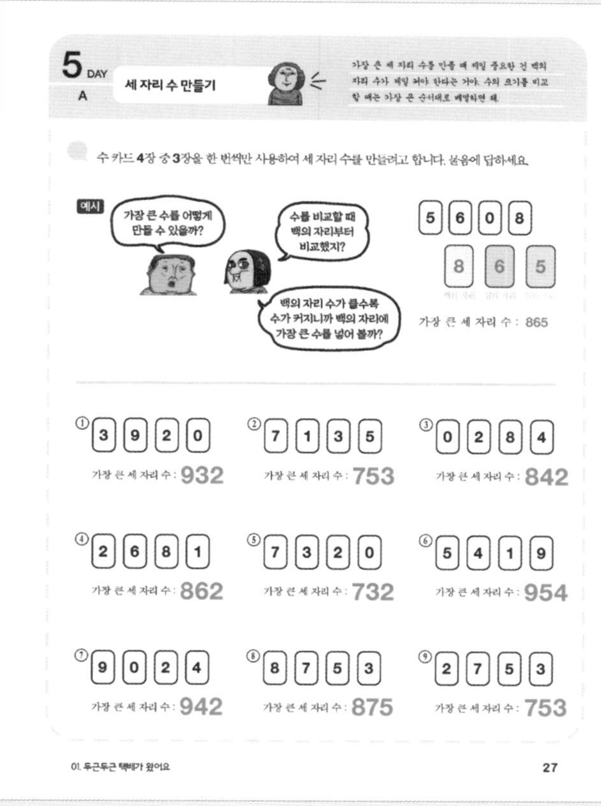

5 DAY A **세 자리 수 만들기**

가장 큰 세 자리 수를 만들 때 제일 중요한 건 백의 자리 수가 제일 커야 한다는 거야. 수의 크기를 비교할 때는 가장 큰 순서대로 배열하면 돼.

수 카드 **4**장 중 **3**장을 한 번씩만 사용하여 세 자리 수를 만들려고 합니다. 물음에 답하세요.

예시 5 6 0 8 → 8 6 5

가장 큰 세 자리 수 : 865

① 3 9 2 0 가장 큰 세 자리 수 : 932
② 7 1 3 5 가장 큰 세 자리 수 : 753
③ 0 2 8 4 가장 큰 세 자리 수 : 842
④ 2 6 8 1 가장 큰 세 자리 수 : 862
⑤ 7 3 2 0 가장 큰 세 자리 수 : 732
⑥ 5 4 1 9 가장 큰 세 자리 수 : 954
⑦ 9 0 2 4 가장 큰 세 자리 수 : 942
⑧ 8 7 5 3 가장 큰 세 자리 수 : 875
⑨ 2 7 5 3 가장 큰 세 자리 수 : 753

01. 두근두근 택배가 왔어요 27

≫≫ 28쪽 정답

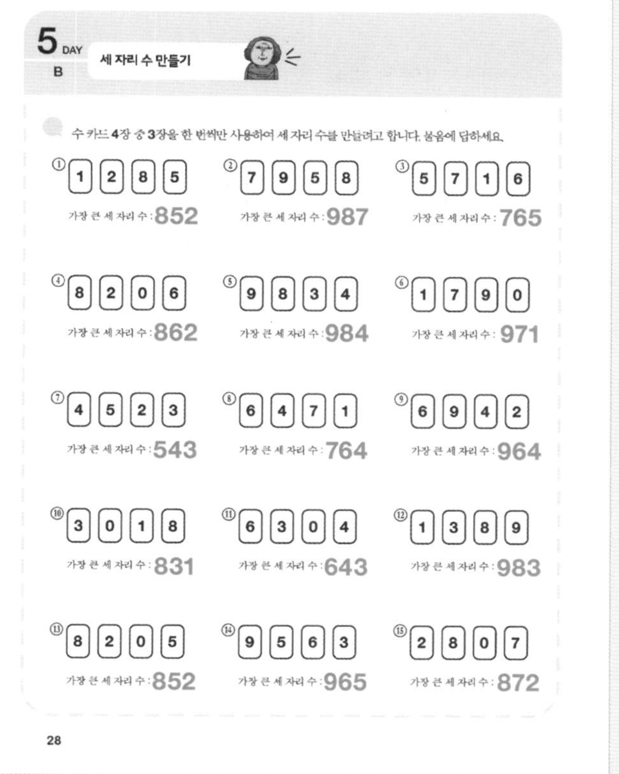

5 DAY B **세 자리 수 만들기**

수 카드 **4**장 중 **3**장을 한 번씩만 사용하여 세 자리 수를 만들려고 합니다. 물음에 답하세요.

① 1 2 8 5 가장 큰 세 자리 수 : 852
② 7 9 5 8 가장 큰 세 자리 수 : 987
③ 5 7 1 6 가장 큰 세 자리 수 : 765
④ 8 2 0 6 가장 큰 세 자리 수 : 862
⑤ 9 8 3 4 가장 큰 세 자리 수 : 984
⑥ 1 7 9 0 가장 큰 세 자리 수 : 971
⑦ 4 5 2 3 가장 큰 세 자리 수 : 543
⑧ 6 4 7 1 가장 큰 세 자리 수 : 764
⑨ 6 9 4 2 가장 큰 세 자리 수 : 964
⑩ 3 0 1 8 가장 큰 세 자리 수 : 831
⑪ 6 3 0 4 가장 큰 세 자리 수 : 643
⑫ 1 3 8 9 가장 큰 세 자리 수 : 983
⑬ 8 2 0 5 가장 큰 세 자리 수 : 852
⑭ 9 5 6 3 가장 큰 세 자리 수 : 965
⑮ 2 8 0 7 가장 큰 세 자리 수 : 872

28

≫≫ 29쪽 정답

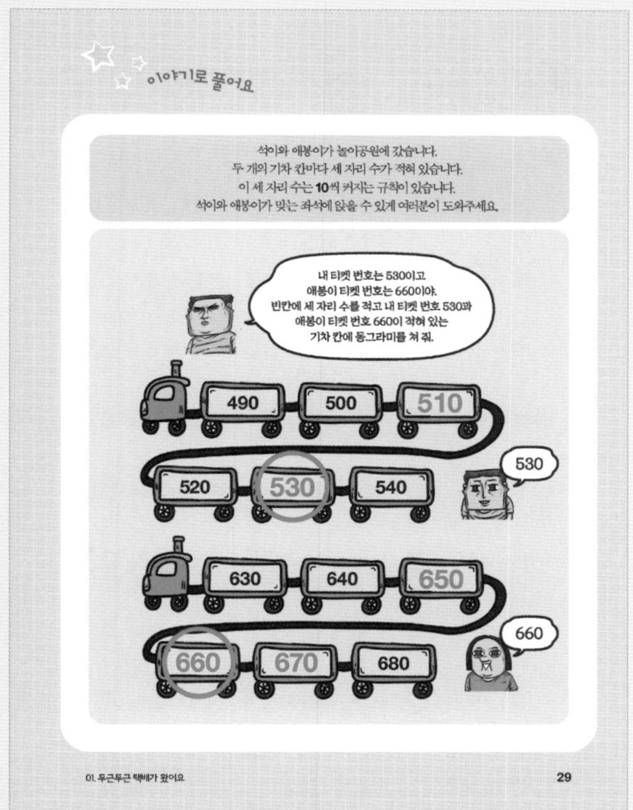

이야기로 풀어요

석이와 애봉이가 놀이공원에 갔습니다.
두 개의 기차 칸마다 세 자리 수가 적혀 있습니다.
이 세 자리 수는 **10**씩 커지는 규칙이 있습니다.
석이와 애봉이가 맞는 좌석에 앉을 수 있게 여러분이 도와주세요.

01. 두근두근 택배가 왔어요 29

≫≫ 35쪽 정답

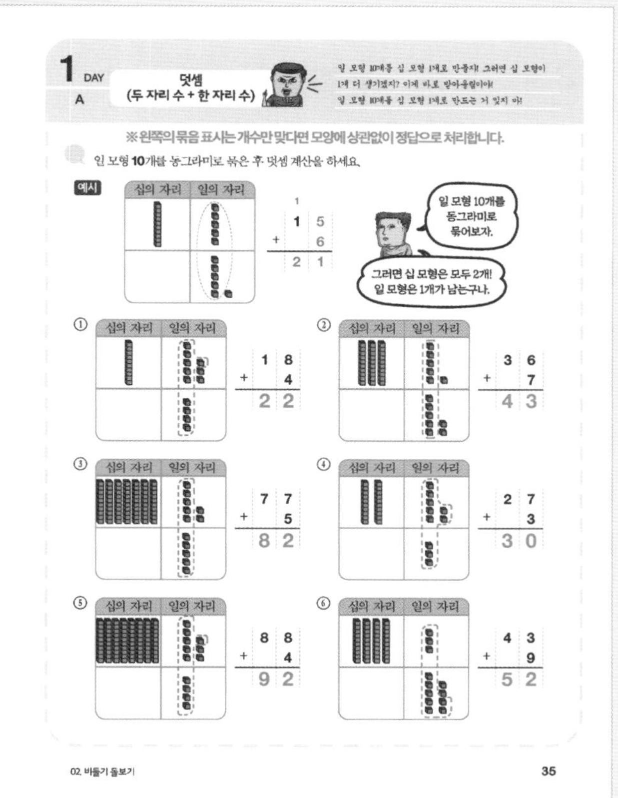

1 DAY A **덧셈 (두 자리 수 + 한 자리 수)**

일 모형 10개를 십 모형 1개로 만들지! 그러면 십 모형이 1개 더 생기겠지? 이게 바로 받아올림이야!
일 모형 10개를 십 모형 1개로 만드는 거 잊지 마!

※왼쪽의 묶음 표시는 개수만 맞다면 모양에 상관없이 정답으로 처리합니다.

일 모형 **10**개를 동그라미로 묶은 후 덧셈 계산을 하세요.

예시 (십의 자리 | 일의 자리) 15 + 6 = 21

① 18 + 4 = 22
② 36 + 7 = 43
③ 77 + 5 = 82
④ 27 + 3 = 30
⑤ 88 + 4 = 92
⑥ 43 + 9 = 52

02. 비늘기 돌보기 35

≫≫ 36쪽 정답

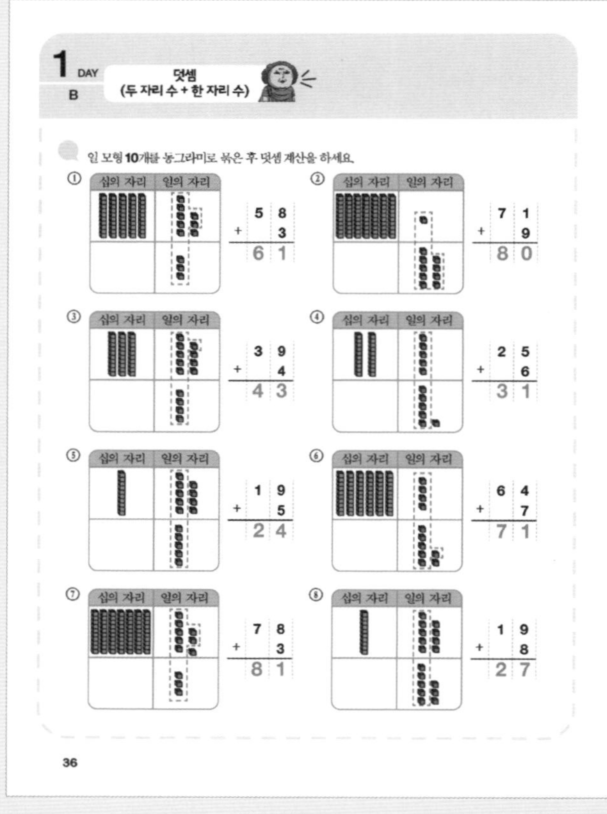

1 DAY B 덧셈 (두 자리 수 + 한 자리 수)

일 모형 10개를 동그라미로 묶은 후 덧셈 계산을 하세요.

(각 문제: 십의 자리 | 일의 자리)

① 58 + 3 = 61
② 71 + 9 = 80
③ 39 + 4 = 43
④ 25 + 6 = 31
⑤ 19 + 5 = 24
⑥ 64 + 7 = 71
⑦ 78 + 3 = 81
⑧ 19 + 8 = 27

36

≫≫ 37쪽 정답

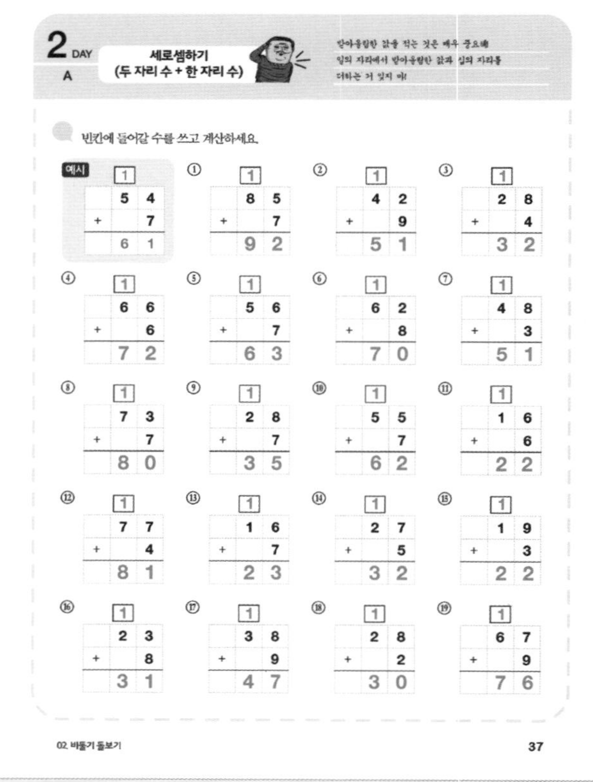

2 DAY A 세로셈하기 (두 자리 수 + 한 자리 수)

받아올림한 값을 적는 것은 매우 중요해
일의 자리에서 받아올림한 값과 십의 자리를
더하는 거 잊지 마!

빈칸에 들어갈 수를 쓰고 계산하세요.

예시 [1] 54 + 7 = 61
① [1] 85 + 7 = 92
② [1] 42 + 9 = 51
③ [1] 28 + 4 = 32
④ [1] 66 + 6 = 72
⑤ [1] 56 + 7 = 63
⑥ [1] 62 + 8 = 70
⑦ [1] 48 + 3 = 51
⑧ [1] 73 + 7 = 80
⑨ [1] 28 + 7 = 35
⑩ [1] 55 + 7 = 62
⑪ [1] 16 + 6 = 22
⑫ [1] 77 + 4 = 81
⑬ [1] 16 + 7 = 23
⑭ [1] 27 + 5 = 32
⑮ [1] 19 + 3 = 22
⑯ [1] 23 + 8 = 31
⑰ [1] 38 + 9 = 47
⑱ [1] 28 + 2 = 30
⑲ [1] 67 + 9 = 76

02. 비둘기 돌보기 37

≫≫ 38쪽 정답

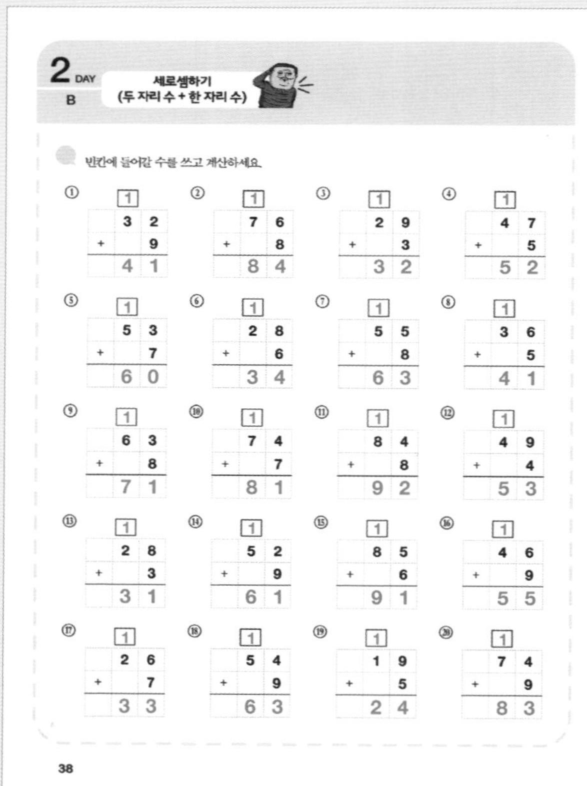

2 DAY B 세로셈하기 (두 자리 수 + 한 자리 수)

빈칸에 들어갈 수를 쓰고 계산하세요.

① [1] 32 + 9 = 41
② [1] 76 + 8 = 84
③ [1] 29 + 3 = 32
④ [1] 47 + 5 = 52
⑤ [1] 53 + 7 = 60
⑥ [1] 28 + 6 = 34
⑦ [1] 55 + 8 = 63
⑧ [1] 36 + 5 = 41
⑨ [1] 63 + 8 = 71
⑩ [1] 74 + 7 = 81
⑪ [1] 84 + 8 = 92
⑫ [1] 49 + 4 = 53
⑬ [1] 28 + 3 = 31
⑭ [1] 52 + 9 = 61
⑮ [1] 85 + 6 = 91
⑯ [1] 46 + 9 = 55
⑰ [1] 26 + 7 = 33
⑱ [1] 54 + 9 = 63
⑲ [1] 19 + 5 = 24
⑳ [1] 74 + 9 = 83

38

≫≫ 39쪽 정답

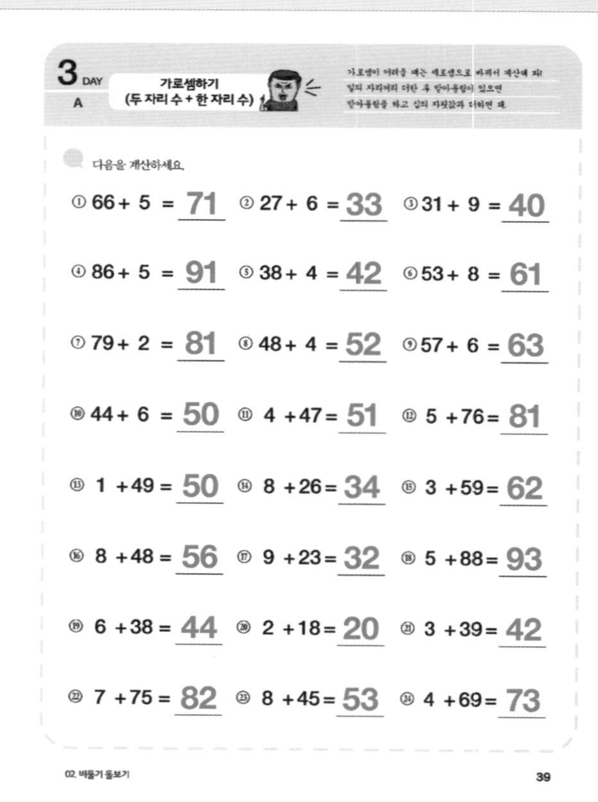

3 DAY A 가로셈하기 (두 자리 수 + 한 자리 수)

가로셈이 어려울 때는 세로셈으로 바꿔서 계산해 봐!
일의 자리끼리 더한 후 받아올림이 있으면
받아올림을 하고 십의 자릿값과 더하면 돼

다음을 계산하세요.

① 66 + 5 = 71 ② 27 + 6 = 33 ③ 31 + 9 = 40
④ 86 + 5 = 91 ⑤ 38 + 4 = 42 ⑥ 53 + 8 = 61
⑦ 79 + 2 = 81 ⑧ 48 + 4 = 52 ⑨ 57 + 6 = 63
⑩ 44 + 6 = 50 ⑪ 4 + 47 = 51 ⑫ 5 + 76 = 81
⑬ 1 + 49 = 50 ⑭ 8 + 26 = 34 ⑮ 3 + 59 = 62
⑯ 8 + 48 = 56 ⑰ 9 + 23 = 32 ⑱ 5 + 88 = 93
⑲ 6 + 38 = 44 ⑳ 2 + 18 = 20 ㉑ 3 + 39 = 42
㉒ 7 + 75 = 82 ㉓ 8 + 45 = 53 ㉔ 4 + 69 = 73

02. 비둘기 돌보기 39

≫≫ 40쪽 정답

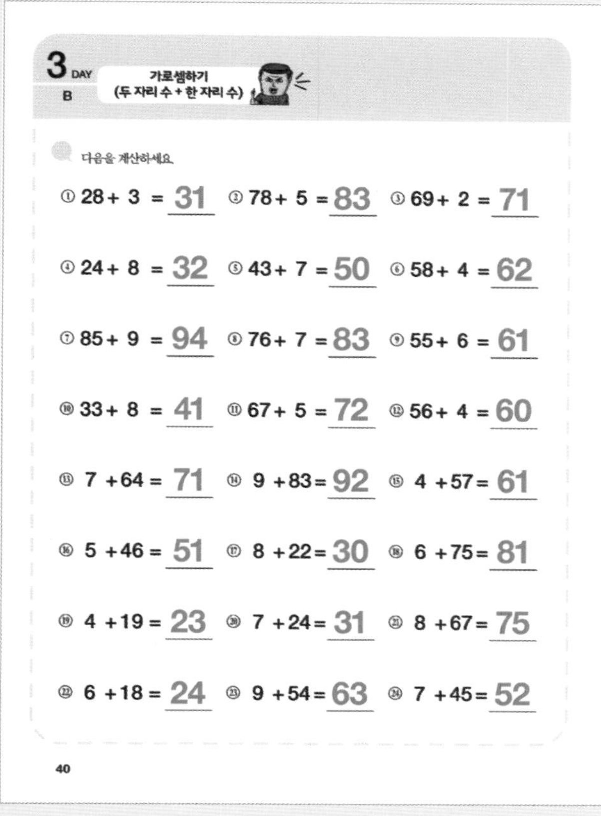

3 DAY B 가로셈하기 (두 자리 수 + 한 자리 수)

다음을 계산하세요.

① 28 + 3 = 31	② 78 + 5 = 83	③ 69 + 2 = 71
④ 24 + 8 = 32	⑤ 43 + 7 = 50	⑥ 58 + 4 = 62
⑦ 85 + 9 = 94	⑧ 76 + 7 = 83	⑨ 55 + 6 = 61
⑩ 33 + 8 = 41	⑪ 67 + 5 = 72	⑫ 56 + 4 = 60
⑬ 7 + 64 = 71	⑭ 9 + 83 = 92	⑮ 4 + 57 = 61
⑯ 5 + 46 = 51	⑰ 8 + 22 = 30	⑱ 6 + 75 = 81
⑲ 4 + 19 = 23	⑳ 7 + 24 = 31	㉑ 8 + 67 = 75
㉒ 6 + 18 = 24	㉓ 9 + 54 = 63	㉔ 7 + 45 = 52

40

≫≫ 41쪽 정답

4 DAY A 어림하며 덧셈하기 (두 자리 수 + 한 자리 수)

빈칸에 들어갈 수를 쓰고 계산하세요.

① [1] 8 + 24 = 32	② [1] 5 + 67 = 72	③ [1] 32 + 8 = 40	④ [1] 18 + 8 = 26
⑤ [1] 46 + 7 = 53	⑥ [1] 6 + 34 = 40	⑦ [1] 2 + 89 = 91	⑧ [1] 88 + 5 = 93
⑨ [1] 86 + 8 = 94	⑩ [1] 37 + 7 = 44	⑪ [1] 8 + 37 = 45	⑫ [1] 6 + 65 = 71
⑬ [1] 79 + 4 = 83	⑭ [1] 76 + 5 = 81	⑮ [1] 7 + 75 = 82	⑯ [1] 9 + 23 = 32
⑰ [1] 3 + 58 = 61	⑱ [1] 28 + 4 = 32	⑲ [1] 58 + 5 = 63	⑳ [1] 37 + 5 = 42

02 바둑기 돌보기 41

≫≫ 42쪽 정답

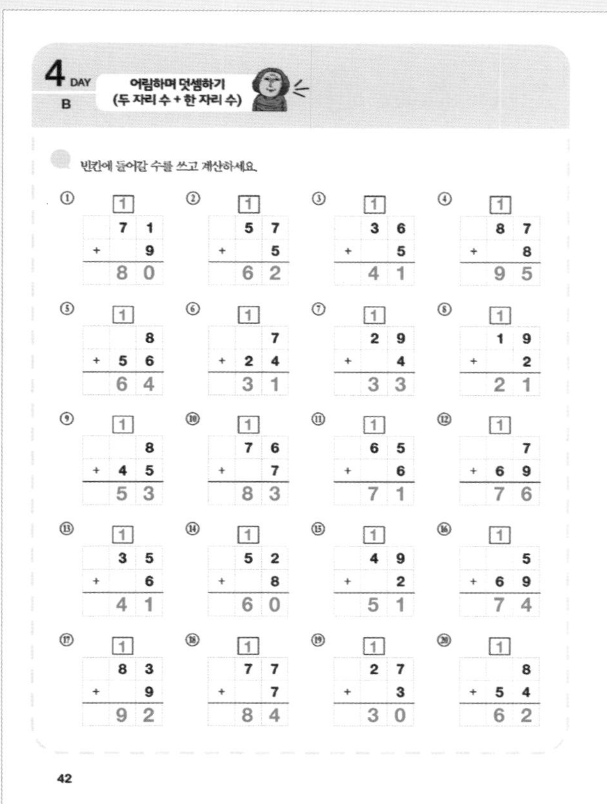

4 DAY B 어림하며 덧셈하기 (두 자리 수 + 한 자리 수)

빈칸에 들어갈 수를 쓰고 계산하세요.

① [1] 71 + 9 = 80	② [1] 57 + 5 = 62	③ [1] 36 + 5 = 41	④ [1] 87 + 8 = 95
⑤ [1] 8 + 56 = 64	⑥ [1] 7 + 24 = 31	⑦ [1] 29 + 4 = 33	⑧ [1] 19 + 2 = 21
⑨ [1] 8 + 45 = 53	⑩ [1] 76 + 7 = 83	⑪ [1] 65 + 6 = 71	⑫ [1] 7 + 69 = 76
⑬ [1] 35 + 6 = 41	⑭ [1] 52 + 8 = 60	⑮ [1] 49 + 2 = 51	⑯ [1] 5 + 69 = 74
⑰ [1] 83 + 9 = 92	⑱ [1] 77 + 7 = 84	⑲ [1] 27 + 3 = 30	⑳ [1] 8 + 54 = 62

42

≫≫ 43쪽 정답

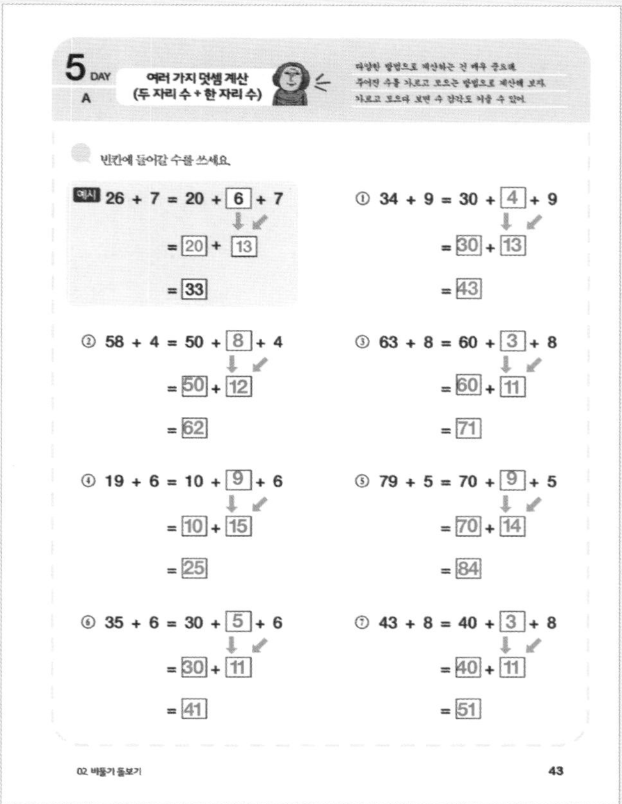

5 DAY A 여러 가지 덧셈 계산 (두 자리 수 + 한 자리 수)

빈칸에 들어갈 수를 쓰세요.

예시 26 + 7 = 20 + [6] + 7 = [20] + [13] = [33]

① 34 + 9 = 30 + [4] + 9 = [30] + [13] = [43]

② 58 + 4 = 50 + [8] + 4 = [50] + [12] = [62]

③ 63 + 8 = 60 + [3] + 8 = [60] + [11] = [71]

④ 19 + 6 = 10 + [9] + 6 = [10] + [15] = [25]

⑤ 79 + 5 = 70 + [9] + 5 = [70] + [14] = [84]

⑥ 35 + 6 = 30 + [5] + 6 = [30] + [11] = [41]

⑦ 43 + 8 = 40 + [3] + 8 = [40] + [11] = [51]

02 바둑기 돌보기 43

≫≫ 44쪽 정답

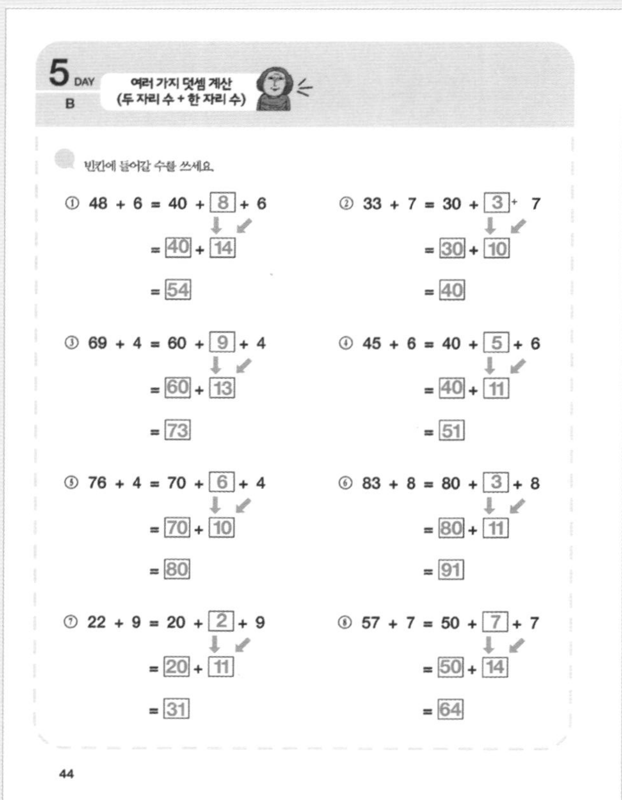

5 DAY B 여러 가지 덧셈 계산 (두 자리 수 + 한 자리 수)

빈칸에 들어갈 수를 쓰세요.

① 48 + 6 = 40 + [8] + 6 = [40] + [14] = [54]

② 33 + 7 = 30 + [3] + 7 = [30] + [10] = [40]

③ 69 + 4 = 60 + [9] + 4 = [60] + [13] = [73]

④ 45 + 6 = 40 + [5] + 6 = [40] + [11] = [51]

⑤ 76 + 4 = 70 + [6] + 4 = [70] + [10] = [80]

⑥ 83 + 8 = 80 + [3] + 8 = [80] + [11] = [91]

⑦ 22 + 9 = 20 + [2] + 9 = [20] + [11] = [31]

⑧ 57 + 7 = 50 + [7] + 7 = [50] + [14] = [64]

44

≫≫ 45쪽 정답

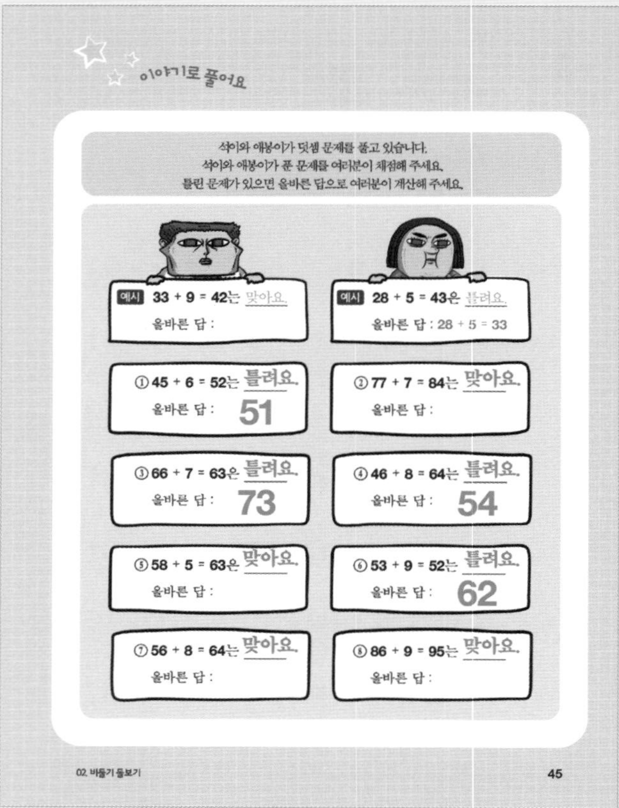

이야기로 풀어요

석이와 애봉이가 덧셈 문제를 풀고 있습니다.
석이와 애봉이가 푼 문제를 여러분이 채점해 주세요.
틀린 문제가 있으면 올바른 답으로 여러분이 계산해 주세요.

예시 33 + 9 = 42는 맞아요. 올바른 답 :

예시 28 + 5 = 43은 틀려요. 올바른 답 : 28 + 5 = 33

① 45 + 6 = 52는 틀려요. 올바른 답 : 51

② 77 + 7 = 84는 맞아요. 올바른 답 :

③ 66 + 7 = 63은 틀려요. 올바른 답 : 73

④ 46 + 8 = 64는 틀려요. 올바른 답 : 54

⑤ 58 + 5 = 63은 맞아요. 올바른 답 :

⑥ 53 + 9 = 52는 틀려요. 올바른 답 : 62

⑦ 56 + 8 = 64는 맞아요. 올바른 답 :

⑧ 86 + 9 = 95는 맞아요. 올바른 답 :

02. 바둑기 돌보기 45

≫≫ 51쪽 정답

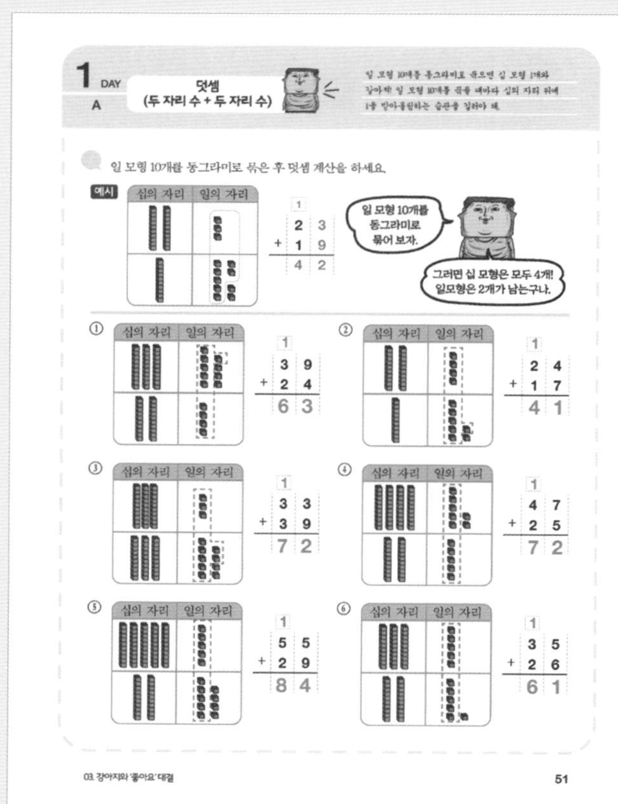

1 DAY A 덧셈 (두 자리 수 + 두 자리 수)

일 모형 10개를 동그라미로 묶으면 십 모형 1개와 같아져! 일 모형 10개를 묶을 때마다 십의 자리 위에 1을 받아올림하는 습관을 길러야 해.

일 모형 10개를 동그라미로 묶은 후 덧셈 계산을 하세요.

예시 (십의 자리 | 일의 자리) 23 + 19 = 42

일 모형 10개를 동그라미로 묶어 보자.
그러면 십 모형은 모두 4개! 일모형은 2개가 남는구나.

① 39 + 24 = 63

② 24 + 17 = 41

③ 33 + 39 = 72

④ 47 + 25 = 72

⑤ 55 + 29 = 84

⑥ 35 + 26 = 61

03. 강아지와 '좋아요' 대결 51

≫≫ 52쪽 정답

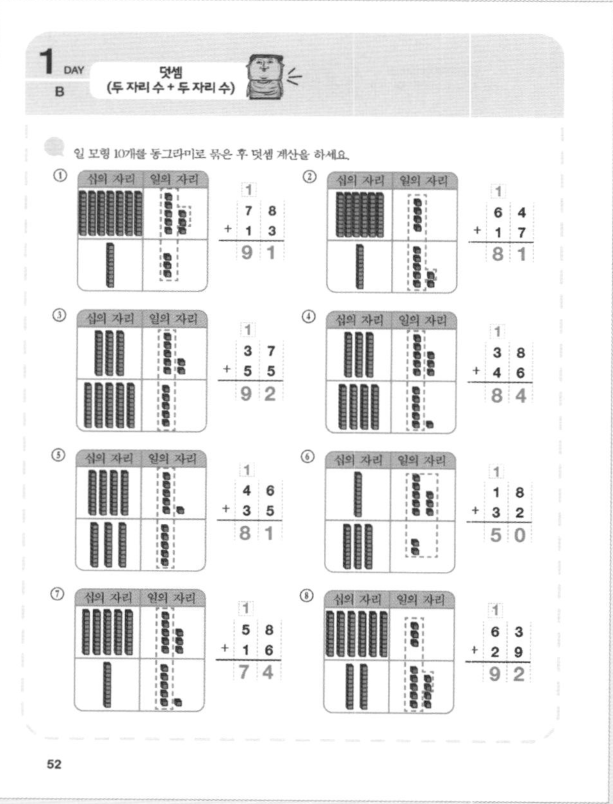

1 DAY B 덧셈 (두 자리 수 + 두 자리 수)

일 모형 10개를 동그라미로 묶은 후 덧셈 계산을 하세요.

① 78 + 13 = 91

② 64 + 17 = 81

③ 37 + 55 = 92

④ 38 + 46 = 84

⑤ 46 + 35 = 81

⑥ 18 + 32 = 50

⑦ 58 + 16 = 74

⑧ 63 + 29 = 92

52

≫≫ 53쪽 정답

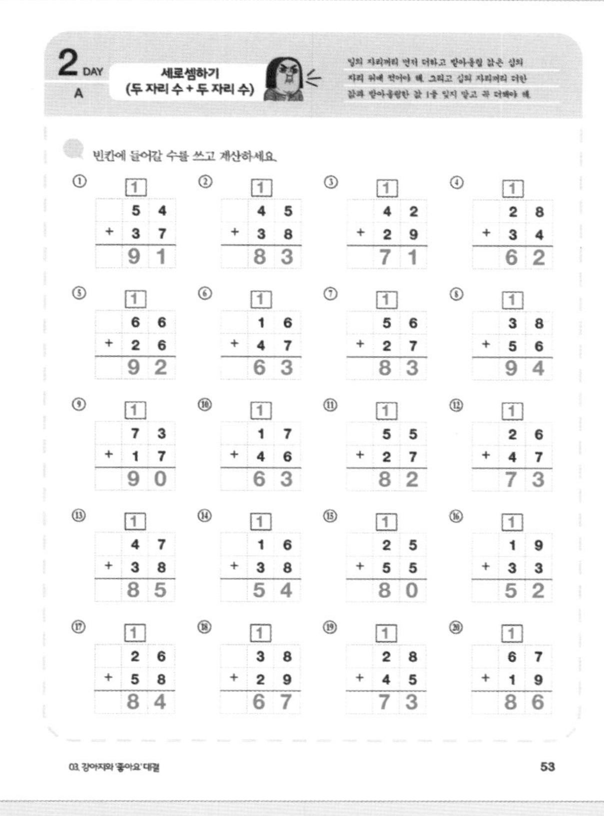
2 DAY A 세로셈하기 (두 자리 수 + 두 자리 수)

일의 자리끼리 먼저 더하고 받아올림 값은 십의 자리 위에 적어야 해. 그리고 십의 자리끼리 더한 값과 받아올림한 값 1을 잊지 말고 꼭 더해야 해.

빈칸에 들어갈 수를 쓰고 계산하세요.

① [1] 54 + 37 = 91 ② [1] 45 + 38 = 83 ③ [1] 42 + 29 = 71 ④ [1] 28 + 34 = 62

⑤ [1] 66 + 26 = 92 ⑥ [1] 16 + 47 = 63 ⑦ [1] 56 + 27 = 83 ⑧ [1] 38 + 56 = 94

⑨ [1] 73 + 17 = 90 ⑩ [1] 17 + 46 = 63 ⑪ [1] 55 + 27 = 82 ⑫ [1] 26 + 47 = 73

⑬ [1] 47 + 38 = 85 ⑭ [1] 16 + 38 = 54 ⑮ [1] 25 + 55 = 80 ⑯ [1] 19 + 33 = 52

⑰ [1] 26 + 58 = 84 ⑱ [1] 38 + 29 = 67 ⑲ [1] 28 + 45 = 73 ⑳ [1] 67 + 19 = 86

03. 강아지와 '좋아요' 대결 53

≫≫ 54쪽 정답

2 DAY B 세로셈하기 (두 자리 수 + 두 자리 수)

빈칸에 들어갈 수를 쓰고 계산하세요.

① [1] 22 + 69 = 91 ② [1] 63 + 28 = 91 ③ [1] 55 + 38 = 93 ④ [1] 78 + 16 = 94

⑤ [1] 24 + 57 = 81 ⑥ [1] 34 + 29 = 63 ⑦ [1] 47 + 44 = 91 ⑧ [1] 69 + 16 = 85

⑨ [1] 72 + 18 = 90 ⑩ [1] 21 + 59 = 80 ⑪ [1] 34 + 48 = 82 ⑫ [1] 35 + 57 = 92

⑬ [1] 13 + 38 = 51 ⑭ [1] 25 + 36 = 61 ⑮ [1] 27 + 17 = 44 ⑯ [1] 45 + 19 = 64

⑰ [1] 62 + 18 = 80 ⑱ [1] 46 + 36 = 82 ⑲ [1] 54 + 27 = 81 ⑳ [1] 36 + 48 = 84

54

≫≫ 55쪽 정답

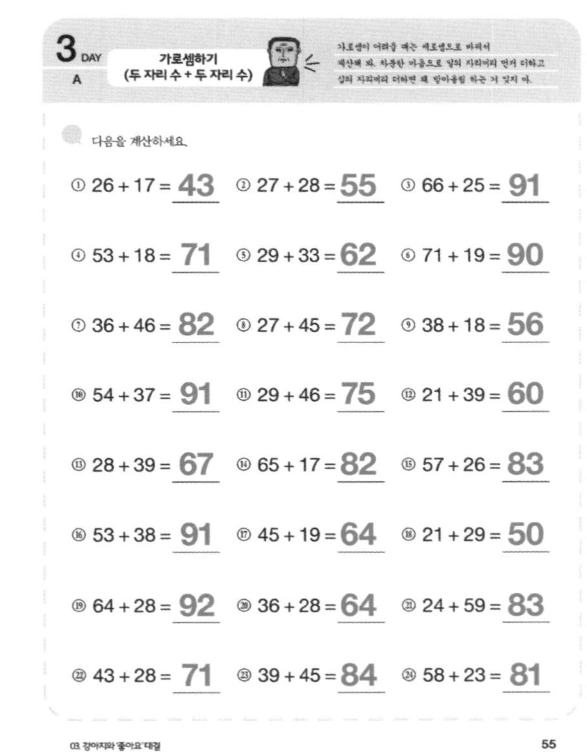
3 DAY A 가로셈하기 (두 자리 수 + 두 자리 수)

가로셈이 어려울 때는 세로셈으로 바꿔서 계산해 봐. 차분한 마음으로 일의 자리끼리 먼저 더하고 십의 자리끼리 더하면 돼. 받아올림 하는 거 잊지 마.

다음을 계산하세요.

① 26 + 17 = 43 ② 27 + 28 = 55 ③ 66 + 25 = 91

④ 53 + 18 = 71 ⑤ 29 + 33 = 62 ⑥ 71 + 19 = 90

⑦ 36 + 46 = 82 ⑧ 27 + 45 = 72 ⑨ 38 + 18 = 56

⑩ 54 + 37 = 91 ⑪ 29 + 46 = 75 ⑫ 21 + 39 = 60

⑬ 28 + 39 = 67 ⑭ 65 + 17 = 82 ⑮ 57 + 26 = 83

⑯ 53 + 38 = 91 ⑰ 45 + 19 = 64 ⑱ 21 + 29 = 50

⑲ 64 + 28 = 92 ⑳ 36 + 28 = 64 ㉑ 24 + 59 = 83

㉒ 43 + 28 = 71 ㉓ 39 + 45 = 84 ㉔ 58 + 23 = 81

03. 강아지와 '좋아요' 대결 55

≫≫ 56쪽 정답

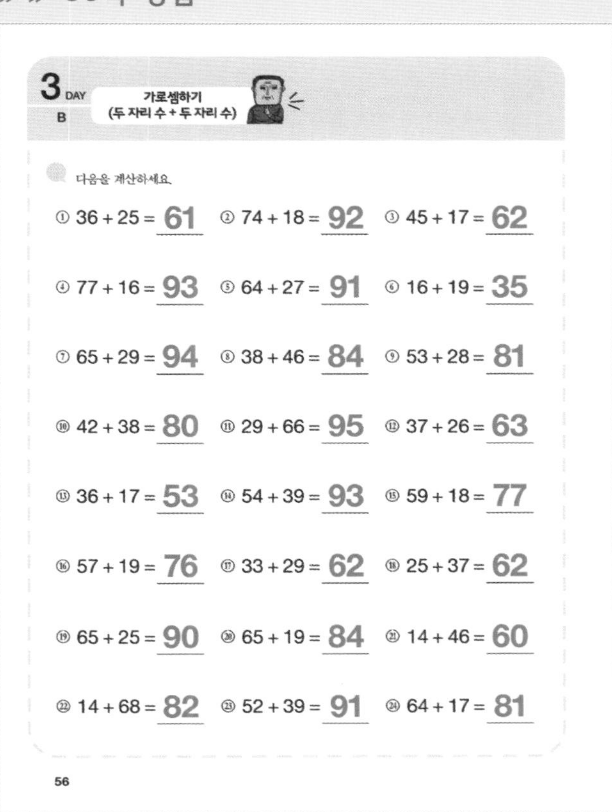
3 DAY B 가로셈하기 (두 자리 수 + 두 자리 수)

다음을 계산하세요.

① 36 + 25 = 61 ② 74 + 18 = 92 ③ 45 + 17 = 62

④ 77 + 16 = 93 ⑤ 64 + 27 = 91 ⑥ 16 + 19 = 35

⑦ 65 + 29 = 94 ⑧ 38 + 46 = 84 ⑨ 53 + 28 = 81

⑩ 42 + 38 = 80 ⑪ 29 + 66 = 95 ⑫ 37 + 26 = 63

⑬ 36 + 17 = 53 ⑭ 54 + 39 = 93 ⑮ 59 + 18 = 77

⑯ 57 + 19 = 76 ⑰ 33 + 29 = 62 ⑱ 25 + 37 = 62

⑲ 65 + 25 = 90 ⑳ 65 + 19 = 84 ㉑ 14 + 46 = 60

㉒ 14 + 68 = 82 ㉓ 52 + 39 = 91 ㉔ 64 + 17 = 81

56

≫≫ 57쪽 정답

4 DAY A 알맞은 수 찾기 (두 자리 수 + 두 자리 수)

(두 자리 수)+(두 자리 수) 답이 나와 있지? 답을 보고 일의 자리끼리 더한 값이 얼마가 돼야 답과 같아지는지 생각해야 해. 잘 모를 때는 0부터 9까지 수를 하나씩 넣어서 계산해 봐!

빈칸에 들어갈 수를 쓰고 계산하세요.

- 예시 (1) 3[4] + 27 = 61
- ① (1) 25 + 4[8] = 73
- ② (1) 3[8] + 49 = 87
- ③ (1) 3[9] + 46 = 85
- ④ (1) 45 + 3[8] = 83
- ⑤ (1) 1[8] + 56 = 74
- ⑥ (1) 56 + 3[6] = 92
- ⑦ (1) 3[8] + 38 = 76
- ⑧ (1) 6[6] + 27 = 93
- ⑨ (1) 17 + 4[9] = 66
- ⑩ (1) 24 + 1[7] = 41
- ⑪ (1) 14 + 4[9] = 63
- ⑫ (1) 4[8] + 34 = 82
- ⑬ (1) 19 + 3[2] = 51
- ⑭ (1) 25 + 3[5] = 60
- ⑮ (1) 2[9] + 31 = 60
- ⑯ (1) 2[6] + 35 = 61
- ⑰ (1) 7[8] + 13 = 91
- ⑱ (1) 18 + 7[5] = 93
- ⑲ (1) 27 + 4[9] = 76

03. 강아지와 '좋아요' 대결 57

≫≫ 58쪽 정답

4 DAY B 알맞은 수 찾기 (두 자리 수 + 두 자리 수)

빈칸에 들어갈 수를 쓰고 계산하세요.

- ① (1) 5[3] + 28 = 81
- ② (1) 27 + 5[5] = 82
- ③ (1) 3[6] + 34 = 70
- ④ (1) 2[5] + 38 = 63
- ⑤ (1) 45 + 1[9] = 64
- ⑥ (1) 5[7] + 26 = 83
- ⑦ (1) 47 + 2[7] = 74
- ⑧ (1) 3[8] + 25 = 63
- ⑨ (1) 1[9] + 55 = 74
- ⑩ (1) 39 + 1[6] = 55
- ⑪ (1) 23 + 6[7] = 90
- ⑫ (1) 42 + 3[8] = 80
- ⑬ (1) 5[7] + 24 = 81
- ⑭ (1) 44 + 1[8] = 62
- ⑮ (1) 39 + 5[8] = 97
- ⑯ (1) 3[7] + 35 = 72
- ⑰ (1) 5[9] + 29 = 88
- ⑱ (1) 2[4] + 68 = 92
- ⑲ (1) 12 + 4[9] = 61
- ⑳ (1) 69 + 1[6] = 85

58

≫≫ 59쪽 정답

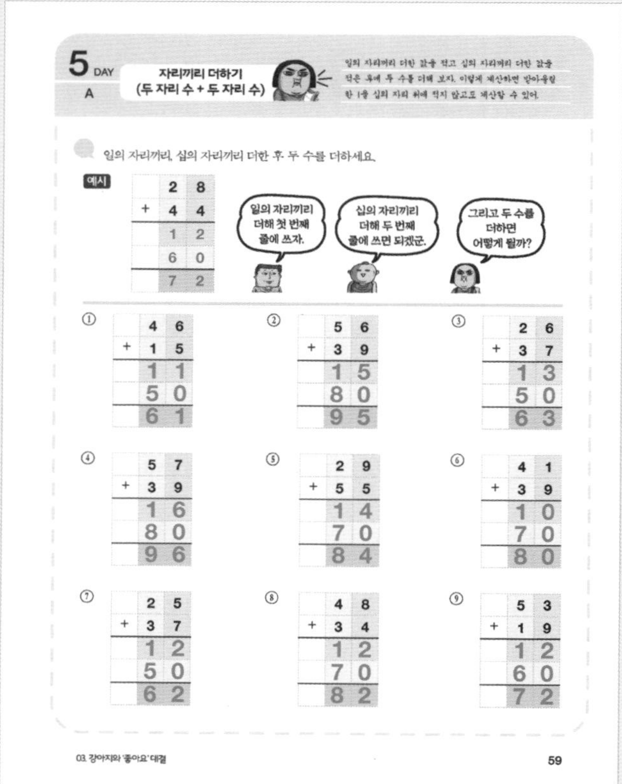

5 DAY A 자리끼리 더하기 (두 자리 수 + 두 자리 수)

일의 자리끼리 더한 값을 적고 십의 자리끼리 더한 값을 적은 후에 두 수를 더해 보자. 이렇게 계산하면 받아올림한 1을 십의 자리 위에 적지 않고도 계산할 수 있어.

일의 자리끼리, 십의 자리끼리 더한 후 두 수를 더하세요.

예시: 28 + 44 → 12, 60, 72

일의 자리끼리 더해 첫 번째 줄에 쓰자.
십의 자리끼리 더해 두 번째 줄에 쓰면 되겠군.
그리고 두 수를 더하면 어떻게 될까?

- ① 46 + 15 → 11, 50, 61
- ② 56 + 39 → 15, 80, 95
- ③ 26 + 37 → 13, 50, 63
- ④ 57 + 39 → 16, 80, 96
- ⑤ 29 + 55 → 14, 70, 84
- ⑥ 41 + 39 → 10, 70, 80
- ⑦ 25 + 37 → 12, 50, 62
- ⑧ 48 + 34 → 12, 70, 82
- ⑨ 53 + 19 → 12, 60, 72

03. 강아지와 '좋아요' 대결 59

≫≫ 60쪽 정답

5 DAY B 자리끼리 더하기 (두 자리 수 + 두 자리 수)

일의 자리끼리, 십의 자리끼리 더한 후 두 수를 더하세요.

- ① 64 + 28 → 12, 80, 92
- ② 39 + 38 → 17, 60, 77
- ③ 43 + 48 → 11, 80, 91
- ④ 45 + 17 → 12, 50, 62
- ⑤ 57 + 26 → 13, 70, 83
- ⑥ 55 + 37 → 12, 80, 92
- ⑦ 49 + 32 → 11, 70, 81
- ⑧ 28 + 68 → 16, 80, 96
- ⑨ 36 + 49 → 15, 70, 85
- ⑩ 15 + 68 → 13, 70, 83
- ⑪ 38 + 45 → 13, 70, 83
- ⑫ 78 + 17 → 15, 80, 95

60

≫ 61쪽 정답

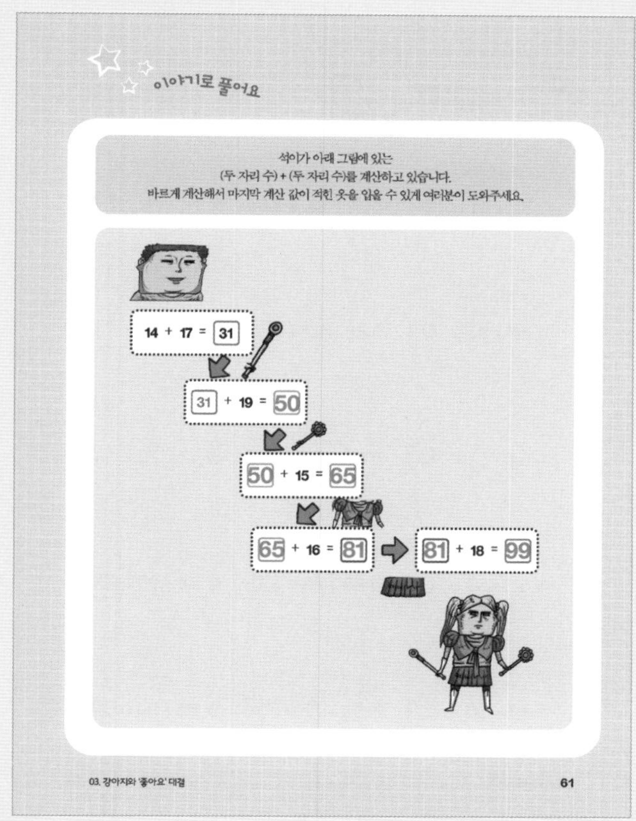
이야기로 풀어요

석이가 아래 그림에 있는
(두 자리 수) + (두 자리 수)를 계산하고 있습니다.
바르게 계산해서 마지막 계산 값이 적힌 옷을 입을 수 있게 여러분이 도와주세요.

14 + 17 = 31

31 + 19 = 50

50 + 15 = 65

65 + 16 = 81 → 81 + 18 = 99

03. 강아지와 '좋아요' 대결 61

≫ 65쪽 정답

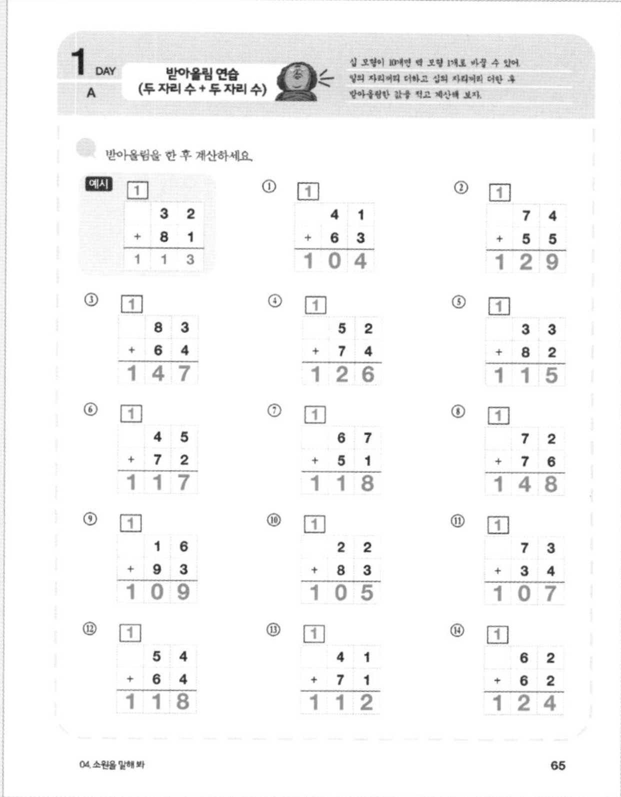
1 DAY A 받아올림 연습 (두 자리 수 + 두 자리 수)

십 모형이 10개면 백 모형 1개로 바꿀 수 있어. 일의 자리끼리 더하고 십의 자리끼리 더한 후 받아올림한 값을 적고 계산해 보자.

받아올림을 한 후 계산하세요.

번호	받아올림	식	답
예시	1	32 + 81	113
①	1	41 + 63	104
②	1	74 + 55	129
③	1	83 + 64	147
④	1	52 + 74	126
⑤	1	33 + 82	115
⑥	1	45 + 72	117
⑦	1	67 + 51	118
⑧	1	72 + 76	148
⑨	1	16 + 93	109
⑩	1	22 + 83	105
⑪	1	73 + 34	107
⑫	1	54 + 64	118
⑬	1	41 + 71	112
⑭	1	62 + 62	124

04. 소원을 말해 봐 65

≫ 66쪽 정답

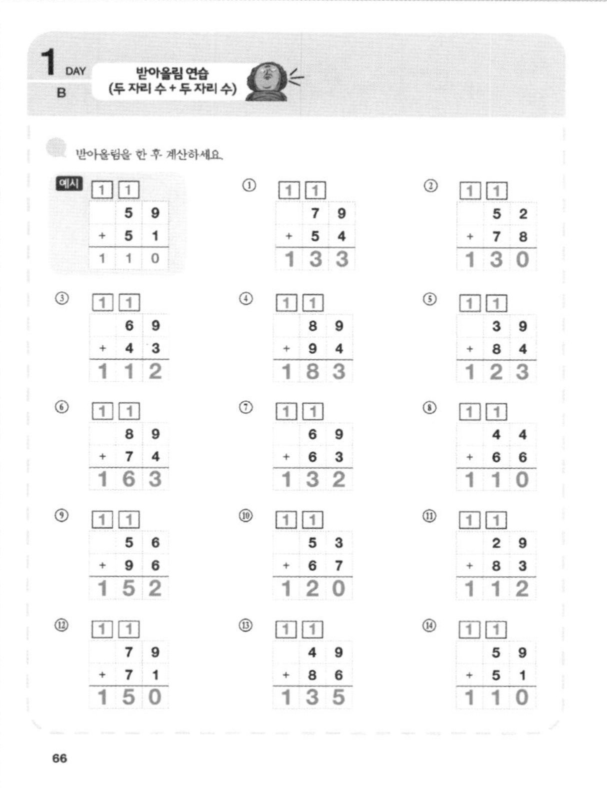
1 DAY B 받아올림 연습 (두 자리 수 + 두 자리 수)

받아올림을 한 후 계산하세요.

번호	받아올림	식	답
예시	1 1	59 + 51	110
①	1 1	79 + 54	133
②	1 1	52 + 78	130
③	1 1	69 + 43	112
④	1 1	89 + 94	183
⑤	1 1	39 + 84	123
⑥	1 1	89 + 74	163
⑦	1 1	69 + 63	132
⑧	1 1	44 + 66	110
⑨	1 1	56 + 96	152
⑩	1 1	53 + 67	120
⑪	1 1	29 + 83	112
⑫	1 1	79 + 71	150
⑬	1 1	49 + 86	135
⑭	1 1	59 + 51	110

66

≫ 67쪽 정답

2 DAY A 세로셈하기 (받아올림이 한 번 있을 때)

더하기 전에 눈으로 한 번 훑어 봐. 그리고 나서 세로셈을 계산하면 실수도 줄이고 수 감각도 기를 수 있어.

빈칸에 들어갈 수를 쓰고 계산하세요.

번호	식	답
①	74 + 31	105
②	56 + 72	128
③	51 + 92	143
④	71 + 58	129
⑤	75 + 81	156
⑥	96 + 32	128
⑦	61 + 61	122
⑧	43 + 82	125
⑨	91 + 30	121
⑩	40 + 80	120
⑪	75 + 32	107
⑫	85 + 92	177
⑬	42 + 87	129
⑭	79 + 50	129
⑮	39 + 70	109

04. 소원을 말해 봐 67

≫≫ 68쪽 정답

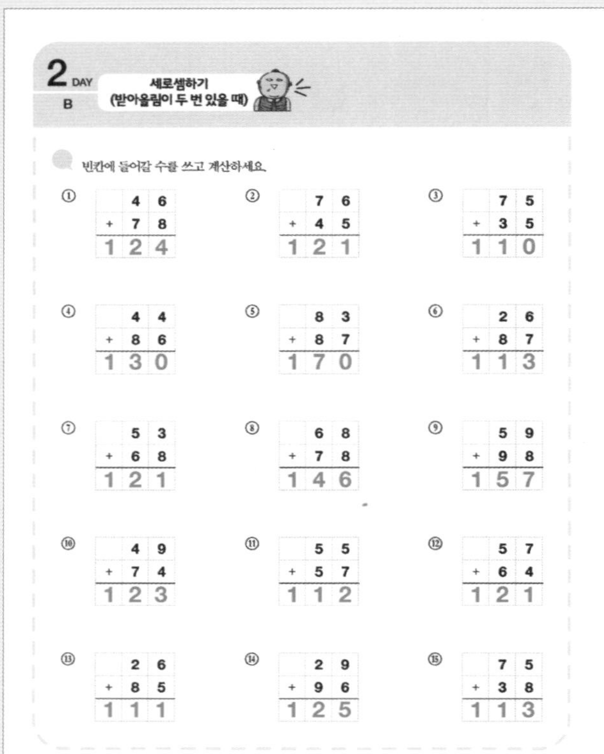

2 DAY B 세로셈하기 (받아올림이 두 번 있을 때)

빈칸에 들어갈 수를 쓰고 계산하세요.

① 46 + 78 = 124	② 76 + 45 = 121	③ 75 + 35 = 110
④ 44 + 86 = 130	⑤ 83 + 87 = 170	⑥ 26 + 87 = 113
⑦ 53 + 68 = 121	⑧ 68 + 78 = 146	⑨ 59 + 98 = 157
⑩ 49 + 74 = 123	⑪ 55 + 57 = 112	⑫ 57 + 64 = 121
⑬ 26 + 85 = 111	⑭ 29 + 96 = 125	⑮ 75 + 38 = 113

68

≫≫ 69쪽 정답

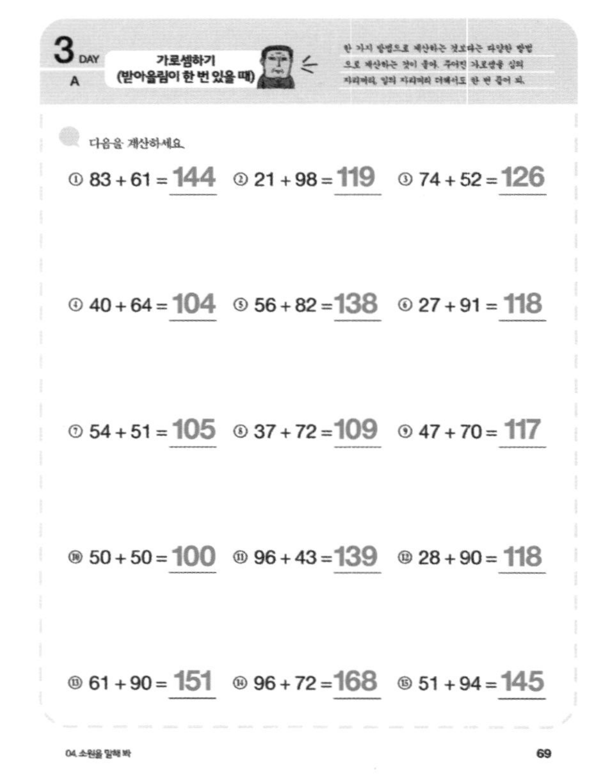

3 DAY A 가로셈하기 (받아올림이 한 번 있을 때)

한 가지 방법으로 계산하는 것보다는 다양한 방법으로 계산하는 것이 좋아. 주어진 가로셈을 십의 자리끼리, 일의 자리끼리 더해서도 한 번 풀어 봐.

다음을 계산하세요.

① 83 + 61 = 144	② 21 + 98 = 119	③ 74 + 52 = 126
④ 40 + 64 = 104	⑤ 56 + 82 = 138	⑥ 27 + 91 = 118
⑦ 54 + 51 = 105	⑧ 37 + 72 = 109	⑨ 47 + 70 = 117
⑩ 50 + 50 = 100	⑪ 96 + 43 = 139	⑫ 28 + 90 = 118
⑬ 61 + 90 = 151	⑭ 96 + 72 = 168	⑮ 51 + 94 = 145

04. 소원을 말해 봐 69

≫≫ 70쪽 정답

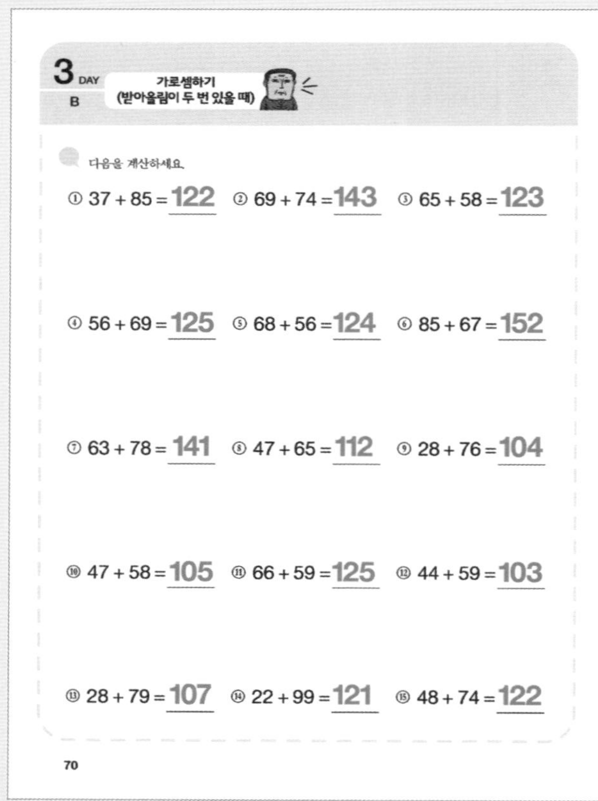

3 DAY B 가로셈하기 (받아올림이 두 번 있을 때)

다음을 계산하세요.

① 37 + 85 = 122	② 69 + 74 = 143	③ 65 + 58 = 123
④ 56 + 69 = 125	⑤ 68 + 56 = 124	⑥ 85 + 67 = 152
⑦ 63 + 78 = 141	⑧ 47 + 65 = 112	⑨ 28 + 76 = 104
⑩ 47 + 58 = 105	⑪ 66 + 59 = 125	⑫ 44 + 59 = 103
⑬ 28 + 79 = 107	⑭ 22 + 99 = 121	⑮ 48 + 74 = 122

70

≫≫ 71쪽 정답

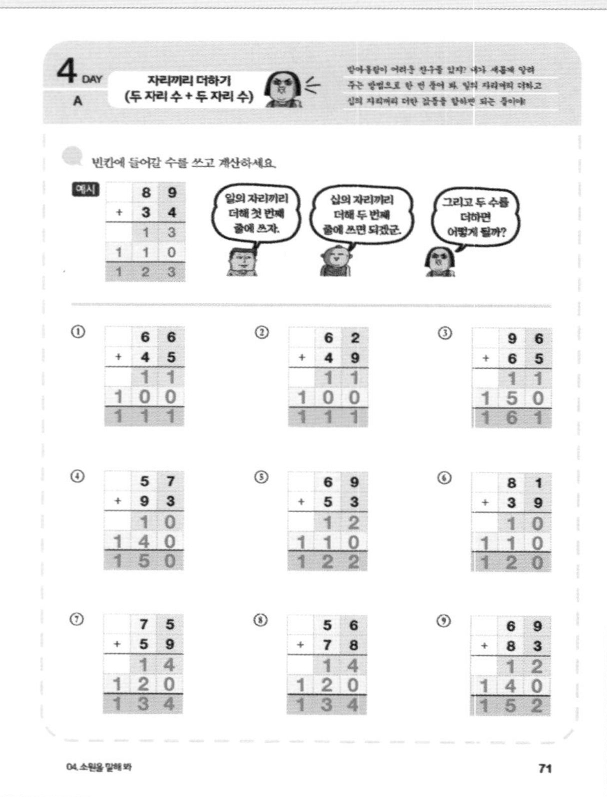

4 DAY A 자리끼리 더하기 (두 자리 수 + 두 자리 수)

받아올림이 어려운 친구들 있지? 내가 새롭게 알려 주는 방법으로 한 번 풀어 봐. 일의 자리끼리 더하고 십의 자리끼리 더한 값들을 합하면 되는 거야!

빈칸에 들어갈 수를 쓰고 계산하세요.

예시

	8	9
+	3	4
	1	3
1	1	0
1	2	3

일의 자리끼리 더해 첫 번째 줄에 쓰자.

십의 자리끼리 더해 두 번째 줄에 쓰면 되겠군.

그리고 두 수를 더하면 어떻게 될까?

문제	일의 자리 합	십의 자리 합	답
① 66 + 45	11	100	111
② 62 + 49	11	100	111
③ 96 + 65	11	150	161
④ 57 + 93	10	140	150
⑤ 69 + 53	12	110	122
⑥ 81 + 39	10	110	120
⑦ 75 + 59	14	120	134
⑧ 56 + 78	14	120	134
⑨ 69 + 83	12	140	152

04. 소원을 말해 봐 71

≫≫ 72쪽 정답

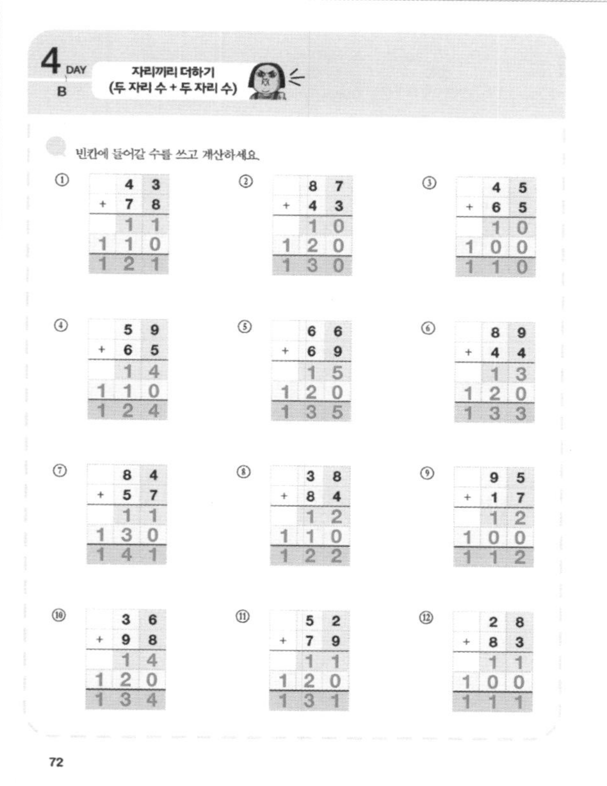

4 DAY B 자리끼리 더하기 (두 자리 수 + 두 자리 수)

빈칸에 들어갈 수를 쓰고 계산하세요.

① 43 + 78 → 11, 110, 121

② 87 + 43 → 10, 120, 130

③ 45 + 65 → 10, 100, 110

④ 59 + 65 → 14, 110, 124

⑤ 66 + 69 → 15, 120, 135

⑥ 89 + 44 → 13, 120, 133

⑦ 84 + 57 → 11, 130, 141

⑧ 38 + 84 → 12, 110, 122

⑨ 95 + 17 → 12, 100, 112

⑩ 36 + 98 → 14, 120, 134

⑪ 52 + 79 → 11, 120, 131

⑫ 28 + 83 → 11, 100, 111

72

≫≫ 73쪽 정답

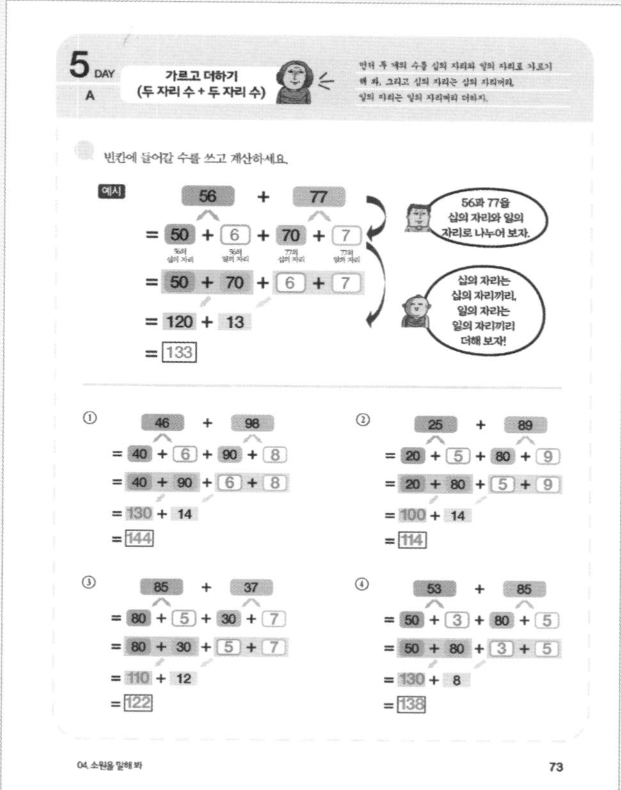

5 DAY A 가르고 더하기 (두 자리 수 + 두 자리 수)

먼저 두 개의 수를 십의 자리와 일의 자리로 가르기 해 봐. 그리고 십의 자리는 십의 자리끼리, 일의 자리는 일의 자리끼리 더하지.

빈칸에 들어갈 수를 쓰고 계산하세요.

예시 56 + 77
= 50 + 6 + 70 + 7
= 50 + 70 + 6 + 7
= 120 + 13
= 133

① 46 + 98 = 40 + 6 + 90 + 8 = 40 + 90 + 6 + 8 = 130 + 14 = 144

② 25 + 89 = 20 + 5 + 80 + 9 = 20 + 80 + 5 + 9 = 100 + 14 = 114

③ 85 + 37 = 80 + 5 + 30 + 7 = 80 + 30 + 5 + 7 = 110 + 12 = 122

④ 53 + 85 = 50 + 3 + 80 + 5 = 50 + 80 + 3 + 5 = 130 + 8 = 138

04. 소원을 말해 봐 73

≫≫ 74쪽 정답

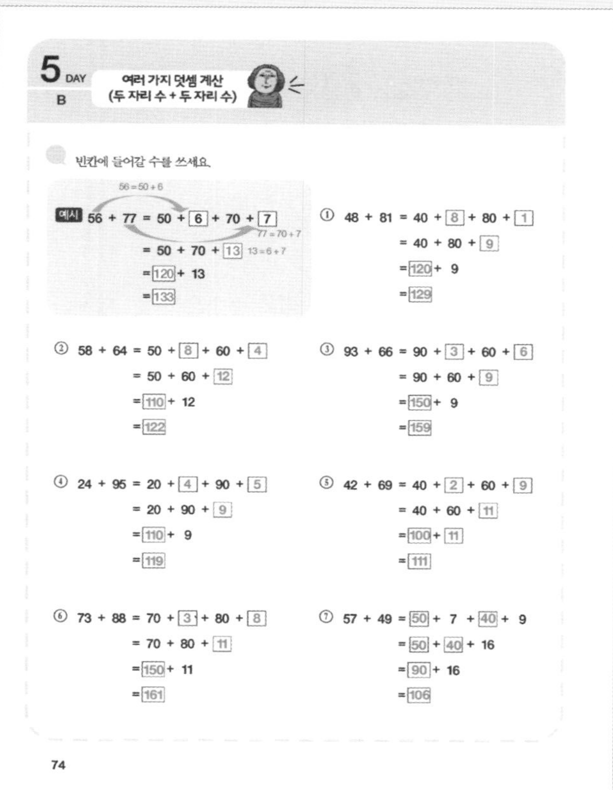

5 DAY B 여러 가지 덧셈 계산 (두 자리 수 + 두 자리 수)

빈칸에 들어갈 수를 쓰세요.

예시 56 + 77 = 50 + 6 + 70 + 7 = 50 + 70 + 13 = 120 + 13 = 133 (56 = 50 + 6, 77 = 70 + 7, 13 = 6 + 7)

① 48 + 81 = 40 + 8 + 80 + 1 = 40 + 80 + 9 = 120 + 9 = 129

② 58 + 64 = 50 + 8 + 60 + 4 = 50 + 60 + 12 = 110 + 12 = 122

③ 93 + 66 = 90 + 3 + 60 + 6 = 90 + 60 + 9 = 150 + 9 = 159

④ 24 + 95 = 20 + 4 + 90 + 5 = 20 + 90 + 9 = 110 + 9 = 119

⑤ 42 + 69 = 40 + 2 + 60 + 9 = 40 + 60 + 11 = 100 + 11 = 111

⑥ 73 + 88 = 70 + 3 + 80 + 8 = 70 + 80 + 11 = 150 + 11 = 161

⑦ 57 + 49 = 50 + 7 + 40 + 9 = 50 + 40 + 16 = 90 + 16 = 106

74

≫≫ 75쪽 정답

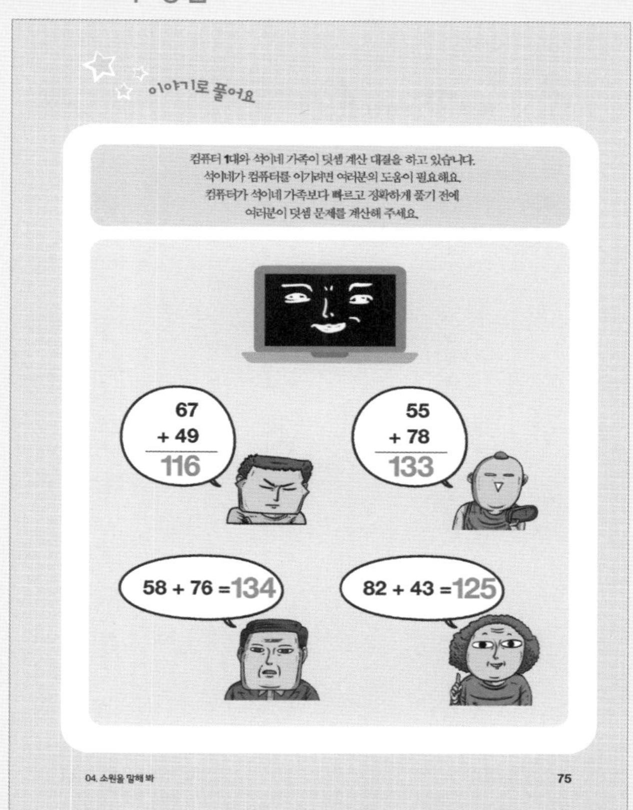

이야기로 풀어요

컴퓨터 1대와 석이네 가족이 덧셈 계산 대결을 하고 있습니다. 석이네가 컴퓨터를 이기려면 여러분의 도움이 필요해요. 컴퓨터가 석이네 가족보다 빠르고 정확하게 풀기 전에 여러분이 덧셈 문제를 계산해 주세요.

04. 소원을 말해 봐 75

≫≫ 79쪽 정답

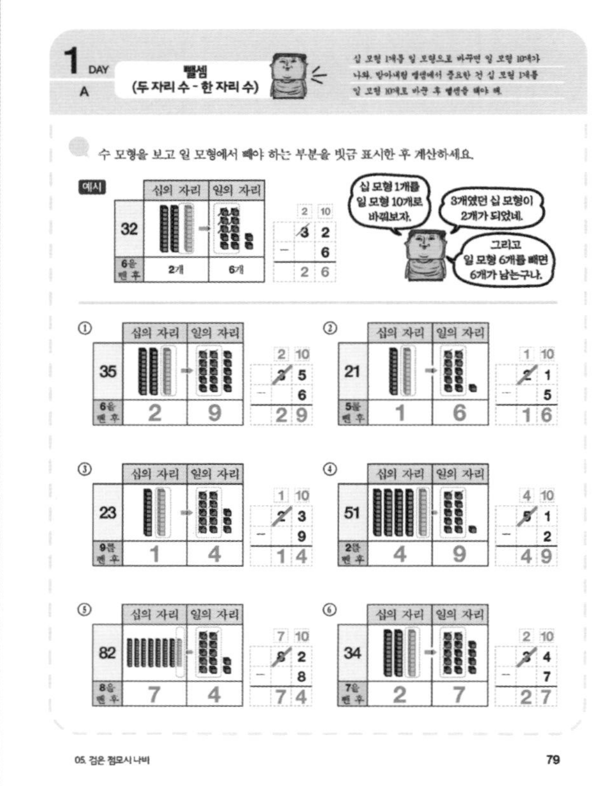

1 DAY A
뺄셈 (두 자리 수 - 한 자리 수)

십 모형 1개를 일 모형으로 바꾸면 일 모형 10개가 나와. 받아내림 뺄셈에서 중요한 건 십 모형 1개를 일 모형 10개로 바꾼 후 뺄셈을 해야 해.

수 모형을 보고 일 모형에서 빼야 하는 부분을 빗금 표시한 후 계산하세요.

예시 32 (십의 자리 / 일의 자리) 6을 뺀 후: 2개, 6개 — 2 10 / 3 2 / − 6 / 2 6

십 모형 1개를 일 모형 10개로 바꿔보자.
3개였던 십 모형이 2개가 되었네.
그리고 일 모형 6개를 빼면 6개가 남는구나.

① 35, 6을 뺀 후: 2, 9 — 2 10 / 3 5 / − 6 / 2 9
② 21, 5를 뺀 후: 1, 6 — 1 10 / 2 1 / − 5 / 1 6
③ 23, 9를 뺀 후: 1, 4 — 1 10 / 2 3 / − 9 / 1 4
④ 51, 2를 뺀 후: 4, 9 — 4 10 / 5 1 / − 2 / 4 9
⑤ 82, 8을 뺀 후: 7, 4 — 7 10 / 8 2 / − 8 / 7 4
⑥ 34, 7을 뺀 후: 2, 7 — 2 10 / 3 4 / − 7 / 2 7

05. 검은 점모시 나비 79

≫≫ 80쪽 정답

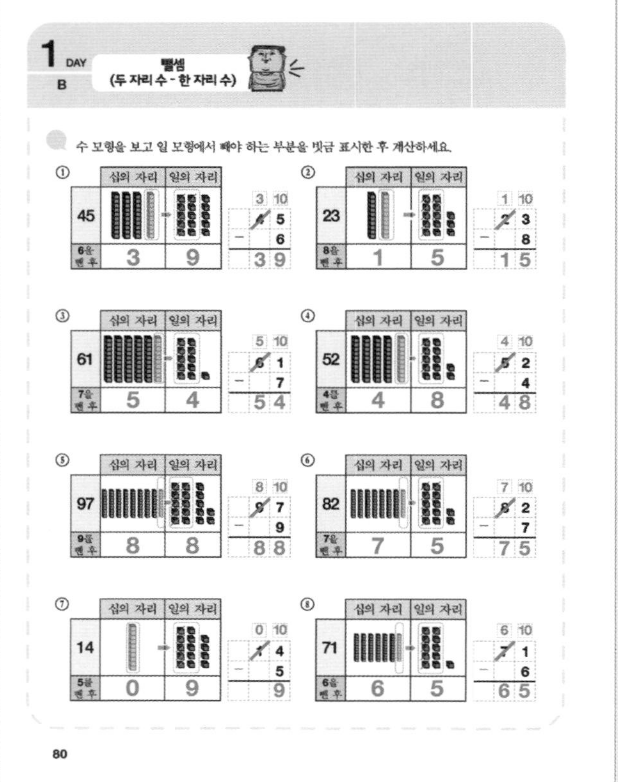

1 DAY B
뺄셈 (두 자리 수 - 한 자리 수)

수 모형을 보고 일 모형에서 빼야 하는 부분을 빗금 표시한 후 계산하세요.

① 45, 6을 뺀 후: 3, 9 — 3 10 / 4 5 / − 6 / 3 9
② 23, 8을 뺀 후: 1, 5 — 1 10 / 2 3 / − 8 / 1 5
③ 61, 7을 뺀 후: 5, 4 — 5 10 / 6 1 / − 7 / 5 4
④ 52, 4를 뺀 후: 4, 8 — 4 10 / 5 2 / − 4 / 4 8
⑤ 97, 9를 뺀 후: 8, 8 — 8 10 / 9 7 / − 9 / 8 8
⑥ 82, 7을 뺀 후: 7, 5 — 7 10 / 8 2 / − 7 / 7 5
⑦ 14, 5를 뺀 후: 0, 9 — 0 10 / 1 4 / − 5 / 9
⑧ 71, 6을 뺀 후: 6, 5 — 6 10 / 7 1 / − 6 / 6 5

80

≫≫ 81쪽 정답

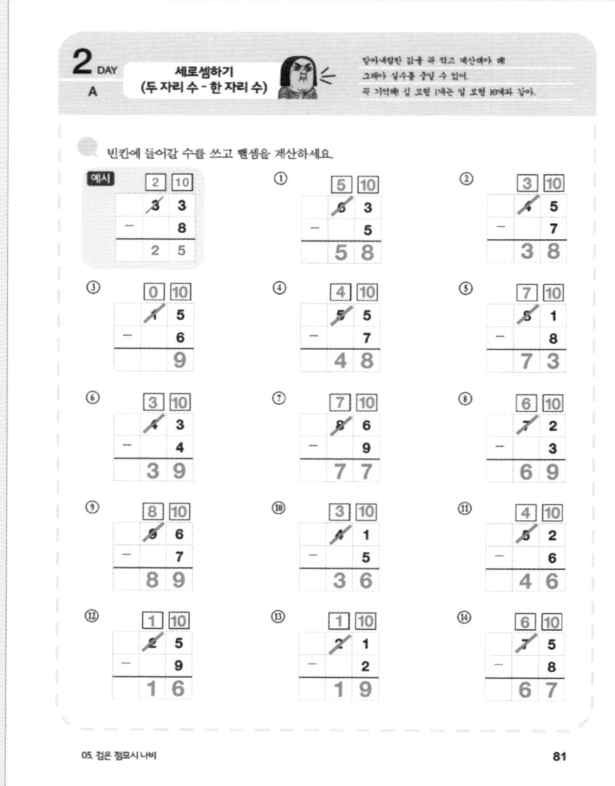

2 DAY A
세로셈하기 (두 자리 수 - 한 자리 수)

받아내림한 값을 꼭 적고 계산해야 해! 그래야 실수를 줄일 수 있어. 꼭 기억해! 십 모형 1개는 일 모형 10개와 같아.

빈칸에 들어갈 수를 쓰고 뺄셈을 계산하세요.

예시 2 10 / 3 3 / − 8 / 2 5
① 5 10 / 6 3 / − 5 / 5 8
② 3 10 / 4 5 / − 7 / 3 8
③ 0 10 / 1 5 / − 6 / 9
④ 4 10 / 5 5 / − 7 / 4 8
⑤ 7 10 / 8 1 / − 8 / 7 3
⑥ 3 10 / 4 3 / − 4 / 3 9
⑦ 7 10 / 8 6 / − 9 / 7 7
⑧ 6 10 / 7 2 / − 3 / 6 9
⑨ 8 10 / 9 6 / − 7 / 8 9
⑩ 3 10 / 4 1 / − 5 / 3 6
⑪ 4 10 / 5 2 / − 6 / 4 6
⑫ 1 10 / 2 5 / − 9 / 1 6
⑬ 1 10 / 2 1 / − 2 / 1 9
⑭ 6 10 / 7 5 / − 8 / 6 7

05. 검은 점모시 나비 81

≫≫ 82쪽 정답

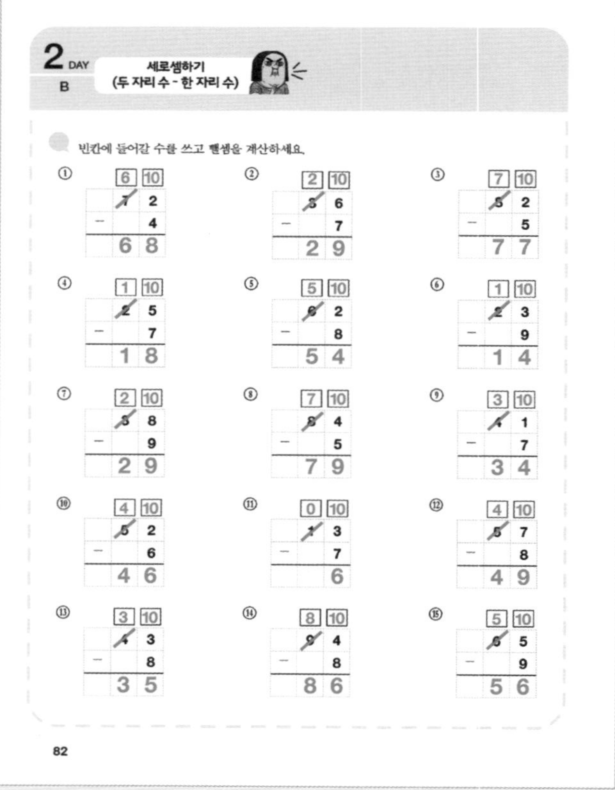

2 DAY B
세로셈하기 (두 자리 수 - 한 자리 수)

빈칸에 들어갈 수를 쓰고 뺄셈을 계산하세요.

① 6 10 / 7 2 / − 4 / 6 8
② 2 10 / 3 6 / − 7 / 2 9
③ 7 10 / 8 2 / − 5 / 7 7
④ 1 10 / 2 5 / − 7 / 1 8
⑤ 5 10 / 6 2 / − 8 / 5 4
⑥ 1 10 / 2 3 / − 9 / 1 4
⑦ 2 10 / 3 8 / − 9 / 2 9
⑧ 7 10 / 8 4 / − 5 / 7 9
⑨ 3 10 / 4 1 / − 7 / 3 4
⑩ 4 10 / 5 2 / − 6 / 4 6
⑪ 0 10 / 1 3 / − 7 / 6
⑫ 4 10 / 5 7 / − 8 / 4 9
⑬ 3 10 / 4 3 / − 8 / 3 5
⑭ 8 10 / 9 4 / − 8 / 8 6
⑮ 5 10 / 6 5 / − 9 / 5 6

82

≫≫ 83쪽 정답

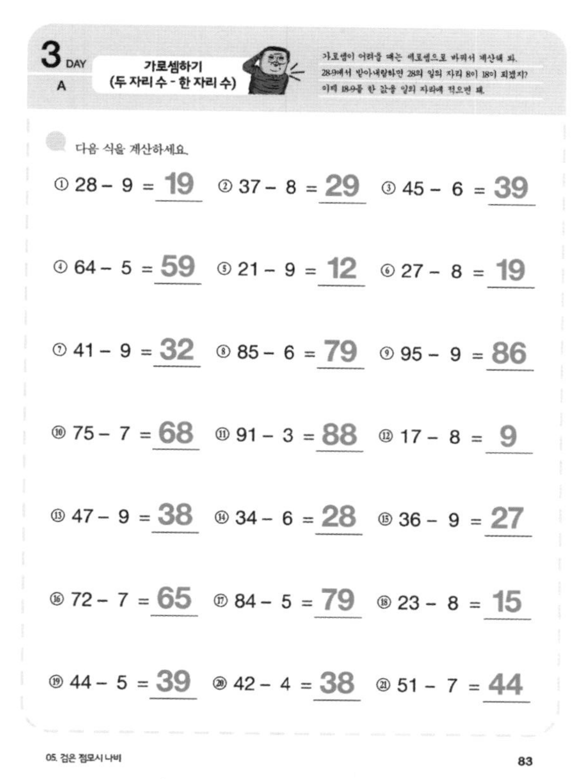

3 DAY A

가로셈하기 (두 자리 수 - 한 자리 수)

다음 식을 계산하세요.

① 28 − 9 = 19 ② 37 − 8 = 29 ③ 45 − 6 = 39

④ 64 − 5 = 59 ⑤ 21 − 9 = 12 ⑥ 27 − 8 = 19

⑦ 41 − 9 = 32 ⑧ 85 − 6 = 79 ⑨ 95 − 9 = 86

⑩ 75 − 7 = 68 ⑪ 91 − 3 = 88 ⑫ 17 − 8 = 9

⑬ 47 − 9 = 38 ⑭ 34 − 6 = 28 ⑮ 36 − 9 = 27

⑯ 72 − 7 = 65 ⑰ 84 − 5 = 79 ⑱ 23 − 8 = 15

⑲ 44 − 5 = 39 ⑳ 42 − 4 = 38 ㉑ 51 − 7 = 44

05. 검은 점모시 나비 83

≫≫ 84쪽 정답

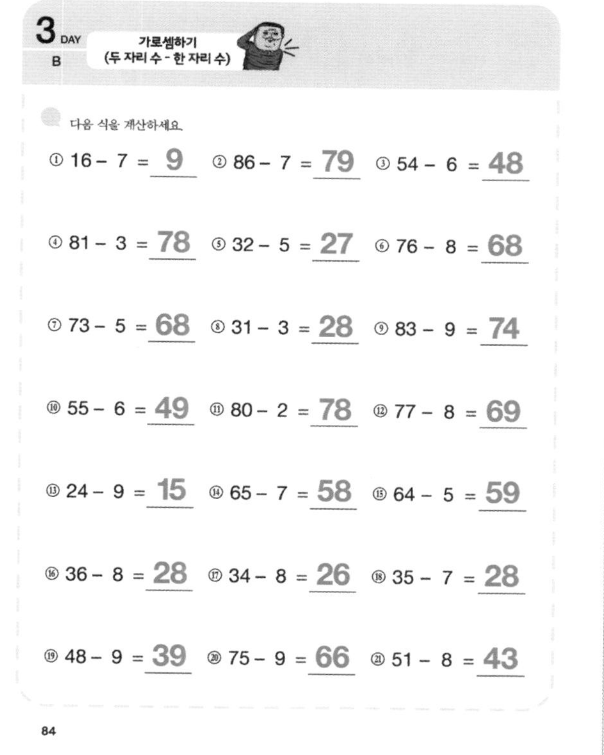

3 DAY B

가로셈하기 (두 자리 수 - 한 자리 수)

다음 식을 계산하세요.

① 16 − 7 = 9 ② 86 − 7 = 79 ③ 54 − 6 = 48

④ 81 − 3 = 78 ⑤ 32 − 5 = 27 ⑥ 76 − 8 = 68

⑦ 73 − 5 = 68 ⑧ 31 − 3 = 28 ⑨ 83 − 9 = 74

⑩ 55 − 6 = 49 ⑪ 80 − 2 = 78 ⑫ 77 − 8 = 69

⑬ 24 − 9 = 15 ⑭ 65 − 7 = 58 ⑮ 64 − 5 = 59

⑯ 36 − 8 = 28 ⑰ 34 − 8 = 26 ⑱ 35 − 7 = 28

⑲ 48 − 9 = 39 ⑳ 75 − 9 = 66 ㉑ 51 − 8 = 43

84

≫≫ 85쪽 정답

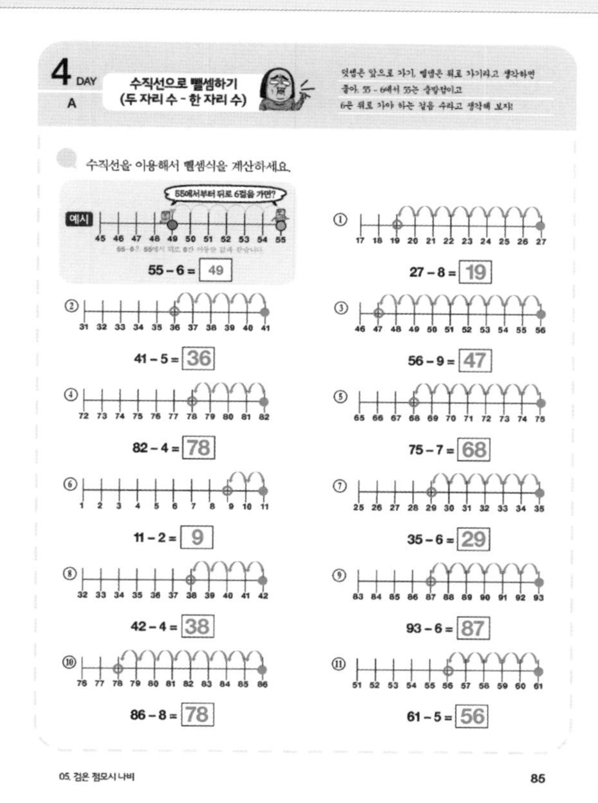

4 DAY A

수직선으로 뺄셈하기 (두 자리 수 - 한 자리 수)

수직선을 이용해서 뺄셈식을 계산하세요.

예시 55 − 6 = 49

① 27 − 8 = 19

② 41 − 5 = 36

③ 56 − 9 = 47

④ 82 − 4 = 78

⑤ 75 − 7 = 68

⑥ 11 − 2 = 9

⑦ 35 − 6 = 29

⑧ 42 − 4 = 38

⑨ 93 − 6 = 87

⑩ 86 − 8 = 78

⑪ 61 − 5 = 56

05. 검은 점모시 나비 85

≫≫ 86쪽 정답

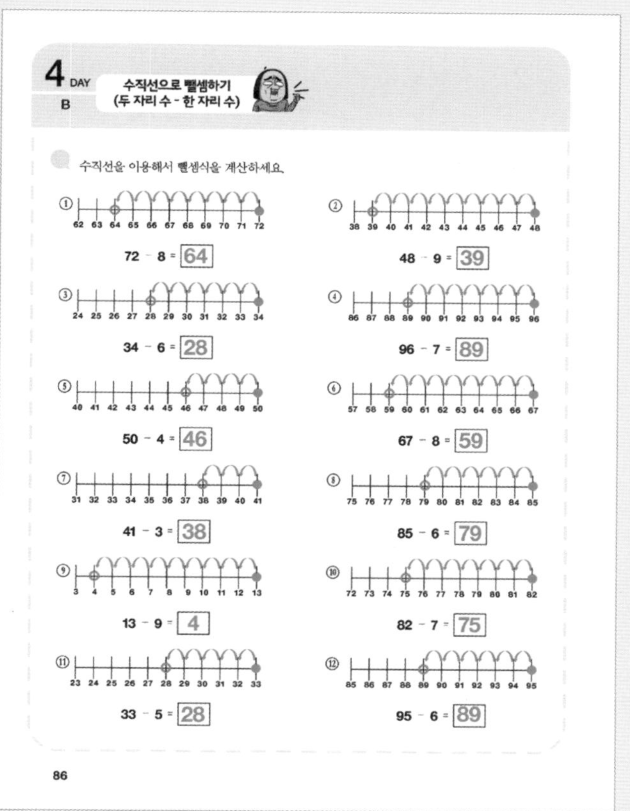

4 DAY B

수직선으로 뺄셈하기 (두 자리 수 - 한 자리 수)

수직선을 이용해서 뺄셈식을 계산하세요.

① 72 − 8 = 64

② 48 − 9 = 39

③ 34 − 6 = 28

④ 96 − 7 = 89

⑤ 50 − 4 = 46

⑥ 67 − 8 = 59

⑦ 41 − 3 = 38

⑧ 85 − 6 = 79

⑨ 13 − 9 = 4

⑩ 82 − 7 = 75

⑪ 33 − 5 = 28

⑫ 95 − 6 = 89

86

≫≫ 87쪽 정답

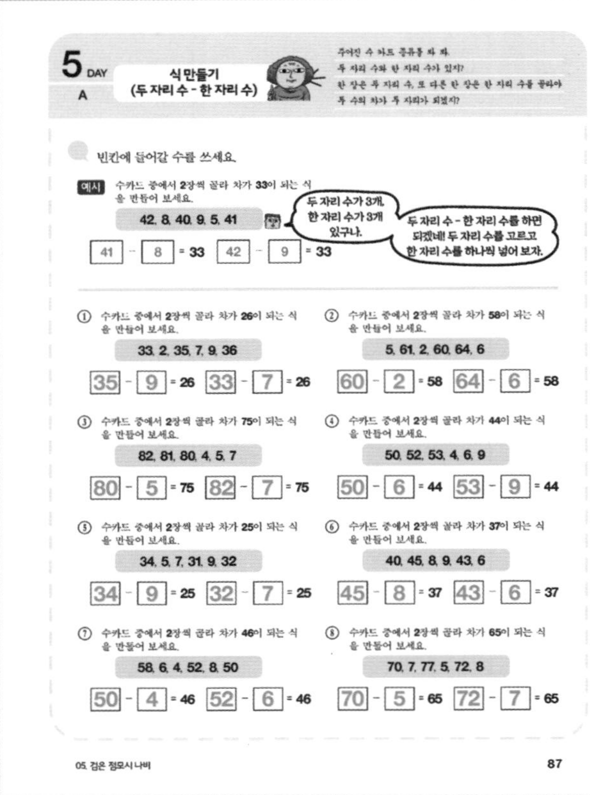

5 DAY A

식 만들기 (두 자리 수 - 한 자리 수)

빈칸에 들어갈 수를 쓰세요.

예시 수카드 중에서 2장씩 골라 차가 33이 되는 식을 만들어 보세요.

42, 8, 40, 9, 5, 41

41 - 8 = 33   42 - 9 = 33

두 자리 수가 3개, 한 자리 수가 3개 있구나.
두 자리 수 - 한 자리 수를 하면 되겠네! 두 자리 수를 고르고 한 자리 수를 하나씩 넣어 보자.

① 수카드 중에서 2장씩 골라 차가 26이 되는 식을 만들어 보세요.
33, 2, 35, 7, 9, 36
35 - 9 = 26   33 - 7 = 26

② 수카드 중에서 2장씩 골라 차가 58이 되는 식을 만들어 보세요.
5, 61, 2, 60, 64, 6
60 - 2 = 58   64 - 6 = 58

③ 수카드 중에서 2장씩 골라 차가 75이 되는 식을 만들어 보세요.
82, 81, 80, 4, 5, 7
80 - 5 = 75   82 - 7 = 75

④ 수카드 중에서 2장씩 골라 차가 44이 되는 식을 만들어 보세요.
50, 52, 53, 4, 6, 9
50 - 6 = 44   53 - 9 = 44

⑤ 수카드 중에서 2장씩 골라 차가 25이 되는 식을 만들어 보세요.
34, 5, 7, 31, 9, 32
34 - 9 = 25   32 - 7 = 25

⑥ 수카드 중에서 2장씩 골라 차가 37이 되는 식을 만들어 보세요.
40, 45, 8, 9, 43, 6
45 - 8 = 37   43 - 6 = 37

⑦ 수카드 중에서 2장씩 골라 차가 46이 되는 식을 만들어 보세요.
58, 6, 4, 52, 8, 50
50 - 4 = 46   52 - 6 = 46

⑧ 수카드 중에서 2장씩 골라 차가 65이 되는 식을 만들어 보세요.
70, 7, 77, 5, 72, 8
70 - 5 = 65   72 - 7 = 65

05. 검은 점모시 나비 87

≫≫ 88쪽 정답

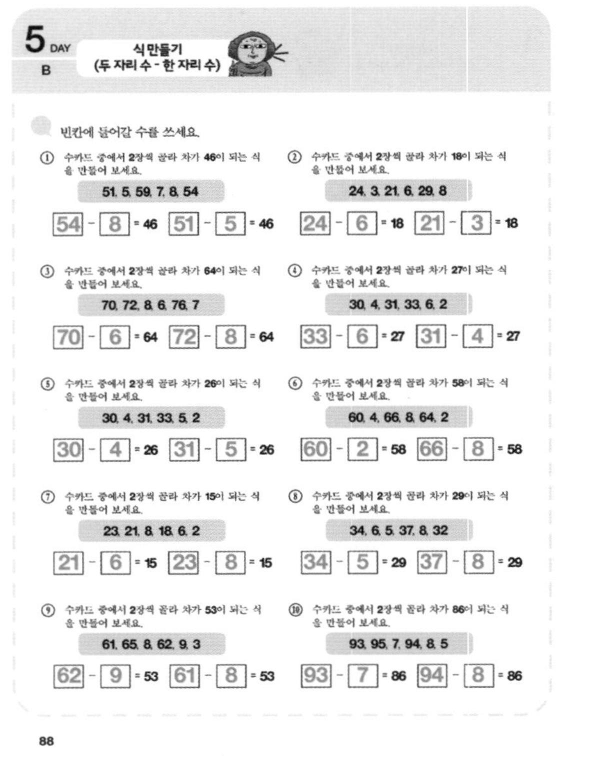

5 DAY B

식 만들기 (두 자리 수 - 한 자리 수)

빈칸에 들어갈 수를 쓰세요.

① 수카드 중에서 2장씩 골라 차가 46이 되는 식을 만들어 보세요.
51, 5, 59, 7, 8, 54
54 - 8 = 46   51 - 5 = 46

② 수카드 중에서 2장씩 골라 차가 18이 되는 식을 만들어 보세요.
24, 3, 21, 6, 29, 8
24 - 6 = 18   21 - 3 = 18

③ 수카드 중에서 2장씩 골라 차가 64이 되는 식을 만들어 보세요.
70, 72, 8, 6, 76, 7
70 - 6 = 64   72 - 8 = 64

④ 수카드 중에서 2장씩 골라 차가 27이 되는 식을 만들어 보세요.
30, 4, 31, 33, 6, 2
33 - 6 = 27   31 - 4 = 27

⑤ 수카드 중에서 2장씩 골라 차가 26이 되는 식을 만들어 보세요.
30, 4, 31, 33, 5, 2
30 - 4 = 26   31 - 5 = 26

⑥ 수카드 중에서 2장씩 골라 차가 58이 되는 식을 만들어 보세요.
60, 4, 66, 8, 64, 2
60 - 2 = 58   66 - 8 = 58

⑦ 수카드 중에서 2장씩 골라 차가 15이 되는 식을 만들어 보세요.
23, 21, 8, 18, 6, 2
21 - 6 = 15   23 - 8 = 15

⑧ 수카드 중에서 2장씩 골라 차가 29이 되는 식을 만들어 보세요.
34, 6, 5, 37, 8, 32
34 - 5 = 29   37 - 8 = 29

⑨ 수카드 중에서 2장씩 골라 차가 53이 되는 식을 만들어 보세요.
61, 65, 8, 62, 9, 3
62 - 9 = 53   61 - 8 = 53

⑩ 수카드 중에서 2장씩 골라 차가 86이 되는 식을 만들어 보세요.
93, 95, 7, 94, 8, 5
93 - 7 = 86   94 - 8 = 86

88

≫≫ 89쪽 정답

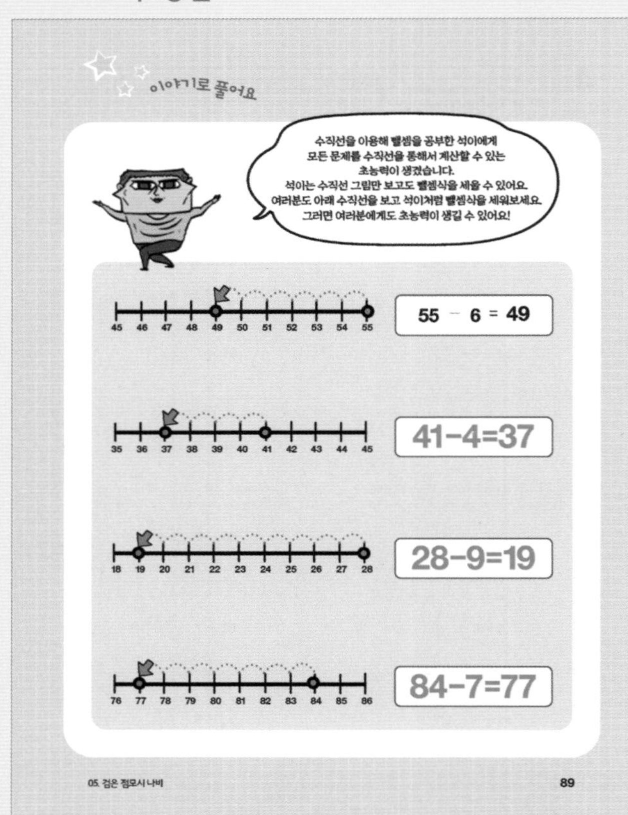

이야기로 풀어요

수직선을 이용해 뺄셈을 공부한 석이에게
모든 문제를 수직선을 통해서 계산할 수 있는
초능력이 생겼습니다.
석이는 수직선 그림만 보고도 뺄셈식을 세울 수 있어요.
여러분도 아래 수직선을 보고 석이처럼 뺄셈식을 세워보세요.
그러면 여러분에게도 초능력이 생길 수 있어요!
45 46 47 48 49 50 51 52 53 54 55
35 36 37 38 39 40 41 42 43 44 45
18 19 20 21 22 23 24 25 26 27 28
76 77 78 79 80 81 82 83 84 85 86

55 - 6 = 49

41-4=37

28-9=19

84-7=77

05. 검은 점모시 나비 89

≫≫ 93쪽 정답

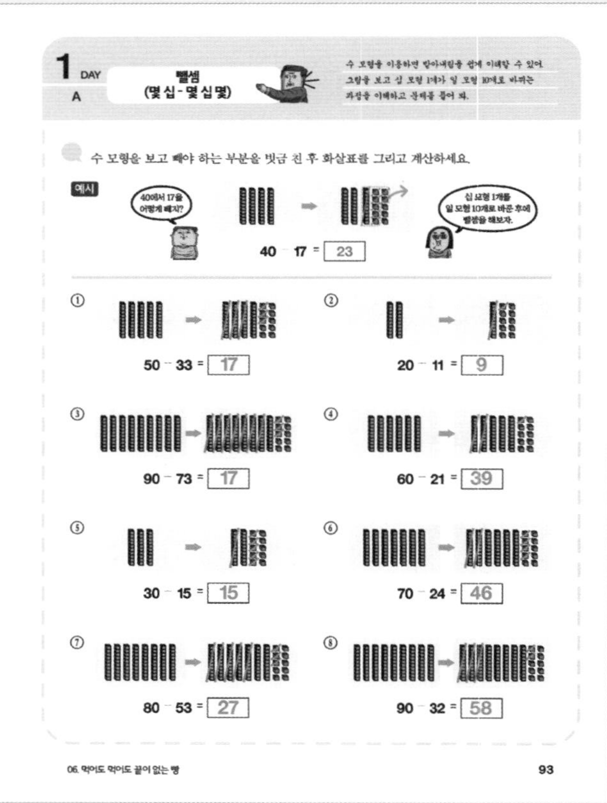

1 DAY A

뺄셈 (몇 십 - 몇 십 몇)

수 모형을 보고 빼야 하는 부분을 빗금 친 후 화살표를 그리고 계산하세요.

예시

40에서 17을 어떻게 빼지?
십 모형 1개를 일 모형 10개로 바꾼 후에 뺄셈을 해보자.

40 - 17 = 23

① 50 - 33 = 17

② 20 - 11 = 9

③ 90 - 73 = 17

④ 60 - 21 = 39

⑤ 30 - 15 = 15

⑥ 70 - 24 = 46

⑦ 80 - 53 = 27

⑧ 90 - 32 = 58

06. 먹어도 먹어도 끝이 없는 빵 93

≫≫ 94쪽 정답

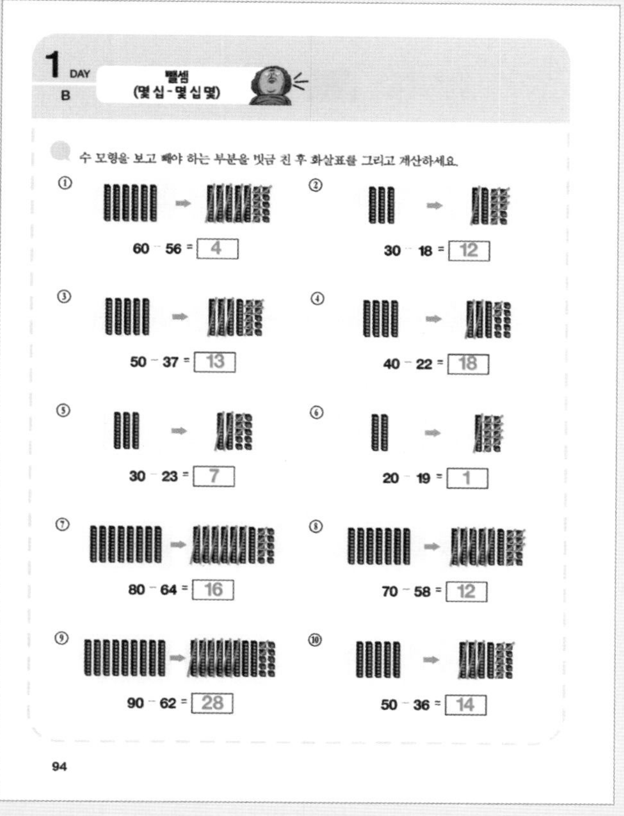

≫≫ 95쪽 정답

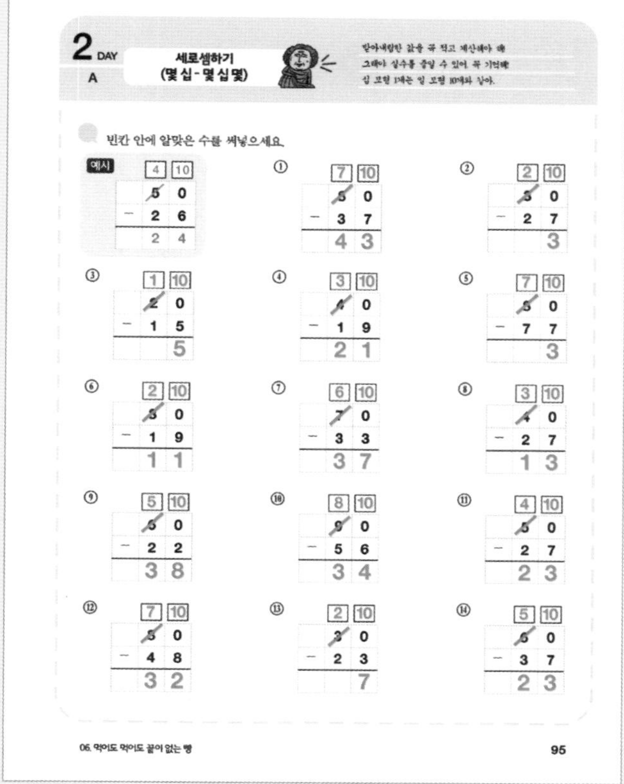

≫≫ 96쪽 정답

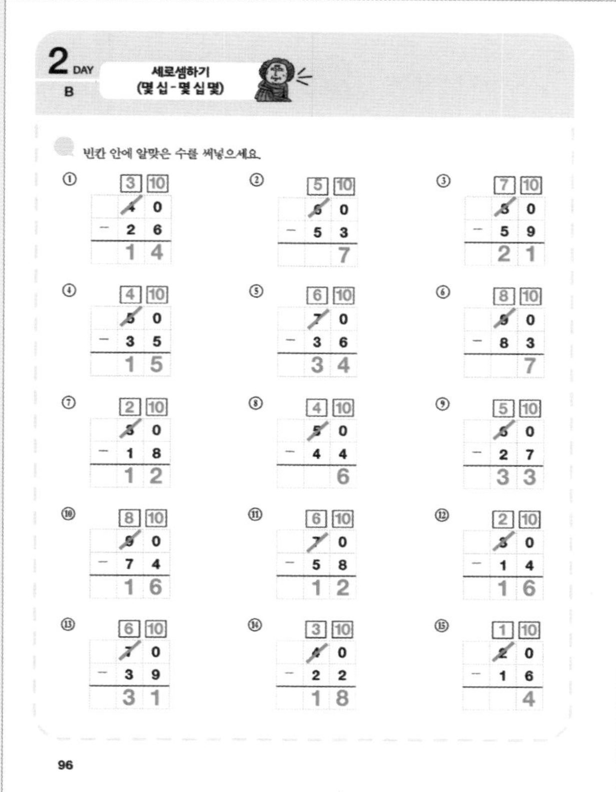

≫≫ 97쪽 정답

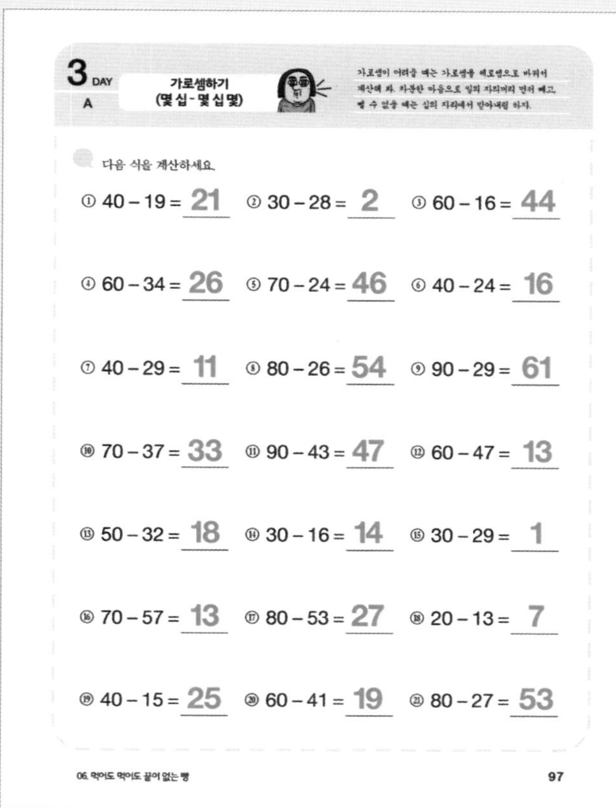

≫≫ 98쪽 정답

3 DAY B 가로셈하기 (몇 십 - 몇 십 몇)

다음을 계산 하세요.

① 90 − 34 = 56 ② 40 − 28 = 12 ③ 70 − 46 = 24

④ 50 − 19 = 31 ⑤ 70 − 59 = 11 ⑥ 30 − 22 = 8

⑦ 50 − 27 = 23 ⑧ 90 − 82 = 8 ⑨ 80 − 76 = 4

⑩ 80 − 64 = 16 ⑪ 30 − 13 = 17 ⑫ 40 − 25 = 15

⑬ 20 − 14 = 6 ⑭ 20 − 18 = 2 ⑮ 20 − 11 = 9

⑯ 70 − 53 = 17 ⑰ 60 − 44 = 16 ⑱ 90 − 24 = 66

⑲ 90 − 38 = 52 ⑳ 50 − 31 = 19 ㉑ 60 − 39 = 21

98

≫≫ 99쪽 정답

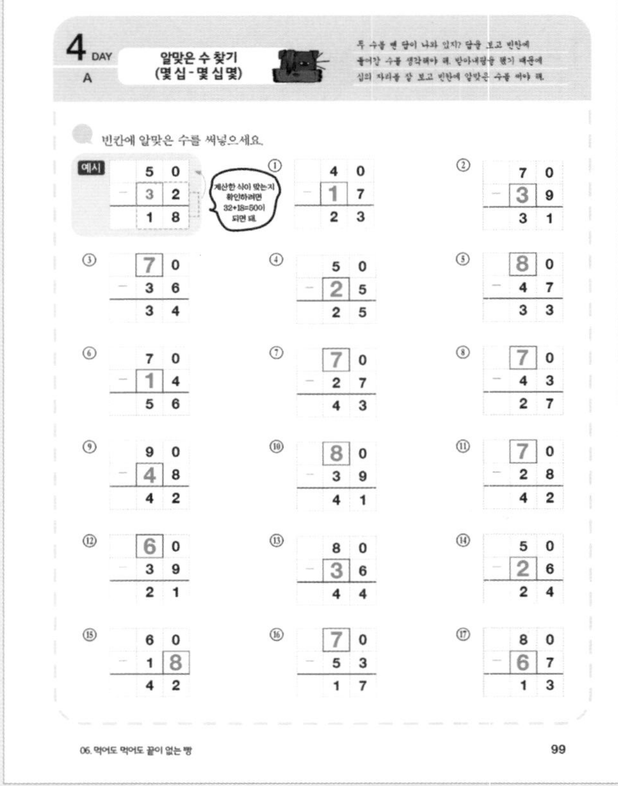

4 DAY A 알맞은 수 찾기 (몇 십 - 몇 십 몇)

두 수를 뺀 답이 나와 있지? 답을 보고 빈칸에 들어갈 수를 생각해야 돼. 받아내림을 했기 때문에 십의 자리를 잘 보고 빈칸에 알맞은 수를 써야 돼.

빈칸에 알맞은 수를 써넣으세요.

예시 50 − [3][2] = 18 (계산한 식이 맞는지 확인하려면 32+18=50이 되면 돼.)

① 40 − [1]7 = 23 ② 70 − [3]9 = 31

③ [7]0 − 36 = 34 ④ 50 − [2]5 = 25 ⑤ [8]0 − 47 = 33

⑥ 70 − [1]4 = 56 ⑦ [7]0 − 27 = 43 ⑧ [7]0 − 43 = 27

⑨ 90 − [4]8 = 42 ⑩ [8]0 − 39 = 41 ⑪ [7]0 − 28 = 42

⑫ [6]0 − 39 = 21 ⑬ 80 − [3]6 = 44 ⑭ 50 − [2]6 = 24

⑮ 60 − 1[8] = 42 ⑯ [7]0 − 53 = 17 ⑰ 80 − [6]7 = 13

06. 먹어도 먹어도 끝이 없는 빵 99

≫≫ 100쪽 정답

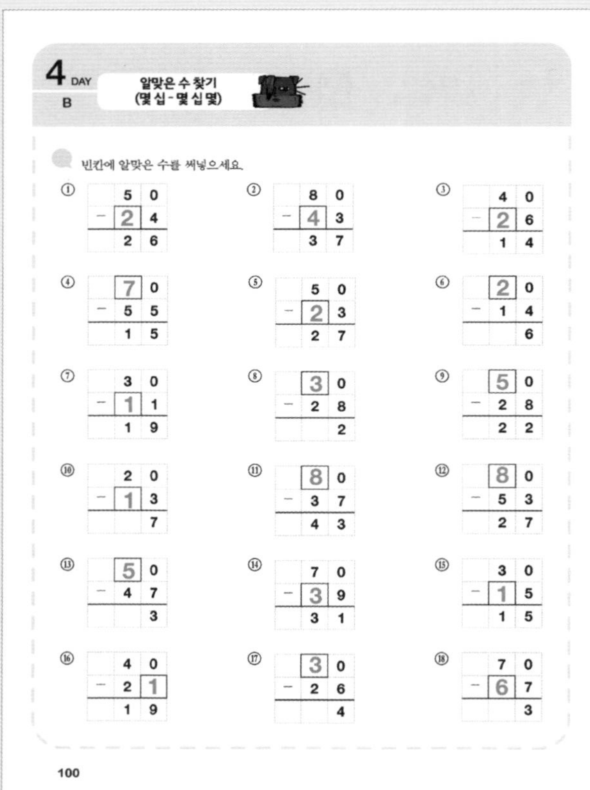

4 DAY B 알맞은 수 찾기 (몇 십 - 몇 십 몇)

빈칸에 알맞은 수를 써넣으세요.

① 50 − [2]4 = 26 ② 80 − [4]3 = 37 ③ 40 − [2]6 = 14

④ [7]0 − 55 = 15 ⑤ 50 − [2]3 = 27 ⑥ [2]0 − 14 = 6

⑦ 30 − [1]1 = 19 ⑧ [3]0 − 28 = 2 ⑨ [5]0 − 28 = 22

⑩ 20 − [1]3 = 7 ⑪ [8]0 − 37 = 43 ⑫ [8]0 − 53 = 27

⑬ [5]0 − 47 = 3 ⑭ 70 − [3]9 = 31 ⑮ 30 − [1]5 = 15

⑯ 40 − 2[1] = 19 ⑰ [3]0 − 26 = 4 ⑱ 70 − [6]7 = 3

100

≫≫ 101쪽 정답

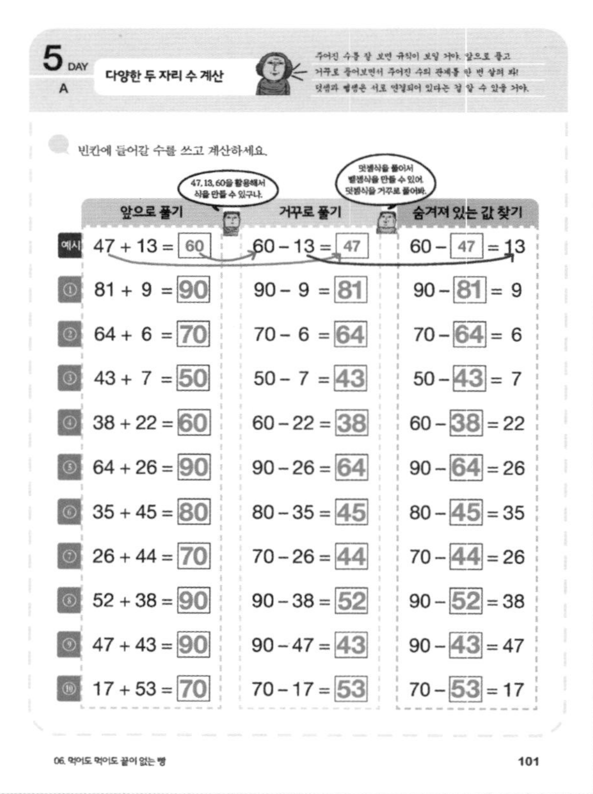

5 DAY A 다양한 두 자리 수 계산

주어진 수를 잘 보면 규칙이 보일 거야. 앞으로 풀고 거꾸로 풀어보면서 주어진 수의 관계를 한 번 살펴 봐! 덧셈과 뺄셈은 서로 연결되어 있다는 걸 알 수 있을 거야.

빈칸에 들어갈 수를 쓰고 계산하세요.

47, 13, 60을 활용해서 식을 만들 수 있구나.
덧셈식을 풀어서 뺄셈식을 만들 수 있어. 덧셈식을 거꾸로 풀어봐.

	앞으로 풀기	거꾸로 풀기	숨겨져 있는 값 찾기
예시	47 + 13 = 60	60 − 13 = 47	60 − 47 = 13
①	81 + 9 = 90	90 − 9 = 81	90 − 81 = 9
②	64 + 6 = 70	70 − 6 = 64	70 − 64 = 6
③	43 + 7 = 50	50 − 7 = 43	50 − 43 = 7
④	38 + 22 = 60	60 − 22 = 38	60 − 38 = 22
⑤	64 + 26 = 90	90 − 26 = 64	90 − 64 = 26
⑥	35 + 45 = 80	80 − 35 = 45	80 − 45 = 35
⑦	26 + 44 = 70	70 − 26 = 44	70 − 44 = 26
⑧	52 + 38 = 90	90 − 38 = 52	90 − 52 = 38
⑨	47 + 43 = 90	90 − 47 = 43	90 − 43 = 47
⑩	17 + 53 = 70	70 − 17 = 53	70 − 53 = 17

06. 먹어도 먹어도 끝이 없는 빵 101

≫≫ 102쪽 정답

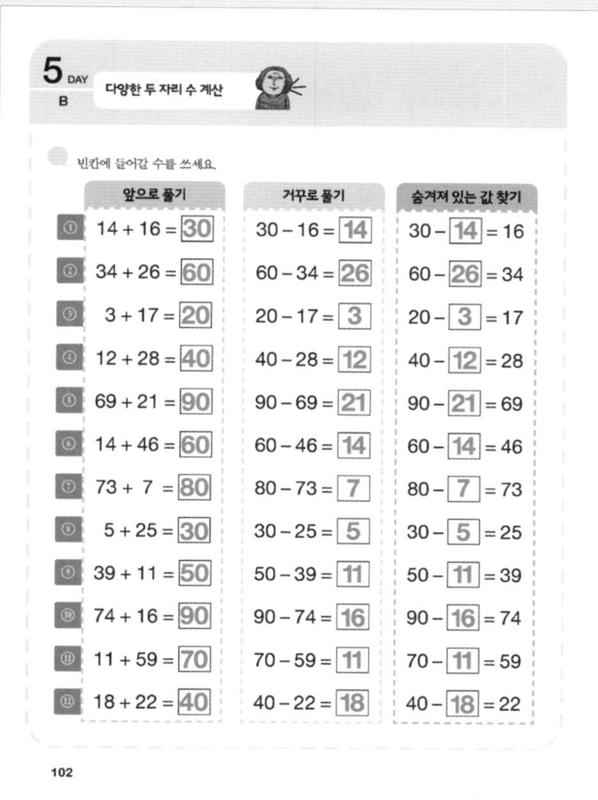

5 DAY B 다양한 두 자리 수 계산

빈칸에 들어갈 수를 쓰세요.

	앞으로 풀기	거꾸로 풀기	숨겨져 있는 값 찾기
①	14 + 16 = 30	30 − 16 = 14	30 − 14 = 16
②	34 + 26 = 60	60 − 34 = 26	60 − 26 = 34
③	3 + 17 = 20	20 − 17 = 3	20 − 3 = 17
④	12 + 28 = 40	40 − 28 = 12	40 − 12 = 28
⑤	69 + 21 = 90	90 − 69 = 21	90 − 21 = 69
⑥	14 + 46 = 60	60 − 46 = 14	60 − 14 = 46
⑦	73 + 7 = 80	80 − 73 = 7	80 − 7 = 73
⑧	5 + 25 = 30	30 − 25 = 5	30 − 5 = 25
⑨	39 + 11 = 50	50 − 39 = 11	50 − 11 = 39
⑩	74 + 16 = 90	90 − 74 = 16	90 − 16 = 74
⑪	11 + 59 = 70	70 − 59 = 11	70 − 11 = 59
⑫	18 + 22 = 40	40 − 22 = 18	40 − 18 = 22

102

≫≫ 103쪽 정답

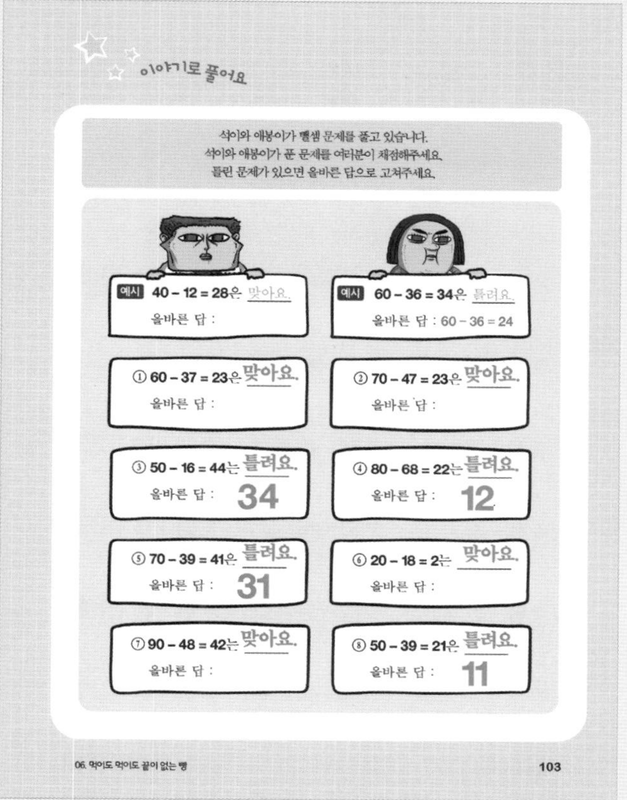

이야기로 풀어요

석이와 애봉이가 뺄셈 문제를 풀고 있습니다.
석이와 애봉이가 푼 문제를 여러분이 채점해주세요.
틀린 문제가 있으면 올바른 답으로 고쳐주세요.

예시 40 − 12 = 28은 맞아요. 올바른 답 :	예시 60 − 36 = 34은 틀려요. 올바른 답 : 60 − 36 = 24
① 60 − 37 = 23은 맞아요. 올바른 답 :	② 70 − 47 = 23은 맞아요. 올바른 답 :
③ 50 − 16 = 44는 틀려요. 올바른 답 : 34	④ 80 − 68 = 22는 틀려요. 올바른 답 : 12
⑤ 70 − 39 = 41은 틀려요. 올바른 답 : 31	⑥ 20 − 18 = 2는 맞아요. 올바른 답 :
⑦ 90 − 48 = 42는 맞아요. 올바른 답 :	⑧ 50 − 39 = 21은 틀려요. 올바른 답 : 11

06. 먹어도 먹어도 끝이 없는 빵 103

≫≫ 109쪽 정답

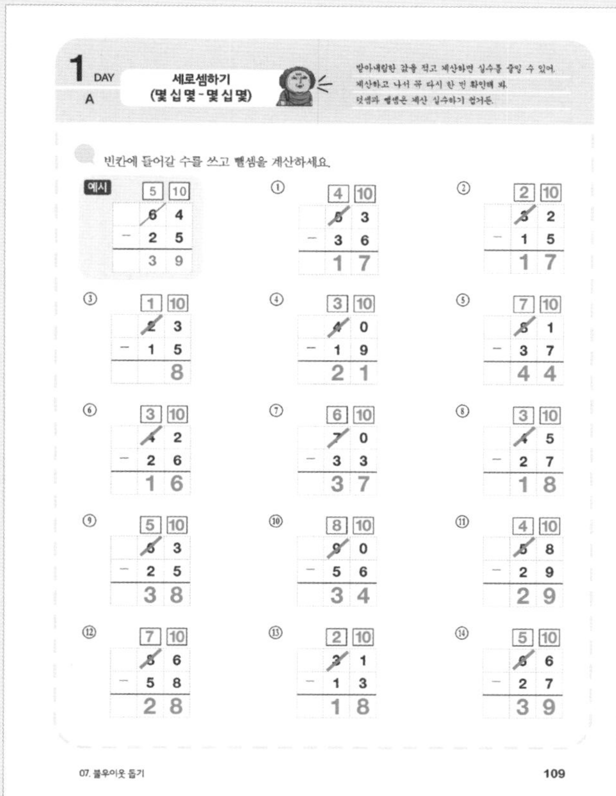

1 DAY A 세로셈하기 (몇 십 몇 - 몇 십 몇)

받아내림한 값을 적고 계산하면 실수를 줄일 수 있어.
계산하고 나서 꼭 다시 한 번 확인해 봐.
덧셈과 뺄셈은 계산 실수하기 쉽거든.

빈칸에 들어갈 수를 쓰고 뺄셈을 계산하세요.

	받아내림	계산
예시	5, 10	64 − 25 = 39
①	4, 10	53 − 36 = 17
②	2, 10	32 − 15 = 17
③	1, 10	23 − 15 = 8
④	3, 10	40 − 19 = 21
⑤	7, 10	81 − 37 = 44
⑥	3, 10	42 − 26 = 16
⑦	6, 10	70 − 33 = 37
⑧	3, 10	45 − 27 = 18
⑨	5, 10	63 − 25 = 38
⑩	8, 10	90 − 56 = 34
⑪	4, 10	58 − 29 = 29
⑫	7, 10	86 − 58 = 28
⑬	2, 10	31 − 13 = 18
⑭	5, 10	66 − 27 = 39

07. 블루이웃 돕기 109

≫≫ 110쪽 정답

1 DAY B 세로셈하기 (몇 십 몇 - 몇 십 몇)

빈칸에 들어갈 수를 쓰고 뺄셈을 계산하세요.

	받아내림	계산
①	8, 10	90 − 63 = 27
②	2, 10	34 − 16 = 18
③	3, 10	43 − 26 = 17
④	3, 10	42 − 35 = 7
⑤	7, 10	82 − 58 = 24
⑥	2, 10	36 − 19 = 17
⑦	5, 10	66 − 48 = 18
⑧	1, 10	20 − 14 = 6
⑨	7, 10	85 − 76 = 9
⑩	2, 10	37 − 18 = 19
⑪	2, 10	35 − 29 = 6
⑫	1, 10	26 − 17 = 9
⑬	5, 10	65 − 59 = 6
⑭	5, 10	60 − 53 = 7
⑮	8, 10	93 − 54 = 39

110

≫ 111쪽 정답

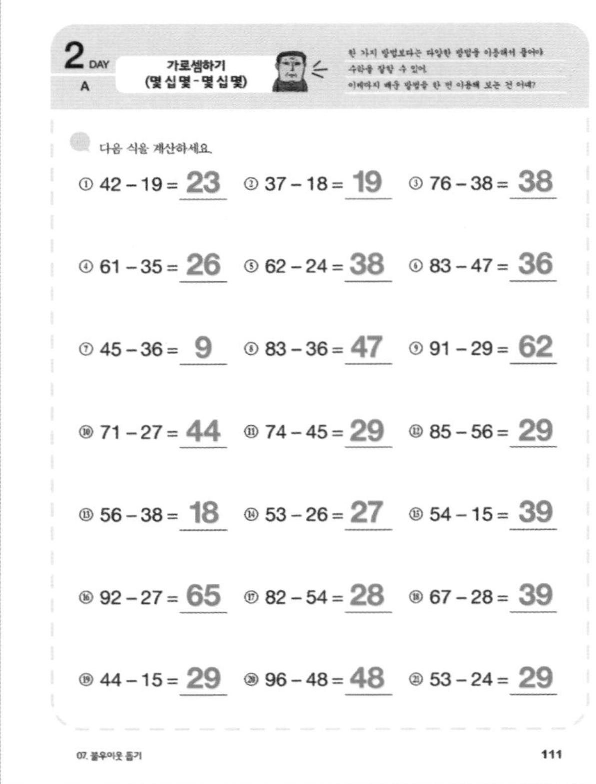

2 DAY A 가로셈하기 (몇 십 몇 - 몇 십 몇)

한 가지 방법보다는 다양한 방법을 이용해서 풀어야 수학을 잘할 수 있어. 이제까지 배운 방법을 한 번 이용해 보는 건 어때?

다음 식을 계산하세요.

① 42 − 19 = 23 ② 37 − 18 = 19 ③ 76 − 38 = 38
④ 61 − 35 = 26 ⑤ 62 − 24 = 38 ⑥ 83 − 47 = 36
⑦ 45 − 36 = 9 ⑧ 83 − 36 = 47 ⑨ 91 − 29 = 62
⑩ 71 − 27 = 44 ⑪ 74 − 45 = 29 ⑫ 85 − 56 = 29
⑬ 56 − 38 = 18 ⑭ 53 − 26 = 27 ⑮ 54 − 15 = 39
⑯ 92 − 27 = 65 ⑰ 82 − 54 = 28 ⑱ 67 − 28 = 39
⑲ 44 − 15 = 29 ⑳ 96 − 48 = 48 ㉑ 53 − 24 = 29

07. 불우이웃 돕기 111

≫ 112쪽 정답

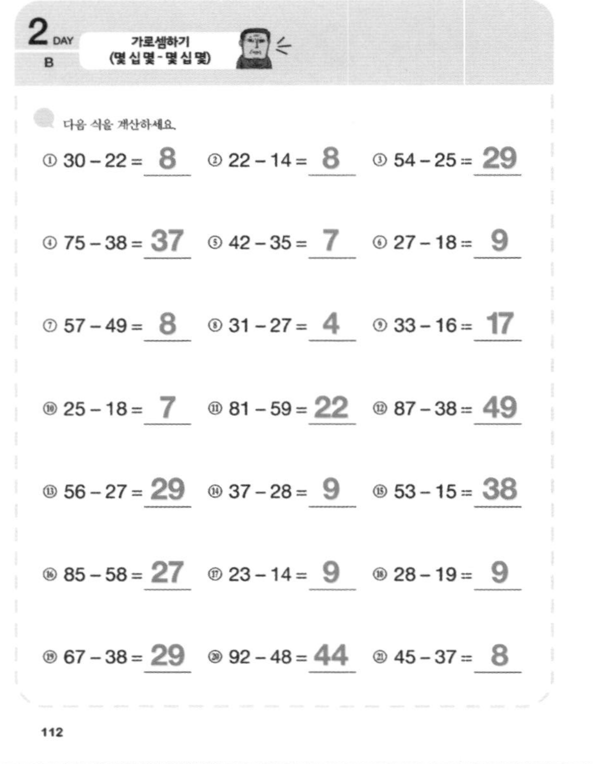

2 DAY B 가로셈하기 (몇 십 몇 - 몇 십 몇)

다음 식을 계산하세요.

① 30 − 22 = 8 ② 22 − 14 = 8 ③ 54 − 25 = 29
④ 75 − 38 = 37 ⑤ 42 − 35 = 7 ⑥ 27 − 18 = 9
⑦ 57 − 49 = 8 ⑧ 31 − 27 = 4 ⑨ 33 − 16 = 17
⑩ 25 − 18 = 7 ⑪ 81 − 59 = 22 ⑫ 87 − 38 = 49
⑬ 56 − 27 = 29 ⑭ 37 − 28 = 9 ⑮ 53 − 15 = 38
⑯ 85 − 58 = 27 ⑰ 23 − 14 = 9 ⑱ 28 − 19 = 9
⑲ 67 − 38 = 29 ⑳ 92 − 48 = 44 ㉑ 45 − 37 = 8

112

≫ 113쪽 정답

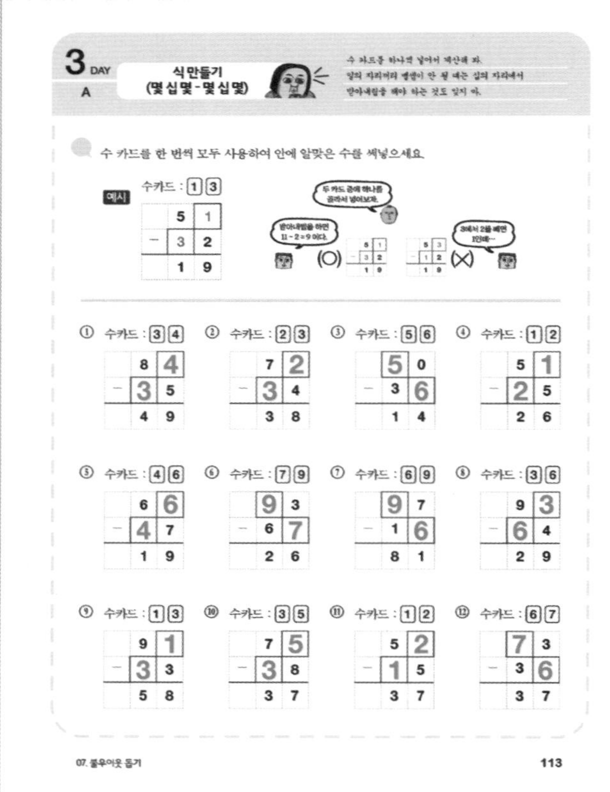

3 DAY A 식만들기 (몇 십 몇 - 몇 십 몇)

수 카드를 하나씩 넣어서 계산해 봐. 일의 자리끼리 뺄셈이 안 될 때는 십의 자리에서 받아내림을 해야 하는 것도 잊지 마.

수 카드를 한 번씩 모두 사용하여 안에 알맞은 수를 써넣으세요.

예시 수카드 : 1 3 — 51 − 32 = 19 (O), 53 − 12 = 19 (X)

① 수카드 : 3 4 — 84 − 35 = 49
② 수카드 : 2 3 — 72 − 34 = 38
③ 수카드 : 5 6 — 50 − 36 = 14
④ 수카드 : 1 2 — 51 − 25 = 26
⑤ 수카드 : 4 6 — 66 − 47 = 19
⑥ 수카드 : 7 9 — 93 − 67 = 26
⑦ 수카드 : 6 9 — 97 − 16 = 81
⑧ 수카드 : 3 6 — 93 − 64 = 29
⑨ 수카드 : 1 3 — 91 − 33 = 58
⑩ 수카드 : 3 5 — 75 − 38 = 37
⑪ 수카드 : 1 2 — 52 − 15 = 37
⑫ 수카드 : 6 7 — 73 − 36 = 37

07. 불우이웃 돕기 113

≫ 114쪽 정답

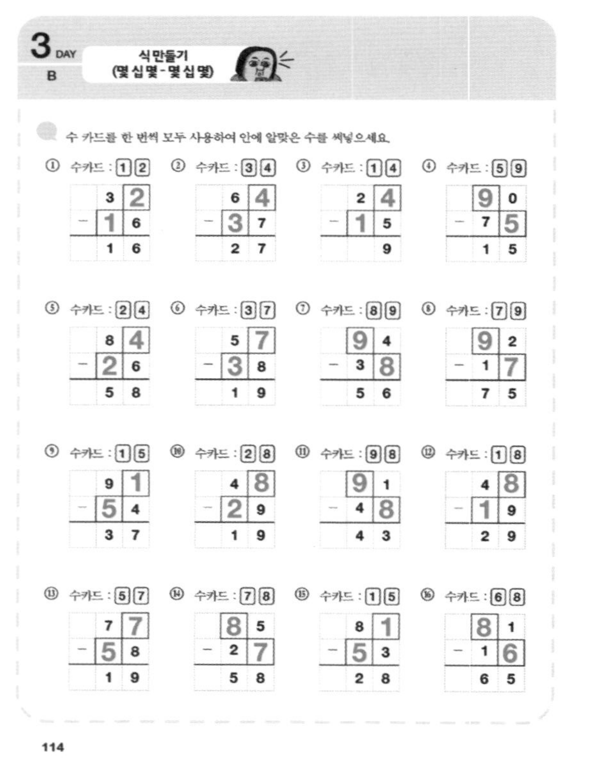

3 DAY B 식만들기 (몇 십 몇 - 몇 십 몇)

수 카드를 한 번씩 모두 사용하여 안에 알맞은 수를 써넣으세요.

① 수카드 : 1 2 — 32 − 16 = 16
② 수카드 : 3 4 — 64 − 37 = 27
③ 수카드 : 1 4 — 24 − 15 = 9
④ 수카드 : 5 9 — 90 − 75 = 15
⑤ 수카드 : 2 4 — 84 − 26 = 58
⑥ 수카드 : 3 7 — 57 − 38 = 19
⑦ 수카드 : 8 9 — 94 − 38 = 56
⑧ 수카드 : 7 9 — 92 − 17 = 75
⑨ 수카드 : 1 5 — 91 − 54 = 37
⑩ 수카드 : 2 8 — 48 − 29 = 19
⑪ 수카드 : 9 8 — 91 − 48 = 43
⑫ 수카드 : 1 8 — 48 − 19 = 29
⑬ 수카드 : 5 7 — 77 − 58 = 19
⑭ 수카드 : 7 8 — 85 − 27 = 58
⑮ 수카드 : 1 5 — 81 − 53 = 28
⑯ 수카드 : 6 8 — 81 − 16 = 65

114

≫ 115쪽 정답

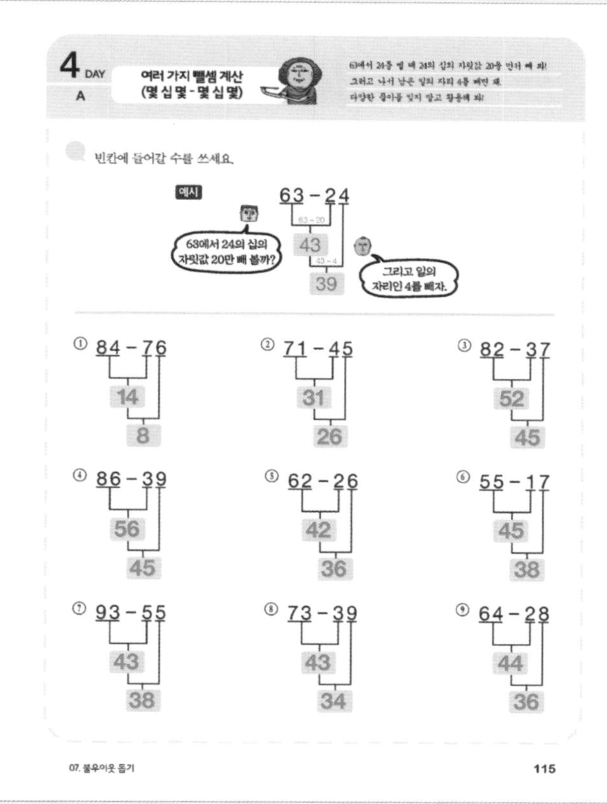

4 DAY A 여러 가지 뺄셈 계산 (몇 십 몇 - 몇 십 몇)

빈칸에 들어갈 수를 쓰세요.

예시 63 - 24 → 43 → 39

63에서 24의 십의 자릿값 20만 빼 볼까?
그리고 일의 자리인 4를 빼자.

① 84 - 76 → 14 → 8
② 71 - 45 → 31 → 26
③ 82 - 37 → 52 → 45
④ 86 - 39 → 56 → 45
⑤ 62 - 26 → 42 → 36
⑥ 55 - 17 → 45 → 38
⑦ 93 - 55 → 43 → 38
⑧ 73 - 39 → 43 → 34
⑨ 64 - 28 → 44 → 36

07. 불우이웃 돕기 115

≫ 116쪽 정답

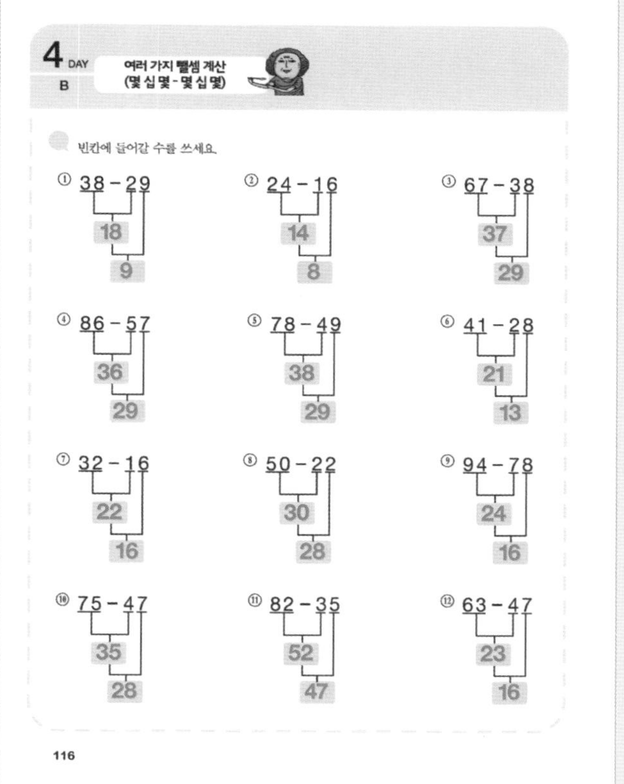

4 DAY B 여러 가지 뺄셈 계산 (몇 십 몇 - 몇 십 몇)

빈칸에 들어갈 수를 쓰세요.

① 38 - 29 → 18 → 9
② 24 - 16 → 14 → 8
③ 67 - 38 → 37 → 29
④ 86 - 57 → 36 → 29
⑤ 78 - 49 → 38 → 29
⑥ 41 - 28 → 21 → 13
⑦ 32 - 16 → 22 → 16
⑧ 50 - 22 → 30 → 28
⑨ 94 - 78 → 24 → 16
⑩ 75 - 47 → 35 → 28
⑪ 82 - 35 → 52 → 47
⑫ 63 - 47 → 23 → 16

116

≫ 117쪽 정답

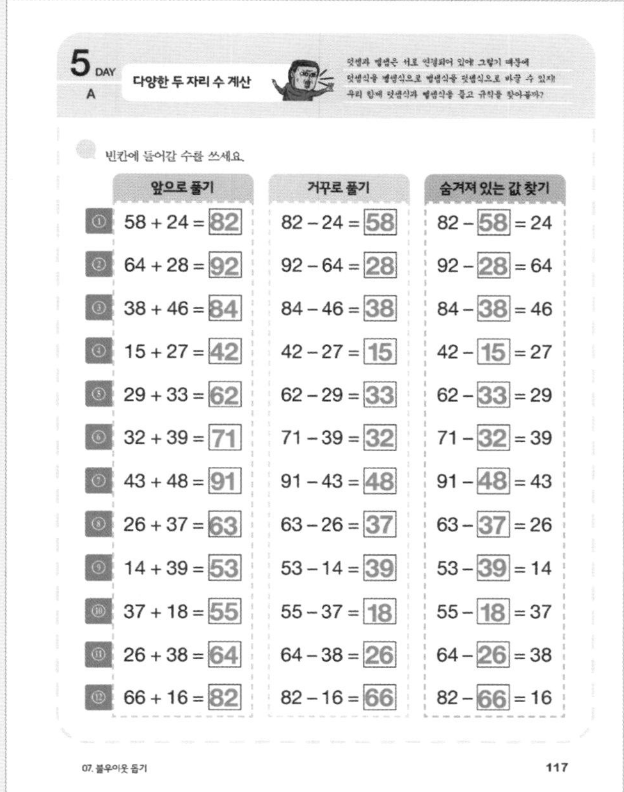

5 DAY A 다양한 두 자리 수 계산

빈칸에 들어갈 수를 쓰세요.

	앞으로 풀기	거꾸로 풀기	숨겨져 있는 값 찾기
①	58 + 24 = 82	82 - 24 = 58	82 - 58 = 24
②	64 + 28 = 92	92 - 64 = 28	92 - 28 = 64
③	38 + 46 = 84	84 - 46 = 38	84 - 38 = 46
④	15 + 27 = 42	42 - 27 = 15	42 - 15 = 27
⑤	29 + 33 = 62	62 - 29 = 33	62 - 33 = 29
⑥	32 + 39 = 71	71 - 39 = 32	71 - 32 = 39
⑦	43 + 48 = 91	91 - 43 = 48	91 - 48 = 43
⑧	26 + 37 = 63	63 - 26 = 37	63 - 37 = 26
⑨	14 + 39 = 53	53 - 14 = 39	53 - 39 = 14
⑩	37 + 18 = 55	55 - 37 = 18	55 - 18 = 37
⑪	26 + 38 = 64	64 - 38 = 26	64 - 26 = 38
⑫	66 + 16 = 82	82 - 16 = 66	82 - 66 = 16

07. 불우이웃 돕기 117

≫ 118쪽 정답

5 DAY B 다양한 두 자리 수 계산

빈칸에 들어갈 수를 쓰세요.

	앞으로 풀기	거꾸로 풀기	숨겨져 있는 값 찾기
①	18 + 34 = 52	52 - 34 = 18	52 - 18 = 34
②	18 + 29 = 47	47 - 18 = 29	47 - 29 = 18
③	47 + 18 = 65	65 - 47 = 18	65 - 18 = 47
④	33 + 7 = 40	40 - 33 = 7	40 - 7 = 33
⑤	26 + 9 = 35	35 - 26 = 9	35 - 9 = 26
⑥	17 + 64 = 81	81 - 64 = 17	81 - 17 = 64
⑦	19 + 6 = 25	25 - 19 = 6	25 - 6 = 19
⑧	55 + 7 = 62	62 - 55 = 7	62 - 7 = 55
⑨	27 + 46 = 73	73 - 46 = 27	73 - 27 = 46
⑩	28 + 3 = 31	31 - 28 = 3	31 - 3 = 28
⑪	37 + 16 = 53	53 - 37 = 16	53 - 16 = 37
⑫	9 + 19 = 28	28 - 19 = 9	28 - 9 = 19

118

≫ 119쪽 정답

이야기로 풀어요

	6	3
−	4	8
	1	5

≫ 123쪽 정답

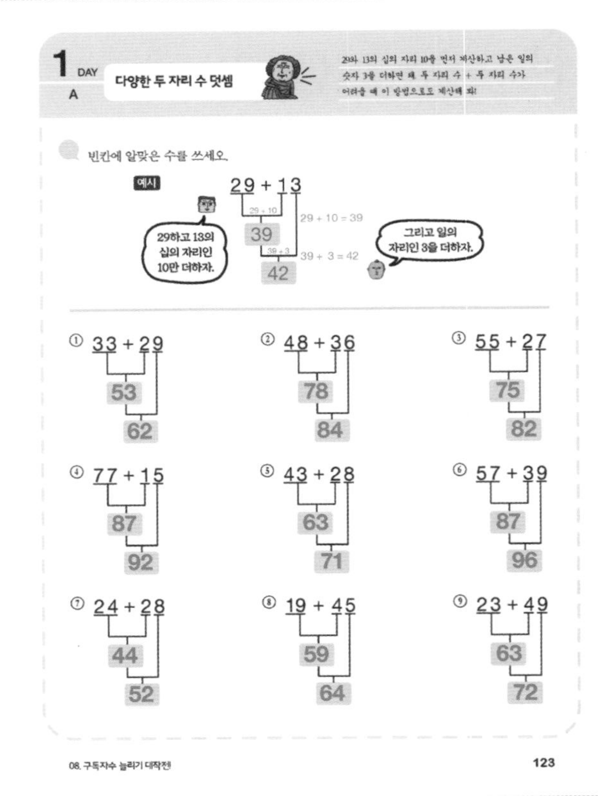
1 DAY A 다양한 두 자리 수 덧셈

29와 13의 십의 자리 10을 먼저 계산하고 남은 일의 숫자 3을 더하면 돼. 두 자리 수 + 두 자리 수가 어려울 때 이 방법으로도 계산해 봐!

빈칸에 알맞은 수를 쓰세오.

예시 29 + 13 → 39 (29 + 10 = 39) → 42 (39 + 3 = 42)

① 33 + 29 → 53 → 62
② 48 + 36 → 78 → 84
③ 55 + 27 → 75 → 82
④ 77 + 15 → 87 → 92
⑤ 43 + 28 → 63 → 71
⑥ 57 + 39 → 87 → 96
⑦ 24 + 28 → 44 → 52
⑧ 19 + 45 → 59 → 64
⑨ 23 + 49 → 63 → 72

≫ 124쪽 정답

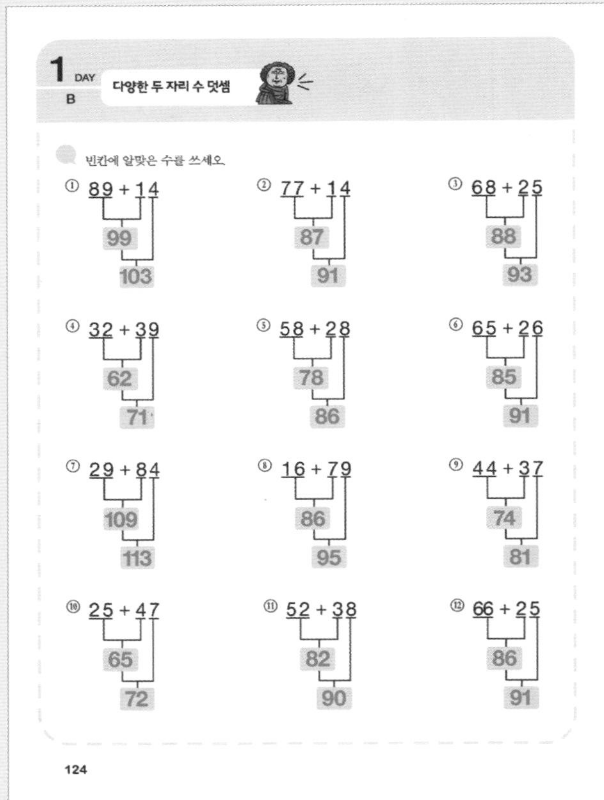
1 DAY B 다양한 두 자리 수 덧셈

빈칸에 알맞은 수를 쓰세오.

① 89 + 14 → 99 → 103
② 77 + 14 → 87 → 91
③ 68 + 25 → 88 → 93
④ 32 + 39 → 62 → 71
⑤ 58 + 28 → 78 → 86
⑥ 65 + 26 → 85 → 91
⑦ 29 + 84 → 109 → 113
⑧ 16 + 79 → 86 → 95
⑨ 44 + 37 → 74 → 81
⑩ 25 + 47 → 65 → 72
⑪ 52 + 38 → 82 → 90
⑫ 66 + 25 → 86 → 91

≫ 125쪽 정답

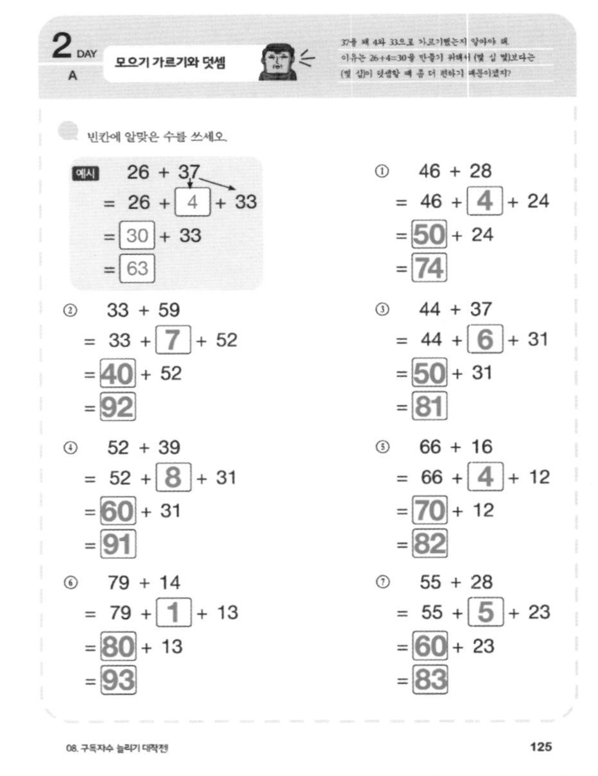
2 DAY A 모으기 가르기와 덧셈

37을 왜 4와 33으로 가르기했는지 알아야 해. 이유는 26+4=30을 만들기 위해서 (몇 십 몇)보다는 (몇 십)이 덧셈할 때 좀 더 편하기 때문이겠지?

빈칸에 알맞은 수를 쓰세오.

예시 26 + 37 = 26 + [4] + 33 = [30] + 33 = [63]

① 46 + 28 = 46 + [4] + 24 = [50] + 24 = [74]

② 33 + 59 = 33 + [7] + 52 = [40] + 52 = [92]

③ 44 + 37 = 44 + [6] + 31 = [50] + 31 = [81]

④ 52 + 39 = 52 + [8] + 31 = [60] + 31 = [91]

⑤ 66 + 16 = 66 + [4] + 12 = [70] + 12 = [82]

⑥ 79 + 14 = 79 + [1] + 13 = [80] + 13 = [93]

⑦ 55 + 28 = 55 + [5] + 23 = [60] + 23 = [83]

≫≫ 126쪽 정답

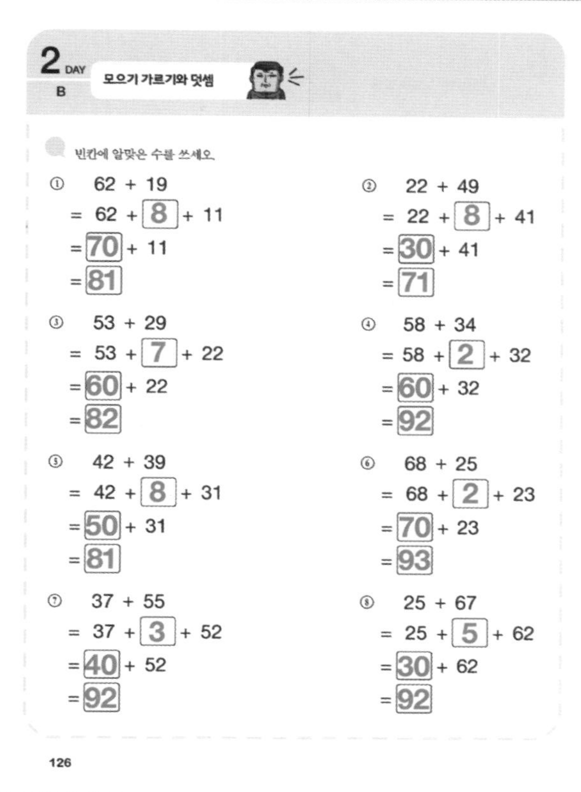

≫≫ 127쪽 정답

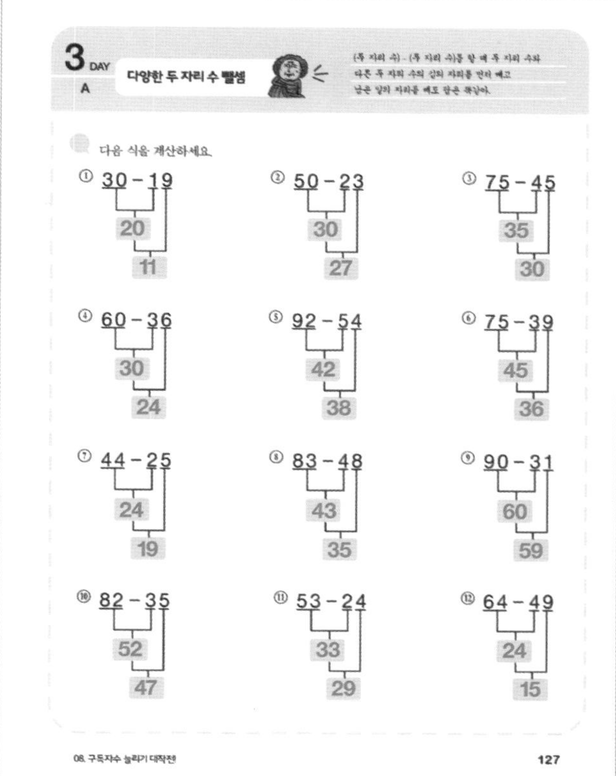

≫≫ 128쪽 정답

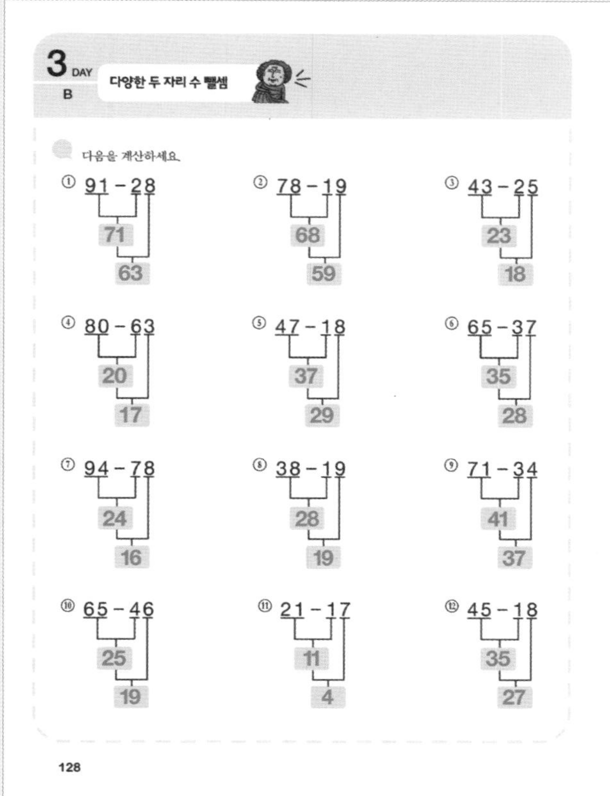

≫≫ 129쪽 정답

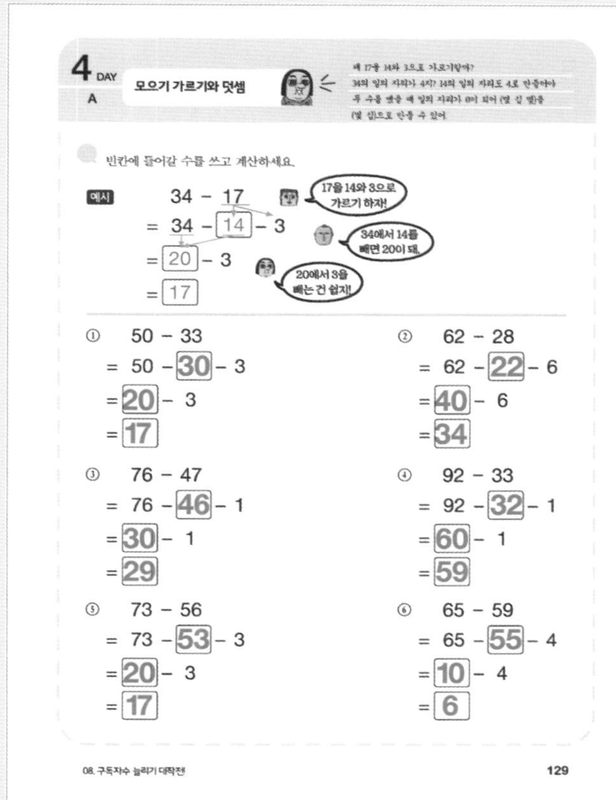

≫≫ 130쪽 정답

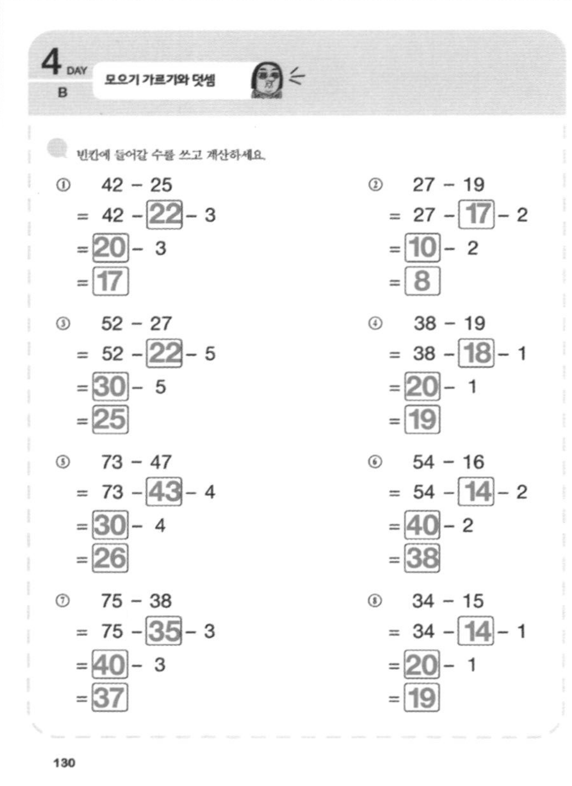

4 DAY B 모으기 가르기와 덧셈

빈칸에 들어갈 수를 쓰고 계산하세요.

① 42 − 25 = 42 − 22 − 3 = 20 − 3 = 17

② 27 − 19 = 27 − 17 − 2 = 10 − 2 = 8

③ 52 − 27 = 52 − 22 − 5 = 30 − 5 = 25

④ 38 − 19 = 38 − 18 − 1 = 20 − 1 = 19

⑤ 73 − 47 = 73 − 43 − 4 = 30 − 4 = 26

⑥ 54 − 16 = 54 − 14 − 2 = 40 − 2 = 38

⑦ 75 − 38 = 75 − 35 − 3 = 40 − 3 = 37

⑧ 34 − 15 = 34 − 14 − 1 = 20 − 1 = 19

130

≫≫ 131쪽 정답

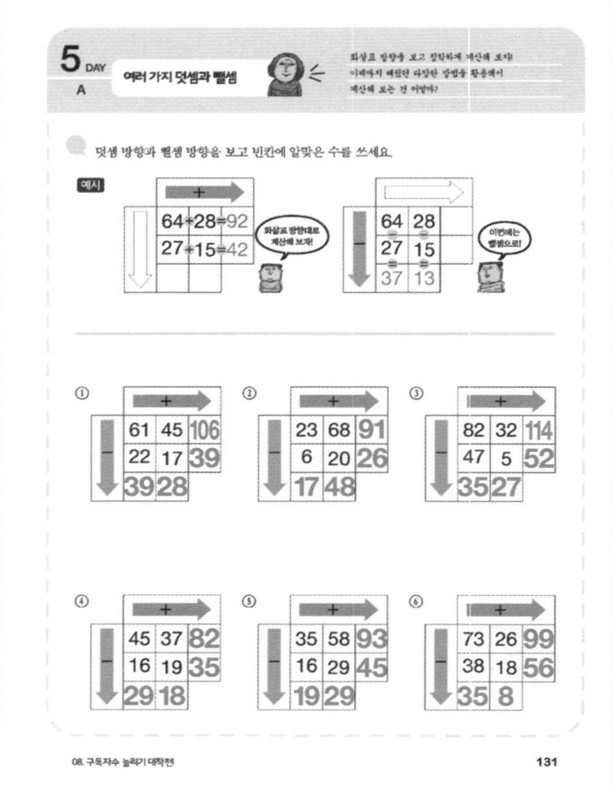

5 DAY A 여러 가지 덧셈과 뺄셈

화살표 방향을 보고 침착하게 계산해 보자! 이제까지 배웠던 다양한 방법을 활용해서 계산해 보는 건 어떨까?

덧셈 방향과 뺄셈 방향을 보고 빈칸에 알맞은 수를 쓰세요.

예시

64 + 28 = 92

27 + 15 = 42

64 − 27 = 37, 28 − 15 = 13

①

61	45	106
22	17	39
39	28	

②

23	68	91
6	20	26
17	48	

③

82	32	114
47	5	52
35	27	

④

45	37	82
16	19	35
29	18	

⑤

35	58	93
16	29	45
19	29	

⑥

73	26	99
38	18	56
35	8	

08. 구독자수 늘리기 대작전 131

≫≫ 132쪽 정답

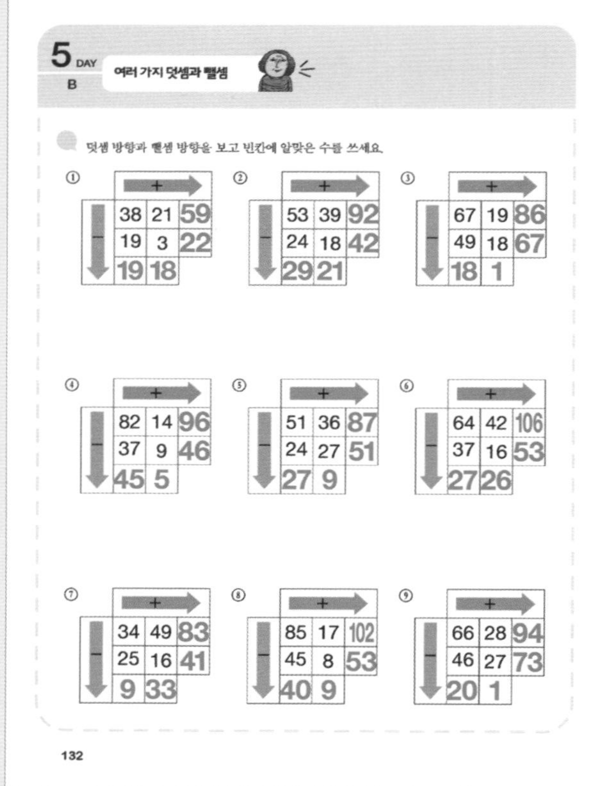

5 DAY B 여러 가지 덧셈과 뺄셈

덧셈 방향과 뺄셈 방향을 보고 빈칸에 알맞은 수를 쓰세요.

①

38	21	59
19	3	22
19	18	

②

53	39	92
24	18	42
29	21	

③

67	19	86
49	18	67
18	1	

④

82	14	96
37	9	46
45	5	

⑤

51	36	87
24	27	51
27	9	

⑥

64	42	106
37	16	53
27	26	

⑦

34	49	83
25	16	41
9	33	

⑧

85	17	102
45	8	53
40	9	

⑨

66	28	94
46	27	73
20	1	

132

≫≫ 133쪽 정답

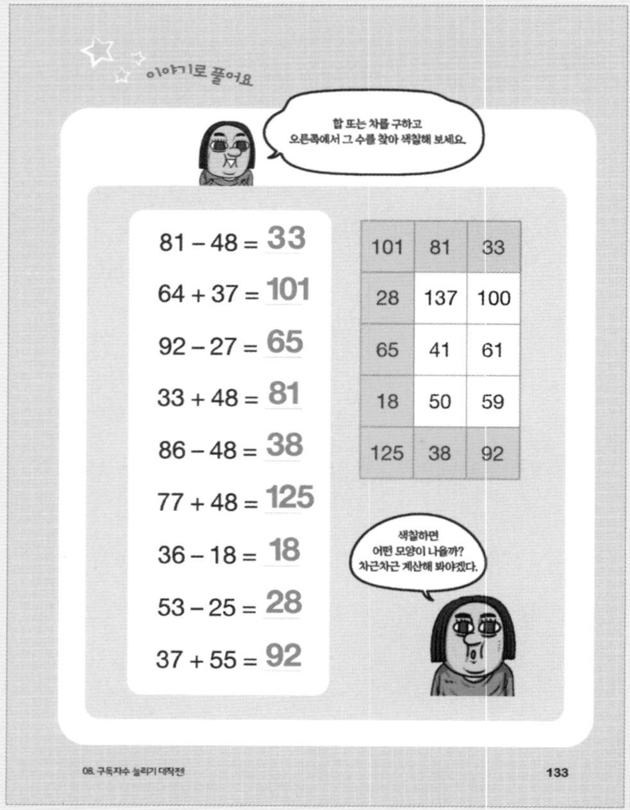

이야기로 풀어요

81 − 48 = 33

64 + 37 = 101

92 − 27 = 65

33 + 48 = 81

86 − 48 = 38

77 + 48 = 125

36 − 18 = 18

53 − 25 = 28

37 + 55 = 92

101	81	33
28	137	100
65	41	61
18	50	59
125	38	92

08. 구독자수 늘리기 대작전 133

≫≫ 137쪽 정답

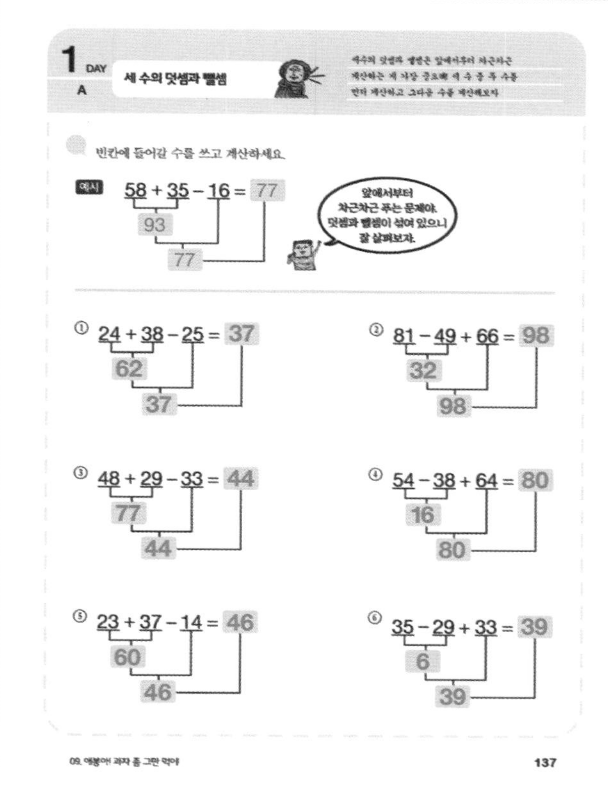

1 DAY A 세 수의 덧셈과 뺄셈

빈칸에 들어갈 수를 쓰고 계산하세요.

예시 58 + 35 − 16 = 77 (58 + 35 = 93, 93 − 16 = 77)

① 24 + 38 − 25 = 37 (62, 37)

② 81 − 49 + 66 = 98 (32, 98)

③ 48 + 29 − 33 = 44 (77, 44)

④ 54 − 38 + 64 = 80 (16, 80)

⑤ 23 + 37 − 14 = 46 (60, 46)

⑥ 35 − 29 + 33 = 39 (6, 39)

09. 애봉아! 과자 좀 그만 먹어 137

≫≫ 138쪽 정답

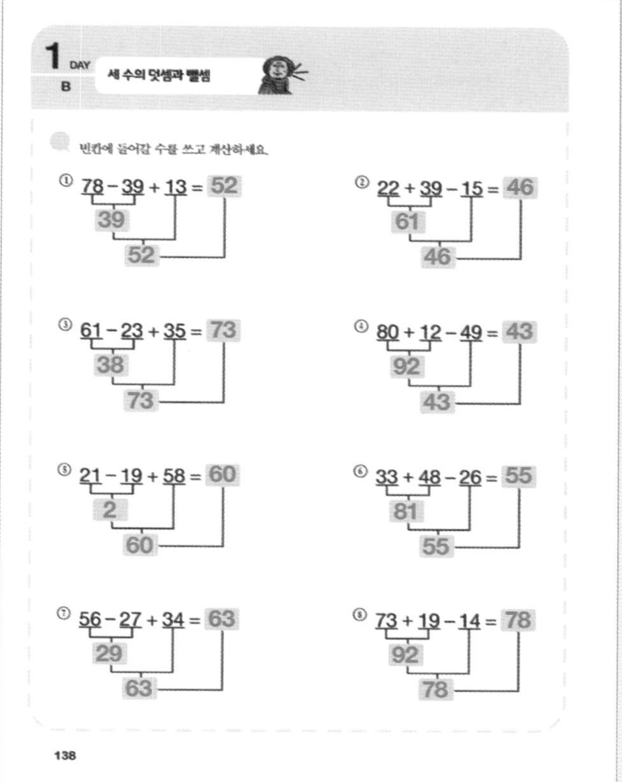

1 DAY B 세 수의 덧셈과 뺄셈

빈칸에 들어갈 수를 쓰고 계산하세요.

① 78 − 39 + 13 = 52 (39, 52)

② 22 + 39 − 15 = 46 (61, 46)

③ 61 − 23 + 35 = 73 (38, 73)

④ 80 + 12 − 49 = 43 (92, 43)

⑤ 21 − 19 + 58 = 60 (2, 60)

⑥ 33 + 48 − 26 = 55 (81, 55)

⑦ 56 − 27 + 34 = 63 (29, 63)

⑧ 73 + 19 − 14 = 78 (92, 78)

138

≫≫ 139쪽 정답

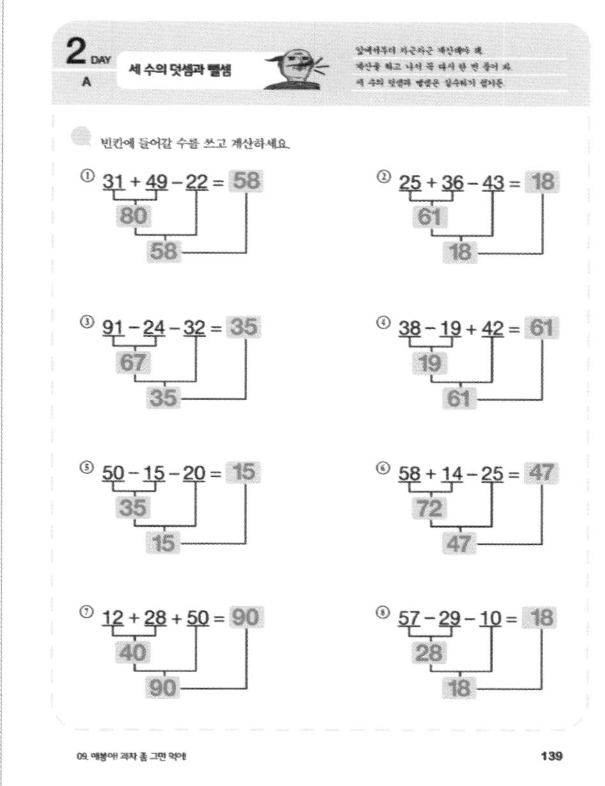

2 DAY A 세 수의 덧셈과 뺄셈

빈칸에 들어갈 수를 쓰고 계산하세요.

① 31 + 49 − 22 = 58 (80, 58)

② 25 + 36 − 43 = 18 (61, 18)

③ 91 − 24 − 32 = 35 (67, 35)

④ 38 − 19 + 42 = 61 (19, 61)

⑤ 50 − 15 − 20 = 15 (35, 15)

⑥ 58 + 14 − 25 = 47 (72, 47)

⑦ 12 + 28 + 50 = 90 (40, 90)

⑧ 57 − 29 − 10 = 18 (28, 18)

09. 애봉아! 과자 좀 그만 먹어 139

≫≫ 140쪽 정답

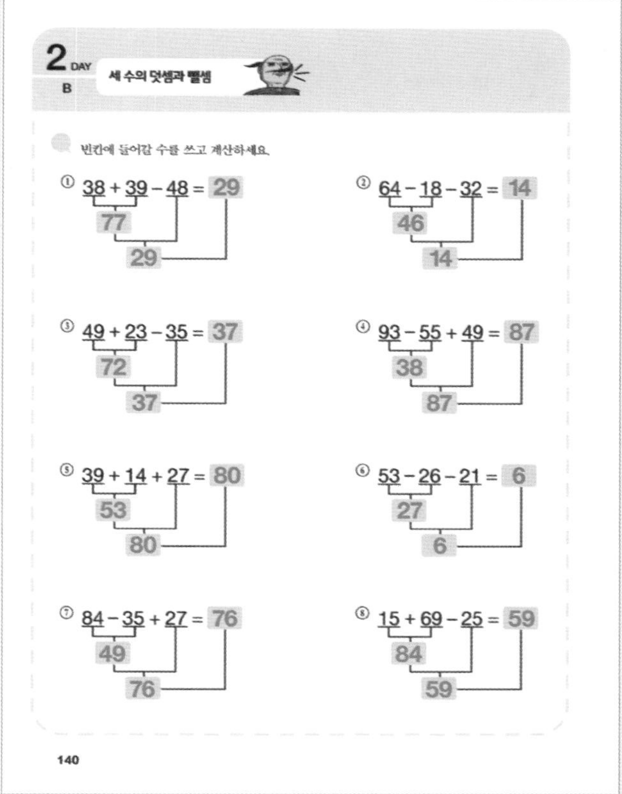

2 DAY B 세 수의 덧셈과 뺄셈

빈칸에 들어갈 수를 쓰고 계산하세요.

① 38 + 39 − 48 = 29 (77, 29)

② 64 − 18 − 32 = 14 (46, 14)

③ 49 + 23 − 35 = 37 (72, 37)

④ 93 − 55 + 49 = 87 (38, 87)

⑤ 39 + 14 + 27 = 80 (53, 80)

⑥ 53 − 26 − 21 = 6 (27, 6)

⑦ 84 − 35 + 27 = 76 (49, 76)

⑧ 15 + 69 − 25 = 59 (84, 59)

140

≫≫ 141쪽 정답

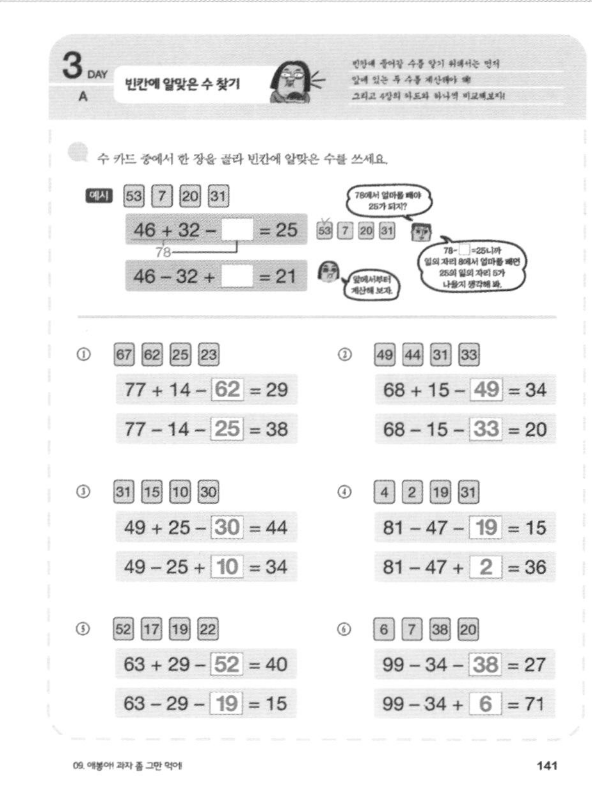

3 DAY A

빈칸에 알맞은 수 찾기

빈칸에 들어갈 수를 알기 위해서는 먼저 앞에 있는 두 수를 계산해야 돼! 그리고 4장의 카드와 하나씩 비교해보자!

수 카드 중에서 한 장을 골라 빈칸에 알맞은 수를 쓰세요.

예시 53 7 20 31

46 + 32 − □ = 25 (78)

46 − 32 + □ = 21

78에서 얼마를 빼야 25가 되지?
78-□=25니까 일의 자리 8에서 얼마를 빼면 25의 일의 자리 5가 나올지 생각해 봐.
앞에서부터 계산해 보자.

① 67 62 25 23

77 + 14 − 62 = 29

77 − 14 − 25 = 38

② 49 44 31 33

68 + 15 − 49 = 34

68 − 15 − 33 = 20

③ 31 15 10 30

49 + 25 − 30 = 44

49 − 25 + 10 = 34

④ 4 2 19 31

81 − 47 − 19 = 15

81 − 47 + 2 = 36

⑤ 52 17 19 22

63 + 29 − 52 = 40

63 − 29 − 19 = 15

⑥ 6 7 38 20

99 − 34 − 38 = 27

99 − 34 + 6 = 71

09. 애봉아! 과자 좀 그만 먹어! 141

≫≫ 142쪽 정답

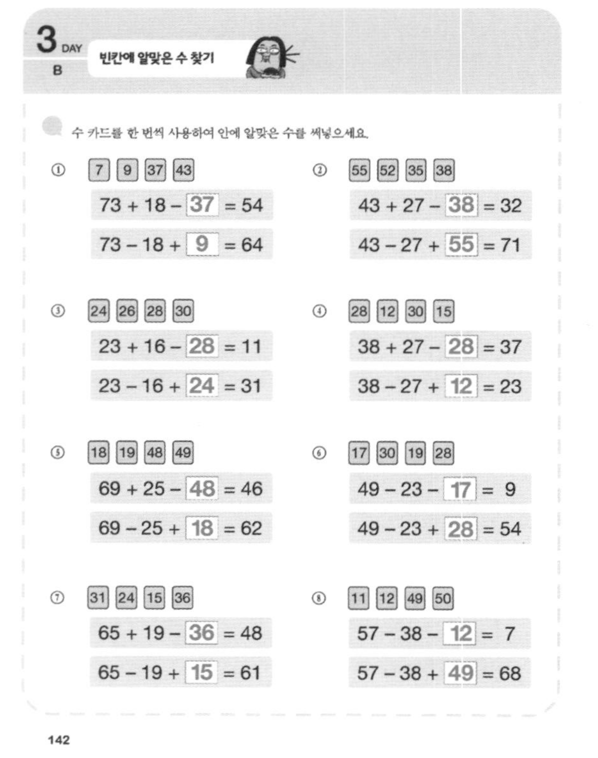

3 DAY B

빈칸에 알맞은 수 찾기

수 카드를 한 번씩 사용하여 안에 알맞은 수를 써넣으세요.

① 7 9 37 43

73 + 18 − 37 = 54

73 − 18 + 9 = 64

② 55 52 35 38

43 + 27 − 38 = 32

43 − 27 + 55 = 71

③ 24 26 28 30

23 + 16 − 28 = 11

23 − 16 + 24 = 31

④ 28 12 30 15

38 + 27 − 28 = 37

38 − 27 + 12 = 23

⑤ 18 19 48 49

69 + 25 − 48 = 46

69 − 25 + 18 = 62

⑥ 17 30 19 28

49 − 23 − 17 = 9

49 − 23 + 28 = 54

⑦ 31 24 15 36

65 + 19 − 36 = 48

65 − 19 + 15 = 61

⑧ 11 12 49 50

57 − 38 − 12 = 7

57 − 38 + 49 = 68

142

≫≫ 143쪽 정답

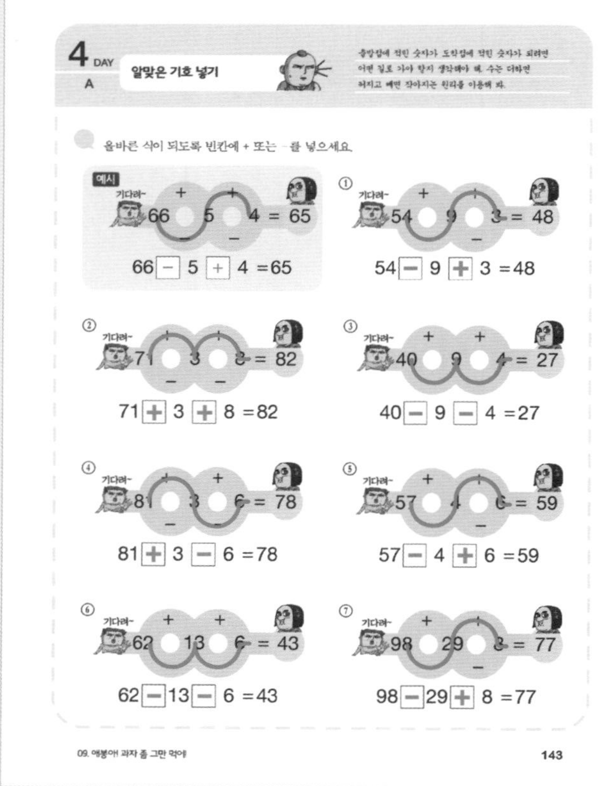

4 DAY A

알맞은 기호 넣기

출발점에 적힌 숫자가 도착점에 적힌 숫자가 되려면 어떤 길로 가야 할지 생각해야 돼. 수는 더하면 커지고 빼면 작아지는 원리를 이용해 봐.

올바른 식이 되도록 빈칸에 + 또는 −를 넣으세요.

예시 66 − 5 + 4 = 65

① 54 − 9 + 3 = 48

② 71 + 3 + 8 = 82

③ 40 − 9 − 4 = 27

④ 81 + 3 − 6 = 78

⑤ 57 − 4 + 6 = 59

⑥ 62 − 13 − 6 = 43

⑦ 98 − 29 + 8 = 77

09. 애봉아! 과자 좀 그만 먹어! 143

≫≫ 144쪽 정답

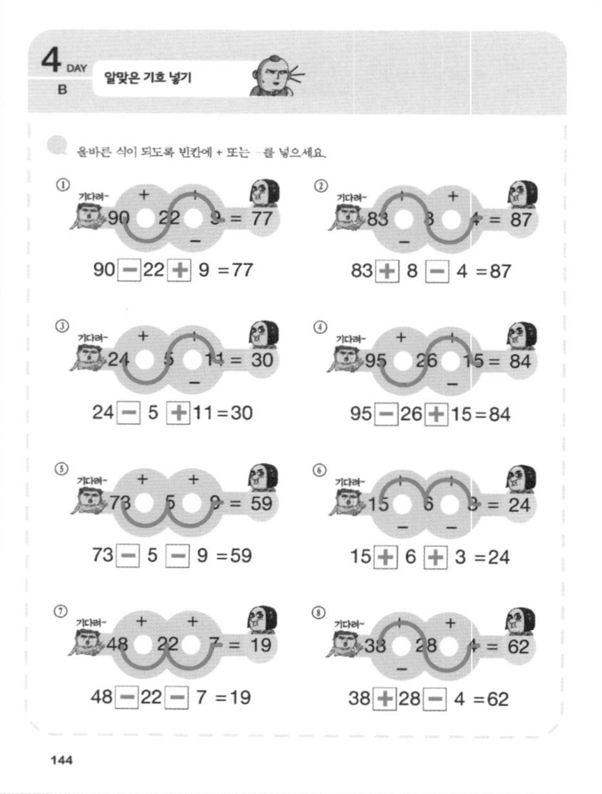

4 DAY B

알맞은 기호 넣기

올바른 식이 되도록 빈칸에 + 또는 −를 넣으세요.

① 90 − 22 + 9 = 77

② 83 + 8 − 4 = 87

③ 24 − 5 + 11 = 30

④ 95 − 26 + 15 = 84

⑤ 73 − 5 − 9 = 59

⑥ 15 + 6 + 3 = 24

⑦ 48 − 22 − 7 = 19

⑧ 38 + 28 − 4 = 62

144

≫≫ 145쪽 정답

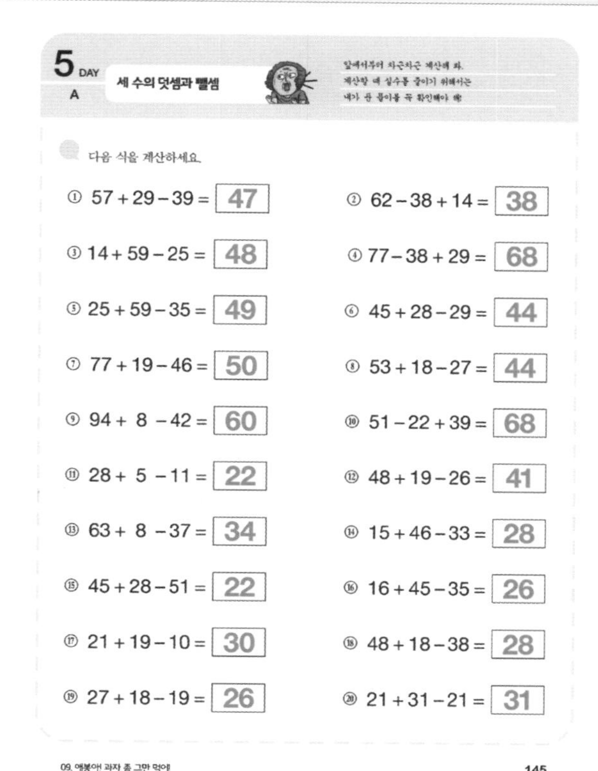

5 DAY A **세 수의 덧셈과 뺄셈**

알에서부터 차근차근 계산해 봐. 계산할 때 실수를 줄이기 위해서는 내가 푼 풀이를 꼭 확인해야 해!

다음 식을 계산하세요.

① 57 + 29 − 39 = 47　② 62 − 38 + 14 = 38

③ 14 + 59 − 25 = 48　④ 77 − 38 + 29 = 68

⑤ 25 + 59 − 35 = 49　⑥ 45 + 28 − 29 = 44

⑦ 77 + 19 − 46 = 50　⑧ 53 + 18 − 27 = 44

⑨ 94 + 8 − 42 = 60　⑩ 51 − 22 + 39 = 68

⑪ 28 + 5 − 11 = 22　⑫ 48 + 19 − 26 = 41

⑬ 63 + 8 − 37 = 34　⑭ 15 + 46 − 33 = 28

⑮ 45 + 28 − 51 = 22　⑯ 16 + 45 − 35 = 26

⑰ 21 + 19 − 10 = 30　⑱ 48 + 18 − 38 = 28

⑲ 27 + 18 − 19 = 26　⑳ 21 + 31 − 21 = 31

09. 애봉아! 과자 좀 그만 먹어!　145

≫≫ 146쪽 정답

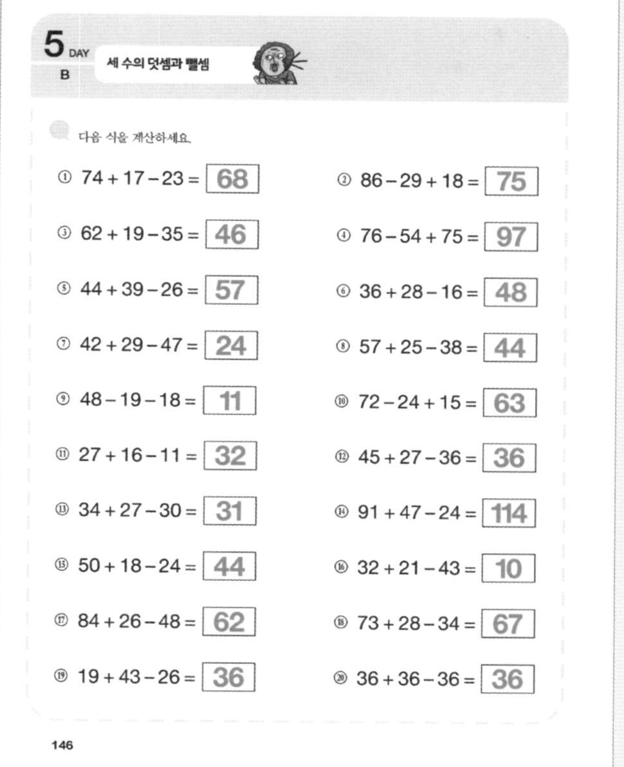

5 DAY B **세 수의 덧셈과 뺄셈**

다음 식을 계산하세요.

① 74 + 17 − 23 = 68　② 86 − 29 + 18 = 75

③ 62 + 19 − 35 = 46　④ 76 − 54 + 75 = 97

⑤ 44 + 39 − 26 = 57　⑥ 36 + 28 − 16 = 48

⑦ 42 + 29 − 47 = 24　⑧ 57 + 25 − 38 = 44

⑨ 48 − 19 − 18 = 11　⑩ 72 − 24 + 15 = 63

⑪ 27 + 16 − 11 = 32　⑫ 45 + 27 − 36 = 36

⑬ 34 + 27 − 30 = 31　⑭ 91 + 47 − 24 = 114

⑮ 50 + 18 − 24 = 44　⑯ 32 + 21 − 43 = 10

⑰ 84 + 26 − 48 = 62　⑱ 73 + 28 − 34 = 67

⑲ 19 + 43 − 26 = 36　⑳ 36 + 36 − 36 = 36

146

≫≫ 147쪽 정답

이야기로 풀어요

석이가 세 수의 덧셈과 뺄셈을 공부하다가 이해가 안 돼서 형한테 도와달라고 했습니다. 형의 설명을 잘 보고 문제를 풀 수 있도록 여러분이 도와주세요.
형… 나 세 수의 덧셈과 뺄셈이 너무 어려워서 앞이 안 보여…
형이 도와줄게. 안대 좀 벗을래?

석이가 푼 문제

수 카드 **28, 31, 43, 18** 중에서 빈칸에 들어갈 수 있는 수를 고르세요.

45 + 12 − 31 = 26

일의 자리만 먼저 계산해봐! 45의 5, 12의 2를 더하면 7이지?
7에서 얼마를 빼면 26의 6과 같아질까? 맞아 1을 빼면 되지. 자, 이제 수 카드 중에서 일의 자리가 1인 것을 골라서 계산해 봐.

여러분이 풀 문제

수 카드 **46, 21, 34, 28** 중에서 빈칸에 들어갈 수 있는 수를 고르세요.

53 + 26 − 34 = 45

09. 애봉아! 과자 좀 그만 먹어!　147

≫≫ 153쪽 정답

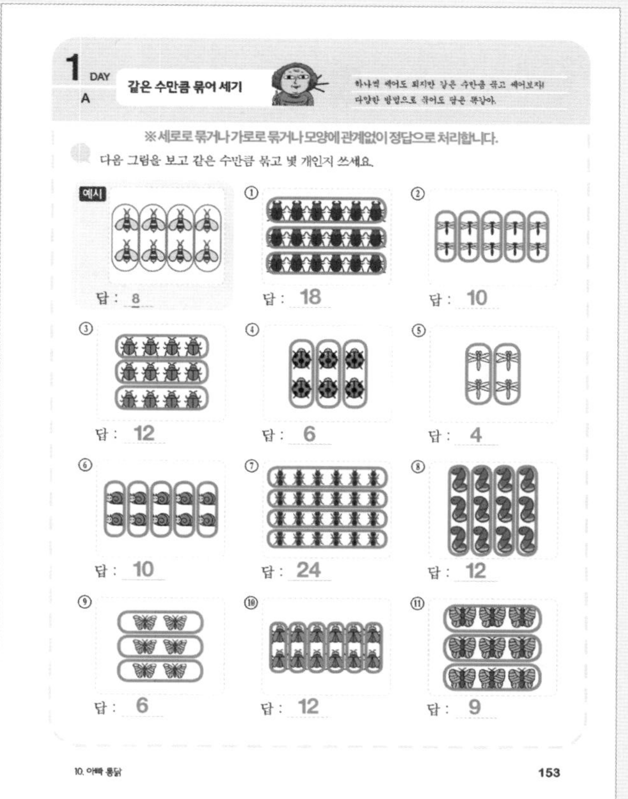

1 DAY A **같은 수만큼 묶어 세기**

하나씩 세어도 되지만 같은 수만큼 묶고 세어보자! 다양한 방법으로 묶어도 답은 똑같아.

※세로로 묶거나 가로로 묶거나 모양에 관계없이 정답으로 처리합니다.

다음 그림을 보고 같은 수만큼 묶고 몇 개인지 쓰세요.

예시 답 : 8　① 답 : 18　② 답 : 10

③ 답 : 12　④ 답 : 6　⑤ 답 : 4

⑥ 답 : 10　⑦ 답 : 24　⑧ 답 : 12

⑨ 답 : 6　⑩ 답 : 12　⑪ 답 : 9

10. 아빠 통닭　153

≫≫ 154쪽 정답

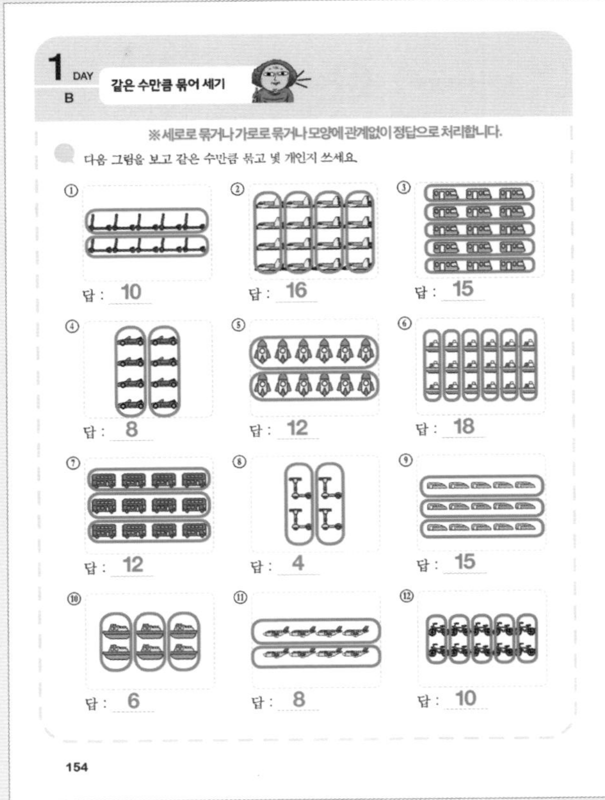

1 DAY B 같은 수만큼 묶어 세기

※세로로 묶거나 가로로 묶거나 모양에 관계없이 정답으로 처리합니다.

다음 그림을 보고 같은 수만큼 묶고 몇 개인지 쓰세요.

① 답 : 10 ② 답 : 16 ③ 답 : 15

④ 답 : 8 ⑤ 답 : 12 ⑥ 답 : 18

⑦ 답 : 12 ⑧ 답 : 4 ⑨ 답 : 15

⑩ 답 : 6 ⑪ 답 : 8 ⑫ 답 : 10

154

≫≫ 155쪽 정답

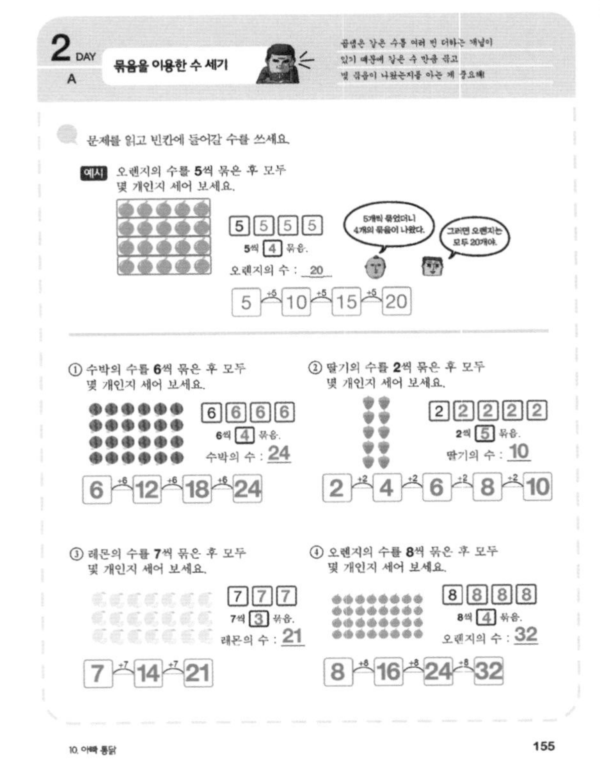

2 DAY A 묶음을 이용한 수 세기

곱셈은 같은 수를 여러 번 더하는 개념이 있기 때문에 같은 수 만큼 묶고 몇 묶음이 나왔는지를 아는 게 중요해!

문제를 읽고 빈칸에 들어갈 수를 쓰세요.

예시 오렌지의 수를 5씩 묶은 후 모두 몇 개인지 세어 보세요.

5 5 5 5 / 5씩 4 묶음. / 오렌지의 수 : 20

5개씩 묶었더니 4개의 묶음이 나왔다.
그러면 오렌지는 모두 20개야.

5 +5 10 +5 15 +5 20

① 수박의 수를 6씩 묶은 후 모두 몇 개인지 세어 보세요.
6 6 6 6 / 6씩 4 묶음. / 수박의 수 : 24
6 +6 12 +6 18 +6 24

② 딸기의 수를 2씩 묶은 후 모두 몇 개인지 세어 보세요.
2 2 2 2 2 / 2씩 5 묶음. / 딸기의 수 : 10
2 +2 4 +2 6 +2 8 +2 10

③ 레몬의 수를 7씩 묶은 후 모두 몇 개인지 세어 보세요.
7 7 7 / 7씩 3 묶음. / 레몬의 수 : 21
7 +7 14 +7 21

④ 오렌지의 수를 8씩 묶은 후 모두 몇 개인지 세어 보세요.
8 8 8 8 / 8씩 4 묶음. / 오렌지의 수 : 32
8 +8 16 +8 24 +8 32

10. 아빠 통닭 155

≫≫ 156쪽 정답

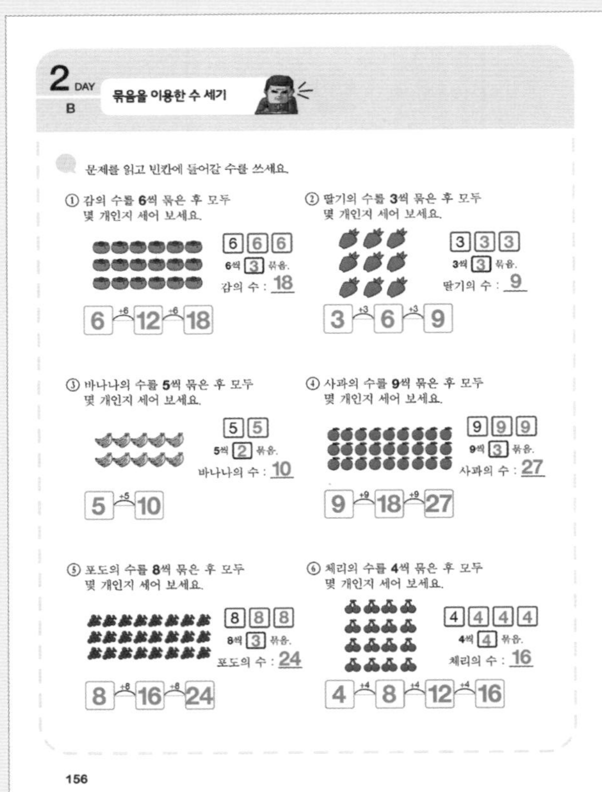

2 DAY B 묶음을 이용한 수 세기

문제를 읽고 빈칸에 들어갈 수를 쓰세요.

① 감의 수를 6씩 묶은 후 모두 몇 개인지 세어 보세요.
6 6 6 / 6씩 3 묶음. / 감의 수 : 18
6 +6 12 +6 18

② 딸기의 수를 3씩 묶은 후 모두 몇 개인지 세어 보세요.
3 3 3 / 3씩 3 묶음. / 딸기의 수 : 9
3 +3 6 +3 9

③ 바나나의 수를 5씩 묶은 후 모두 몇 개인지 세어 보세요.
5 5 / 5씩 2 묶음. / 바나나의 수 : 10
5 +5 10

④ 사과의 수를 9씩 묶은 후 모두 몇 개인지 세어 보세요.
9 9 9 / 9씩 3 묶음. / 사과의 수 : 27
9 +9 18 +9 27

⑤ 포도의 수를 8씩 묶은 후 모두 몇 개인지 세어 보세요.
8 8 8 / 8씩 3 묶음. / 포도의 수 : 24
8 +8 16 +8 24

⑥ 체리의 수를 4씩 묶은 후 모두 몇 개인지 세어 보세요.
4 4 4 4 / 4씩 4 묶음. / 체리의 수 : 16
4 +4 8 +4 12 +4 16

156

≫≫ 157쪽 정답

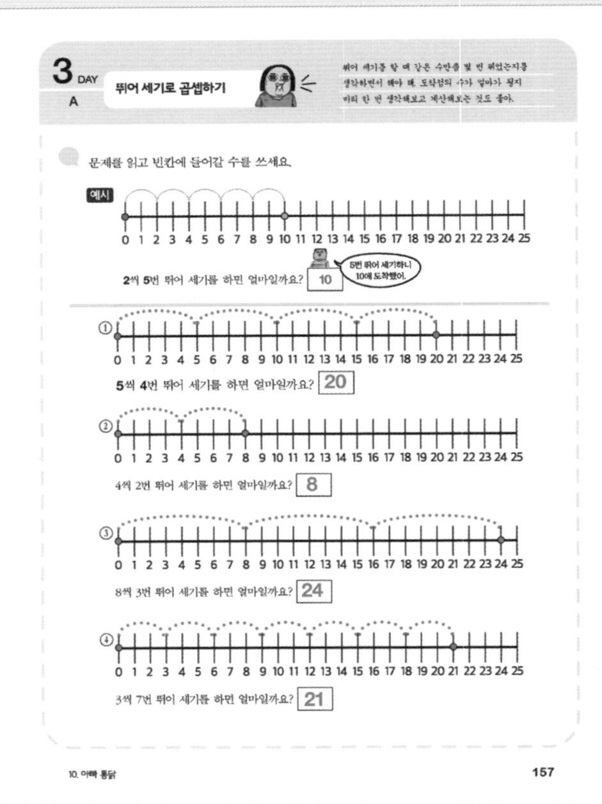

3 DAY A 뛰어 세기로 곱셈하기

뛰어 세기를 할 때 같은 수만큼 몇 번 뛰었는지를 생각하면서 해야 해. 도착점의 수가 얼마가 될지 미리 한 번 생각해보고 계산해보는 것도 좋아.

문제를 읽고 빈칸에 들어갈 수를 쓰세요.

예시 0 1 2 3 4 5 6 7 8 9 10 11 12 13 14 15 16 17 18 19 20 21 22 23 24 25

2씩 5번 뛰어 세기를 하면 얼마일까요? 10

5번 뛰어 세기하니 10에 도착했어.

① 5씩 4번 뛰어 세기를 하면 얼마일까요? 20

② 4씩 2번 뛰어 세기를 하면 얼마일까요? 8

③ 8씩 3번 뛰어 세기를 하면 얼마일까요? 24

④ 3씩 7번 뛰어 세기를 하면 얼마일까요? 21

10. 아빠 통닭 157

≫≫ 158쪽 정답

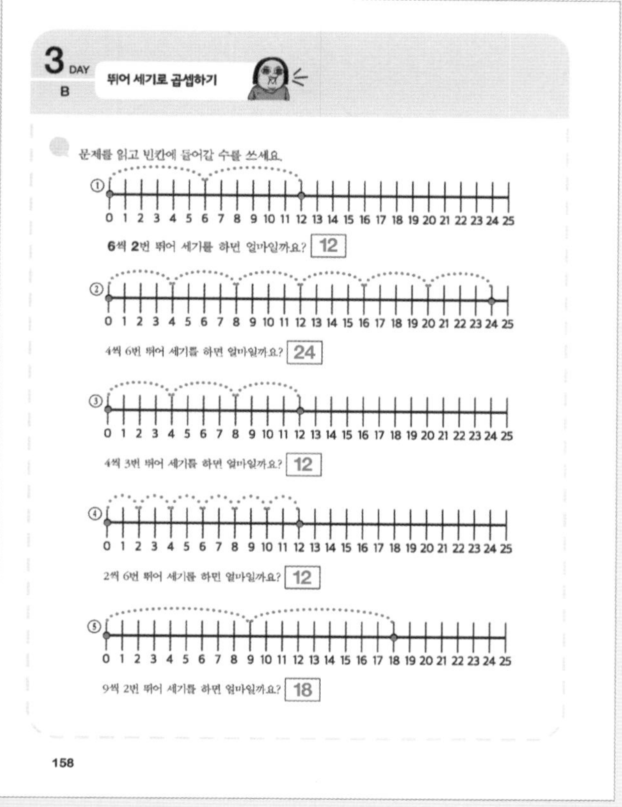

3 DAY B **뛰어 세기로 곱셈하기**

문제를 읽고 빈칸에 들어갈 수를 쓰세요.

① 0 1 2 3 4 5 6 7 8 9 10 11 12 13 14 15 16 17 18 19 20 21 22 23 24 25

6씩 2번 뛰어 세기를 하면 얼마일까요? 12

② 0 1 2 3 4 5 6 7 8 9 10 11 12 13 14 15 16 17 18 19 20 21 22 23 24 25

4씩 6번 뛰어 세기를 하면 얼마일까요? 24

③ 0 1 2 3 4 5 6 7 8 9 10 11 12 13 14 15 16 17 18 19 20 21 22 23 24 25

4씩 3번 뛰어 세기를 하면 얼마일까요? 12

④ 0 1 2 3 4 5 6 7 8 9 10 11 12 13 14 15 16 17 18 19 20 21 22 23 24 25

2씩 6번 뛰어 세기를 하면 얼마일까요? 12

⑤ 0 1 2 3 4 5 6 7 8 9 10 11 12 13 14 15 16 17 18 19 20 21 22 23 24 25

9씩 2번 뛰어 세기를 하면 얼마일까요? 18

158

≫≫ 159쪽 정답

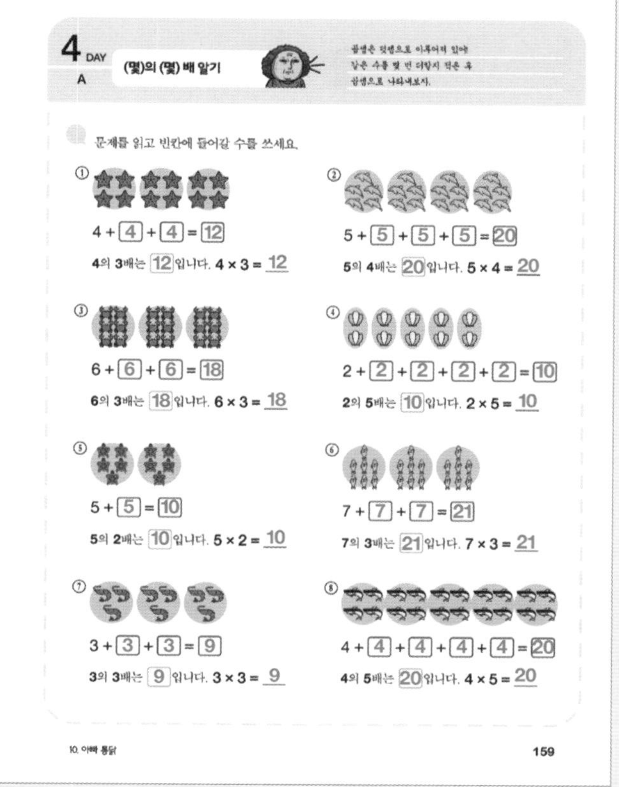

4 DAY A **(몇)의 (몇) 배 알기**

곱셈은 덧셈으로 이루어져 있어!
같은 수를 몇 번 더할지 적은 후
곱셈으로 나타내보자.

문제를 읽고 빈칸에 들어갈 수를 쓰세요.

① 4 + 4 + 4 = 12
4의 3배는 12입니다. 4 × 3 = 12

② 5 + 5 + 5 + 5 = 20
5의 4배는 20입니다. 5 × 4 = 20

③ 6 + 6 + 6 = 18
6의 3배는 18입니다. 6 × 3 = 18

④ 2 + 2 + 2 + 2 + 2 = 10
2의 5배는 10입니다. 2 × 5 = 10

⑤ 5 + 5 = 10
5의 2배는 10입니다. 5 × 2 = 10

⑥ 7 + 7 + 7 = 21
7의 3배는 21입니다. 7 × 3 = 21

⑦ 3 + 3 + 3 = 9
3의 3배는 9입니다. 3 × 3 = 9

⑧ 4 + 4 + 4 + 4 + 4 = 20
4의 5배는 20입니다. 4 × 5 = 20

10. 아빠 통닭 159

≫≫ 160쪽 정답

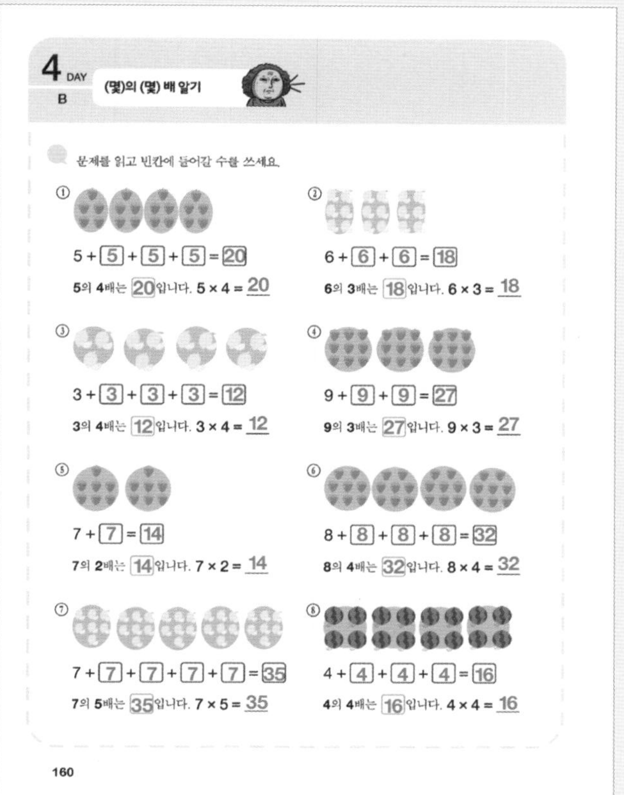

4 DAY B **(몇)의 (몇) 배 알기**

문제를 읽고 빈칸에 들어갈 수를 쓰세요.

① 5 + 5 + 5 + 5 = 20
5의 4배는 20입니다. 5 × 4 = 20

② 6 + 6 + 6 = 18
6의 3배는 18입니다. 6 × 3 = 18

③ 3 + 3 + 3 + 3 = 12
3의 4배는 12입니다. 3 × 4 = 12

④ 9 + 9 + 9 = 27
9의 3배는 27입니다. 9 × 3 = 27

⑤ 7 + 7 = 14
7의 2배는 14입니다. 7 × 2 = 14

⑥ 8 + 8 + 8 + 8 = 32
8의 4배는 32입니다. 8 × 4 = 32

⑦ 7 + 7 + 7 + 7 + 7 = 35
7의 5배는 35입니다. 7 × 5 = 35

⑧ 4 + 4 + 4 + 4 = 16
4의 4배는 16입니다. 4 × 4 = 16

160

≫≫ 161쪽 정답

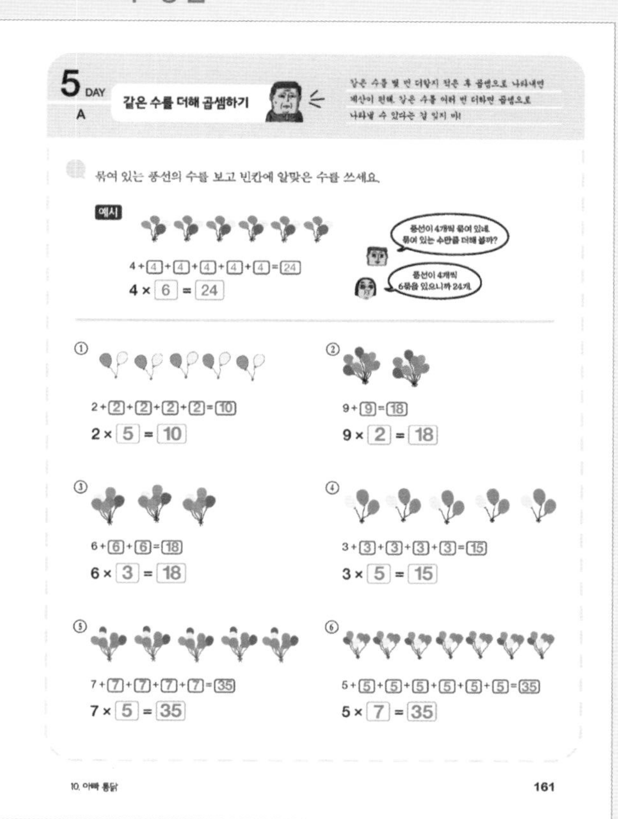

5 DAY A **같은 수를 더해 곱셈하기**

같은 수를 몇 번 더할지 적은 후 곱셈으로 나타내면
계산이 편해. 같은 수를 여러 번 더하면 곱셈으로
나타낼 수 있다는 걸 잊지 마!

묶여 있는 풍선의 수를 보고 빈칸에 알맞은 수를 쓰세요.

예시
4 + 4 + 4 + 4 + 4 + 4 = 24
4 × 6 = 24

풍선이 4개씩 묶여 있네.
묶여 있는 수만큼 더해 볼까?
풍선이 4개씩
6묶음 있으니까 24개.

① 2 + 2 + 2 + 2 + 2 = 10
2 × 5 = 10

② 9 + 9 = 18
9 × 2 = 18

③ 6 + 6 + 6 = 18
6 × 3 = 18

④ 3 + 3 + 3 + 3 + 3 = 15
3 × 5 = 15

⑤ 7 + 7 + 7 + 7 + 7 = 35
7 × 5 = 35

⑥ 5 + 5 + 5 + 5 + 5 + 5 + 5 = 35
5 × 7 = 35

10. 아빠 통닭 161

≫≫ 162쪽 정답

5 DAY B **같은 수를 더해 곱셈하기**

묶여 있는 풍선의 수를 보고 빈칸에 알맞은 수를 쓰세요.

① 8+[8]+[8]+[8]=[32]
8 × [4] = [32]

② 4+[4]+[4]+[4]+[4]=[20]
4 × [5] = [20]

③ 6+[6]=[12]
6 × [2] = [12]

④ 2+[2]+[2]+[2]+[2]+[2]=[12]
2 × [6] = [12]

⑤ 8+[8]+[8]=[24]
8 × [3] = [24]

⑥ 6+[6]+[6]+[6]=[24]
6 × [4] = [24]

⑦ 9+[9]+[9]=[27]
9 × [3] = [27]

⑧ 3+[3]+[3]+[3]+[3]+[3]=[18]
3 × [6] = [18]

162

≫≫ 163쪽 정답

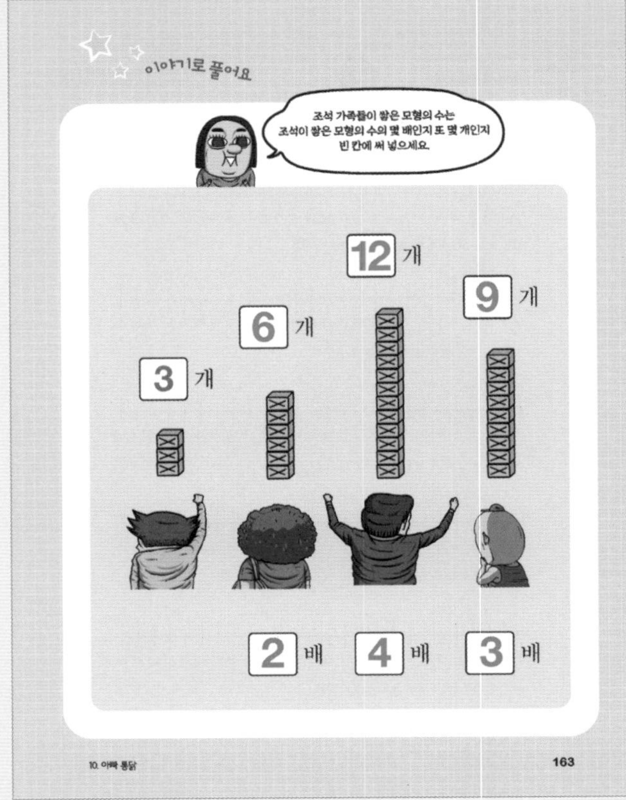

멋짐 폭발상

2학년 .... 반

....

위 학생은 모두가 어렵고 힘들어하는 수학 공부를
지치지 않고 즐겁게 해나가는 멋진 모습으로
친구들의 모범이 되었기에 이 상장을 드립니다.

.... 년 .... 월 .... 일

MEMO

MEMO

MEMO